钢结构工程施工技术系列丛书

超高层钢结构施工技术
（第二版）

王宏　主编

中国建筑工业出版社

图书在版编目（CIP）数据

超高层钢结构施工技术 / 王宏主编 . —2 版 .—北京：中国建筑
工业出版社，2020. 1
（钢结构工程施工技术系列丛书）
ISBN 978-7-112-24775-2

Ⅰ . ① 超… Ⅱ . ① 王… Ⅲ . ① 超高层建筑—钢结构—工程施
工 Ⅳ . ① TU974

中国版本图书馆 CIP 数据核字（2020）第 022288 号

　　本书共分三部分：第一部分 2 章，主要介绍超高层钢结构的发展历程、结构体系、常用构
件及材料选用；第二部分 6 章，主要介绍超高层钢结构制造技术，包括深化设计、加工制作准
备、典型构件的加工制作要点、焊接技术、预拼装技术等，并以天津高银 117 大厦、广州东塔
等国内典型超高层钢结构工程为例介绍了诸如巨型柱、钢板剪力墙等复杂构件的制作技术；第
三部分 11 章，主要介绍超高层钢结构安装，包括吊装设备应用技术、各类钢构件吊装、施工测
量、现场连接施工技术、悬挂结构施工技术、高空提升施工技术、钢与混凝土组合结构应用技术、
结构临时加固、逆作法施工、钢柱无缆风施工等关键技术，以及超高层施工过程中安全防护的
技术要点。

　　本书可供建筑钢结构设计、钢结构制作、施工安装技术人员及相关专业高校师生参考使用。

责任编辑：张　磊　万　李
责任校对：焦　乐

钢结构工程施工技术系列丛书
超高层钢结构施工技术（第二版）
王宏　主编
*
中国建筑工业出版社出版、发行（北京海淀三里河路 9 号）
各地新华书店、建筑书店经销
北京点击世代文化传媒有限公司制版
临西县阅读时光印刷有限公司印刷
*
开本：787×1092 毫米　1/16　印张：23¼　插页：1　字数：384 千字
2020 年 2 月第二版　2020 年 2 月第三次印刷
定价：150.00 元
ISBN 978-7-112-24775-2
（35169）

第二版

前　言

PREFACE

由中建科工集团有限公司主编的钢结构工程施工技术系列丛书《超高层钢结构施工技术》（第一版）、《大跨度钢结构施工技术》（第一版）等自 2013 年出版以来，先后多次重印，受到广大读者的欢迎和社会的好评，同时也收到了许多读者提出的宝贵意见和建议，在此我们向广大读者表示深深的谢意。

近几年来，超高层建筑在全球范围内快速发展，在数量、高度、规模等方面不断取得突破。超高层钢结构作为建筑领域技术创新和集成的热点，正在不断地挑战技术的极限。该领域新技术、新材料、新设备、新工艺的应用和发展日新月异，推动着我国超高层钢结构建筑施工技术水平不断前进。

本书力争反映超高层钢结构施工领域最新的科学技术成就，吸收典型工程的成功经验和成熟方法，并且以我国最新出版的有关工程技术标准、规范为依据，叙述超高层钢结构建筑施工的关键技术，以达到理论联系实际的目的。

本书第二版，是在原有章节体系的基础上作了补充修改：

1. 第一部分，更新了"前十位全球已建成超高层建筑"和"国内在建超高层高度前十五工程"，增加了"北京中国尊项目现场施工案例"等内容，使读者对国内外超高层建筑最新概况有总体了解。

2. 第二部分，补充了"BIM 技术""免清根焊接技术""机器人自动焊接""剪力墙制作工序""中国尊典型构件制作"，增加了"钢结构预拼装技术"等内容，使读者对超高层钢结构制造新技术有更全面的了解。另外，将"现场厚板焊接"划入第三部分，使本书各部分的逻辑关系更加清晰。

3. 第三部分，补充了"廻转塔机"，将"高强度螺栓施工技术"改为"现场连接施工技术"，增加了"悬挂结构施工技术""高空提升施工技术""钢与混凝土组合结构施工技术"等内容，使读者对超高层钢结构各种复杂的施工技术有更直观的理解。

本书第二版修编过程中，得到了同行专家们的关心和支持，在此表示感谢。限于篇幅容量等原因，还有一些精彩的内容和实例未能编入其中，如有未尽善之处，请各位读者提出宝贵意见，以便及时修改完善。

前 言

FOREWORD

从世界第一座超高层摩天大楼建筑——芝加哥家庭保险大厦（1885 年建成，55m 高），到当今世界第一高楼——迪拜塔（2010 年建成，828m 高），超高层建筑在短短的 130 年里取得了质的飞跃，使人类与天空的距离越来越近。随着超高层建筑在世界各地的建造，钢结构以其优越的自身性能，成为超高层建筑结构中主流结构之一。同时，世界钢材产量及质量的不断提升，也为钢结构建筑的应用提供了必要条件。

我国改革开放 30 年来，钢产量从 1978 年 3000 万吨发展到 2012 年 7.16 亿吨，占到全球钢产量的 46.3%。随着钢铁工业的发展，国家由建国初期限制建筑钢结构的发展逐渐转变为积极的鼓励政策。1987 年，中国第一幢超高层钢结构建筑——深圳发展中心大厦诞生，此后钢结构建筑如雨后春笋般在神州大地上遍地开花。2007 年中国第一高楼——上海环球金融中心落成，高度 492m，标志着中国超高层钢结构建筑又上了一个台阶。目前在建的深圳平安金融中心（660m）、上海中心（632m）、天津高银 117 大厦（597m）即将成为城市天际线的新高度。

本书基于已建、在建且具有代表性的超高层建筑施工实例，结合国内超高层钢结构施工的最新成果和现行有关规范规程，分三个部分阐述了超高层钢结构施工技术。

第一部分共 2 章，主要介绍超高层钢结构的发展历程、结构体系、常用构件及材料选用，主要参编人员为中建钢构有限公司陈振明、周明、苏君岩、邵鹏、刘曙等人；第二部分共 5 章，主要介绍超高层钢结构制造技术，包括深化设计、加工制作准备、

典型构件的加工制作要点、焊接技术等，并以天津高银 117 大厦、广州东塔等国内典型超高层钢结构工程为例介绍了诸如巨型柱、钢板剪力墙等复杂构件的制作技术，主要参编人员为中建钢构有限公司华东大区陈韬、甘超勇、张阳、陈天和、范道红、石承龙、徐丹等人；第三部分共 8 章，主要介绍超高层钢结构安装技术，包括吊装设备应用，各类钢构件吊装，施工测量，螺栓连接，吊装平台临时加固，逆作法施工，无缆风施工等关键技术，以及超高层施工过程中安全防护的技术要点，主要参编人员为中建钢构有限公司陈华周、邰国雄、陆建新、吕黄兵、蒋官业、高勇刚，刘家华、李春田、沈洪宇、何洪、许航、陈治、罗哲、常永强、孔维拯等人。书中第 10章上海环球 GPS 测量的相关数据，由武汉大学测绘学院黄声享教授及其团队提供，书中所选工程案例，由中建钢构有限公司提供。

本书在编制过程中，得到了原建设部总工程师许溶烈（瑞典皇家工程科学院外籍院士）、中建总公司专家委员会施工技术委员主任张希黔教授、同济大学刘玉姝老师以及哈尔滨工业大学顾磊教授等人的大力支持，特别是得到太原理工大学建设与土木工程学院李海旺教授对本书每一章节的审查和指导，在此表示衷心的感谢。同时还要感谢中建钢构有限公司副总经理周发榜、综合办公室副主任周爱文对本书内容的审阅，中建钢构有限公司综合办公室副主任温军、业务经理邓明等人对本书封面、全书风格的设计与把关。书中引用了一些建筑图片，可以给读者更加清晰、直观的印象，在此对这些图片的所有者表示感谢。

2013 年 10 月

目 录
Contents

第三部分　超高层钢结构安装技术

第一部分

超高层钢结构综述

超高层建筑又名摩天大楼，是社会经济和科学技术发展的产物，对于超高层建筑，不同机构、国家有不同的定义。联合国将9层及9层以上的建筑定义为高层建筑，并按层数和高度将其分为4类：第一类高层建筑为9层～16层（最高到50m）；第二类高层建筑为17层～25层（最高到75m）；第三类高层建筑为26层～40层（最高到100m）；第四类高层建筑（即超高层建筑）为40层以上（高度在100m以上）。美国将高度大于500英尺（152m）的建筑定义为超高层建筑。中国《民用建筑设计统一标准》GB 50352将建筑高度大于100m的民用建筑定义为超高层建筑。

人类第一次超越100m的超高层建筑为1894年在美国纽约建成的曼哈顿人寿保险大厦，该建筑地上18层，高度106m。在随后的120年里，超高层建筑高度不断被刷新。1909年建成的美国纽约大都会人寿保险大厦，地上50层，高度213m，成为建筑史上首次突破200m的超高层建筑。1931年建成的美国纽约克莱斯勒大厦，地上77层，高度319m，标志着人类超高层建筑高度突破了300m。1973年建成的美国纽约世界贸易中心，地上110层，建筑高度417m，宣告了高度超过400m超高层建筑的诞生。2004年建成的中国台北环球金融中心，地上101层，建筑高度508m，将超高层建筑高度的纪录刷新为500m以上。2010年建成的阿联酋迪拜哈利法塔，地上169层，建筑高度828m，创造了人类超高层建筑高度的新纪录。如今正如火如荼建设当中的沙特国王塔、迪拜云溪塔，将重新定义全球第一高塔。

中国超高层建筑的建设，随同改革开放的步伐，率先在深圳、上海、北京等经济发展迅速的地区展开。1985年建成的深圳发展中心大厦，高度165.3m，是中国首座超高层钢结构建筑；1996年建成的深圳地王大厦，高度383.95m，成为当时亚洲第一高楼；2008年建成的上海环球金融中心，高度492m，是当时世界结构高度最高的建筑。自2010年以后，北京中国尊大厦（528m）、广州周大福中心（530m）、天津高银117大厦（597m）、深圳平安金融中心（600m）、上海中心大厦（632m）等，都在不断刷新着中国超高层建筑的新纪录。

超高层建筑根据建筑材料使用的不同，通常可分为钢筋混凝土结构、钢结构和钢与混凝土组合结构。由于钢结构具有强度高、自重轻、抗震性能好、工业化程度高及可循环利用等优点，近年来被广泛应用于超高层建筑中。本部分将重点介绍超高层建筑钢结构和钢与混凝土组合结构的发展历程、结构形式及材质特点。

第1章 超高层钢结构的发展

1.1 发展历程

随着世界人口数量的不断增长，土地资源供应日益紧张，房地产价格持续上扬，普通多层建筑已经无法满足城市发展以及人们工作、学习和生活的需求，人类向高空索要空间的愿望愈发强烈。在此背景下，超高层建筑在近现代有了突飞猛进的发展，它在满足有限土地上建造更大建筑面积愿望的同时，也成为现代城市经济繁荣、技术领先的标志。

然而，人类在追求更高建筑过程中受到了建筑材料的制约。人们发现，当采用砌块或者钢筋混凝土等传统建筑材料建造高层、超高层建筑时，随着高度的增加，建筑的承重结构越发巨大，显得笨重。现代工业的发展，尤其是钢铁冶炼技术的进步，为超高层建筑的发展提供了强有力的支撑，钢结构这种新兴的建筑结构逐渐进入人们的视线。19世纪后半期，钢铁冶炼技术取得了突破，开始能够批量生产型钢和铸钢，这些建筑材料的创新应用为建筑形式和结构体系创新创造了有利条件。

1885年，美国"芝加哥学派"代表人物——威廉·勒巴隆·詹尼（William LeBaron Jenney）发明了全新的建筑结构体系——钢框架（骨架）结构，并成功设计了全球第一幢以钢结构为主体的建筑——芝加哥家庭人寿保险大楼（图1-1）。该大楼地上10层(后加到12层)，高度55m，以钢框架承重，

图1-1 美国家庭人寿保险大楼

图1-2 美国纽约帝国大厦

图1-3 美国纽约世界贸易中心

外墙为维护墙体，重量仅为同等规模砌体结构的1/3。此后，钢结构被逐渐应用于超高层建筑之中，钢材成为世界超高层主流建筑材料。

20世纪30年代兴建的美国帝国大厦（图1-2），是位于美国纽约市的一栋著名的摩天大楼，被誉为世界七大建筑奇迹之一，雄踞世界第一高建筑近40年。大厦共102层，高度381m，为钢框架结构，用钢量5.19万t。大厦于1930年动工，1931年落成，工期仅为410天，创造了当时高层建筑施工工期的奇迹。

1969年，110层、高417m的美国纽约世界贸易中心(为南北双子楼，图1-3)落成，高度超越帝国大厦36m，成为当时世界第一高楼。其结构形式采用筒中筒钢结构体系，每栋塔楼钢结构用量为7.8万t。但不幸的是2001年突发的"9•11"恐怖袭击事件，致使两栋大楼轰然倒塌。

图1-4 迪拜哈利法塔

当今世界第一高楼——迪拜哈利法塔（图1-4），2010年建成，高度828m，162层，钢结构用量4万t，是一种下部钢筋混凝土结构、上部为钢结构的组合结构体系，-30～601m采用钢筋混凝土剪力墙结构体系，以上均采用钢结构体系，其中601～760m采用带斜撑的钢框架结构体系。

世界范围内，还有很多著名的超高层钢结构建筑，如美国西尔斯大厦（高

度 442m, 钢结构用量 7.6 万 t), 马来西亚双子塔 (高度 452m, 钢结构用量 1.5 万 t) 等。

国内在 1978 年以前, 由于钢材产量较低, 国家一度限制钢材在建筑中的应用。1978 年以后, 随着改革开放政策的贯彻执行, 炼钢工艺水平得到了大幅提高, 钢产量也逐年稳步上升, 到 2018 年我国钢产量超过 9 亿 t, 占到世界钢材总产量的 51.3%, 为世界产钢第一大国, 钢材质量和品种多样化也得到大幅提高, 标志性超高层建筑用钢材已全部采用国产钢。根据钢材产业与钢结构迅猛发展的现状, 国家政策由中华人民共和国成立初期限制钢结构在建筑中的使用调整为鼓励其发展。

在国家政策的引导下, 1984 年中国第一座超高层钢结构建筑——深圳发展中心大厦 (图 1-5) 破土动工。该建筑的建设标志着钢结构体系正式登上我国大陆地区超高层建筑的舞台。深圳发展中心大厦高度为 165.3m, 采用钢框架 - 混凝土剪力墙结构, 钢结构用量 1.15 万 t, 钢板最大厚度达 130mm, 焊缝多达 5233 条, 折合长度为 354km。为解决厚板焊接难题, 工程在国内首次引进使用了 CO_2 气体保护半自动焊接工艺, 大幅提高了现场焊接工效与焊接质量。

1996 年, 深圳地王大厦 (图 1-6) 建成, 高度 383.95m, 81 层, 建筑面积 14.97 万 m^2, 钢结构用量 2.45 万 t。建成时为亚洲第一高建筑, 创造了 "两天半" 一个结构层的 "新深圳速度"。

图 1-5　深圳发展中心大厦　　　　图 1-6　深圳地王大厦

地王大厦采用筒中筒结构体系，长宽比1.92，高宽比9.0，创造了当时世界超高层建筑最"扁"、最"瘦"的纪录。钢结构最大板厚达到90mm。由于结构中有大量箱型斜撑、V形斜撑及大型A字形斜柱，在总长度600km的焊缝中，立（斜立）焊焊缝长度达到了86km。为解决大量厚板的立（斜立）焊缝焊接难题，施工方成功地将CO_2气体保护焊拓展应用于立（斜立）焊缝的焊接，保证了焊接速度与质量。地王大厦还开创了国内大型塔吊爬升及拆除施工技术的先河，工程选用2台澳大利亚生产的M440D内爬塔吊（最大起重量50t），采用了"卷扬机、扁担和滑轮组自行提升"的塔吊支撑系统安装爬升技术和"大塔互拆、以小拆大、化大为小、化整为零"的大型塔吊拆除技术，图1-7为其施工图片。

图1-7 地王大厦钢结构施工现场

上海环球金融中心，高度492m，钢结构用量6.4万t，为当时世界结构高度最高的建筑。

该建筑为典型的巨型+支撑结构体系，外围巨型框架结构由周边巨型柱、巨型斜撑、环带桁架组成，芯筒为钢骨及钢筋混凝土混合结构。施工过程中大小构

件约 6 万件，包括大量倾斜、偏心、多分支接头构件，钢板最大厚度达到 100mm，现场钢结构施工焊条、焊丝用量达到 285t。工程采用 2 台 M900D 塔吊作为主要吊装设备（图 1-8a），1 台 150t 履带吊、1 台 M440D 塔吊辅助吊装，对重量较大的巨型结构构件采用了高空散件原位安装技术（图 1-8b），部分超重构件采用双机抬吊安装技术（图 1-8c）。为了确保主体结构施工的平面基准和标高控制质量，加强垂直度偏差控制，工程还应用了 GPS 测量技术，对施工基准点的精度进行复测，检查大楼的垂直度。上海环球金融中心钢结构施工全景图如图 1-9 所示。

中央电视台新址大楼（图 1-10），高度 234m，为当时国内最大的单体钢结构建筑，建筑面积约 55 万 m²，钢结构用量达 14 万 t。2006 年被美国《商务周刊》评为"世界十大新建筑奇迹"。

(b) 环带桁架下弦安装

(a) 吊装设备

(c) 97 层钢构件双机抬吊

图 1-8　上海环球金融中心钢结构施工

图1-9　上海环球金融中心钢结构施工全景图

图1-10　中央电视台新址大楼

中央电视台新址大楼有"超级钢铁巨无霸"之称，最大钢板厚度达到 135mm，钢材品种主要包括：Q345B、Q345C、Q345GJC、Q390D、Q420D、Q460E 等。大楼的两塔楼双向内倾斜 6°，在 163m 处由"L"形悬臂结构连为一体，连体部分最大高度 56m、悬挑长度达到 75m，悬臂结构总重量达 5.1 万 t，其中钢结构重 1.8 万 t。本工程主要选取了 2 台 M1280D 塔吊、2 台 M600D 塔吊、2 台 M440D 塔吊及 1 台 C7050 塔吊进行钢构件群塔吊装施工（图 1-11）。悬臂结构采取了"两塔悬臂分离安装，逐步阶梯延伸，空中阶段合拢"的方法安装（图 1-12），即在平面上以跨为单元，在立面上分成三个阶段：以悬臂外框和底部"基础性"桁架层为依托，利用大型动臂塔吊进行高空散件安装，分别从两座塔楼逐跨向外延伸；阶段安装成型；分三次合拢完成悬臂最关键的部位——桁架层结构，从而为悬臂上部结构安装提供施工平台，如图 1-13 所示。

图 1-11 群塔施工作业

深圳平安金融中心，高度 600m，钢结构用量 10 万 t，为当时国内最高的建筑。

该建筑为典型的"巨型框架-核心筒-外伸臂"结构体系，外围巨型框架结构由外框巨型钢骨柱、巨型钢支撑、环带桁架组成，核心筒由钢骨柱及钢板剪力墙组成。施工过程中大小构件约 2.2 万件，压型钢板 18 万 m^2，防火涂料 32 万 m^2，现场用栓钉 122 万套，安装过程中使用高强度螺栓 28 万套。除常用的 Q345 外，主体钢结构材质还包含 Q460GJC、Q420GJC 及铸钢件 G20Mn5QT 等高强度材料。工程攻克了 200mm 厚八面体多棱角铸钢件焊接及其对接焊缝检测的难题。工程采用 2 台 M1280D 及 2 台

图1-12　悬臂结构安装

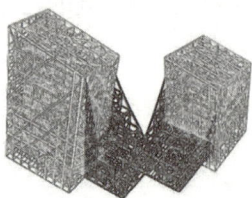

阶段一：37～39层
完成10处合拢

阶段二：37～39层
转换层结构全部完成

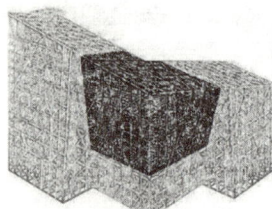

阶段三：完成剩余悬臂
结构的安装

图1-13　央视新址悬臂结构安装流程

ZSL2700 塔吊作为主要吊装设备，以专用索具拆卸的施工方法，降低了支承架的拆除难度，提高了施工安全性；不占用塔吊和施工现场，缩短了施工工期，降低了施工成本。工程还采用了天顶投影法，分段传递，选用标称精度 1/200000 的激光铅直仪，有效保证了大楼的垂直度。深圳平安金融中心钢结构施工图如图 1-14 所示。

北京中国尊大厦，高度 528m，钢结构用量 14 万 t，建筑外形仿照古代礼器"尊"进行设计，内部有全球首创超 500m 的 JumpLift 跃层电梯。

该建筑为典型的"巨型框架 - 核心筒"结构体系，巨型框架结构由巨柱、转换桁架及巨型斜撑组成，核心筒为型钢柱及钢板剪力墙组成。工程为世界 8 度抗震区

(a) 结构效果图

(b) 钢板墙吊装

(c) 施工全景图

(d) 巨型支撑吊装

(e) 塔吊支撑吊装

图 1-14　深圳平安金融中心钢结构施工

唯一一座超高 500m 的超高层建筑，拥有世界上截面面积最大，腔体最多的巨柱，单根异形巨柱多达 13 个腔体，横截面面积达到 63.9m²。巨柱以及大面积的翼墙、钢板墙导致高强锚栓数量众多，而且部分锚栓长度超过 3m。工程首次提出了装配整体式锚栓支承架体系，采用小单元到大单元的精度控制方法，建立了一整套完善的精度控制体系，高精度快速地完成了 293 根锚栓群的安装工作。针对复杂巨柱，提出了多腔体大截面异形柱深化设计、基于"局部 - 整体"理论体系下的焊接数值模拟及现场实施验证、自适应巨柱单元组合式操作平台等技术，实现了复杂巨柱的高精度快速的制造与安装。还提出了大跨度双曲悬挑雨棚高空原位安装技术以及高空双曲塔冠"硬支撑无胎架"式安装技术。北京中国尊大厦钢结构施工图如图 1-15 所示。

(a) 结构效果图　(b) 塔冠施工图　(c) 巨柱吊装　(d) 地上施工全景图　(e) 钢梁吊装　(f) 钢板墙吊装

图 1-15　北京中国尊大厦钢结构施工

截至 2019 年 10 月，已建成的高度最高的十座超高层钢结构、钢与混凝土组合建筑如表 1-1 所示。

前十位全球已建成超高层建筑表

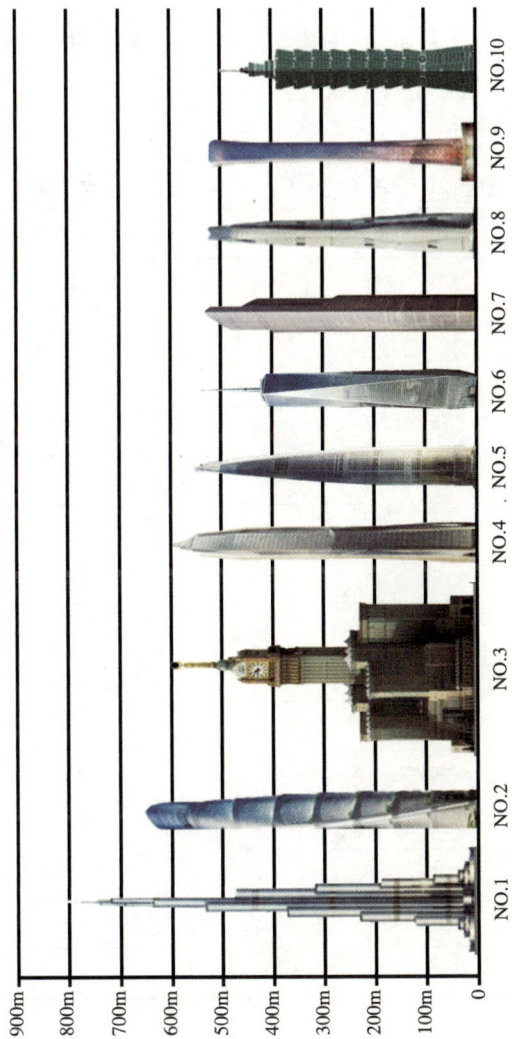

表 1-1

排名	名称	所在地区	高度（m）	楼层	建成年份
NO.1	哈利法塔	阿联酋迪拜	828	169	2010
NO.2	上海中心大厦	中国上海	632	128	2015
NO.3	麦加皇家钟塔饭店	沙特阿拉伯麦加	601	120	2012
NO.4	平安国际金融中心	中国深圳	600	115	2018
NO.5	乐天世界塔	韩国首尔	556	123	2016
NO.6	世界贸易中心一号楼	美国纽约	541	103	2014
NO.7	广州周大福金融中心	中国广州	530	116	2016
NO.8	天津周大福金融中心	中国天津	530	97	2019
NO.9	中国尊	中国北京	528	108	2018
NO.10	台北101	中国台北	508	101	2004

1.2 国内在建超高层

在中国城市经济发展的推动下，各大城市正在建设更多的超高层建筑。这些超高层建筑基本选择了钢结构体系。如沈阳宝能环球金融中心、重庆绿地中心等，如表1-2所示。如此多的超高层钢结构的建设，将以社会实践的事实展示钢结构在超高层建筑中应用的强大生命力，也为超高层钢结构体系的创新与发展提供了新的机遇。

	国内主要在建超高层工程（截至2019年10月）			表1-2
序号	名称	地区	高度（m）	楼层数
1	沈阳宝能环球金融中心	沈阳	568	110
2	恒大国际金融中心	合肥	518	112
3	中国国际丝路中心	西安	498	100
4	天津富力广东大厦	天津	480	93
5	武汉绿地中心	武汉	475	97
6	成都绿地中心	成都	468	101
7	重庆天地	重庆	458	99
8	重庆塔	重庆	430	91
9	海口塔双子塔	海口	428	93
10	济南绿地山东国际金融中心	济南	428	88
11	南京金融城中心二期	南京	426	88
12	贵阳国际金融中心	贵阳	412	79
13	昆明春之眼	昆明	407	77
14	贵阳花果园N区双子塔	贵阳	403	71
15	南宁华润大厦	南宁	402	84

以下为目前我国部分超高层建筑钢结构的建设概况（截至2019年10月）。

1. 沈阳宝能环球金融中心

工程位于天津滨海高新技术产业园区，高度568m，钢结构用量8.4万t，总建筑面积约为100万 m²。图1-16为该大楼的施工现场图。

（a）结构效果图 （b）施工全景图

（c）复杂节点吊装准备 （d）巨柱焊接

（e）施工塔吊 （f）巨型斜撑

图 1-16 沈阳宝能环球金融中心钢结构施工

2. 成都绿地中心项目

工程位于成都东部新城文化创意产业综合功能核心区域，建筑高度 468m，建筑面积 43 万 m^2，用钢量约 5 万 t。图 1-17 为该大楼的施工现场。

(a) 结构效果图

(b) 施工全景图

(c) 地下室钢柱安装

(d) 廻转塔机安装

图 1-17　成都绿地中心钢结构施工

3. 武汉绿地中心

工程位于湖北省武汉市武昌滨江商务区核心区，高度 475m，钢结构用量 7.6 万 t，建筑面积约 35.6 万 m²。图 1-18 为该大楼的施工现场。

（a）结构效果图

（b）施工全景图

（c）环带桁架预拼装实景图

（d）机器人焊接桁架钢板墙实景图

（e）地下室首节巨柱吊装

（f）测量机器人垂直度测量

图 1-18　武汉绿地中心钢结构施工

1.3 发展趋势

超高层建筑的发展离不开钢结构产业的发展，国际钢结构产业的发展浪潮从欧洲开始，以 1889 年埃菲尔铁塔为标志，现代钢结构已有 120 年历史。世界钢结构的发展又同工业化进程一样，沿着一条从欧洲到北美、再到东亚的发展途径演进。

同其他产业一样，钢结构产业的发展历程大体经过了四个阶段：萌芽发育期、逐渐发展期、高速发展期和成熟稳定期。美国从 1890 年开始培育自己的钢结构产业，成为继英国之后世界钢铁工业中心；1953 年，钢结构行业伴随钢铁工业的发展在美国茁壮发育成长；1975 年钢结构在美国达到顶峰，钢构产量约 5000 万 t；随后进入成熟稳定的发展期。

日本的钢结构发展也大致经历了与美国相同的四个阶段。1925 ~ 1945 年为发育期；1945 ~ 1975 年为逐渐发展期；1973 年日本钢铁产量达到 1.19 亿 t，钢结构产业从 1975 年开始高速发展，到 20 世纪末达到顶峰；1995 年后，钢结构产量稳定在 2500 万 t 左右，进入成熟稳定期。

总结发达国家钢结构产业的发展规律，可以发现钢结构产业的发展（图 1-19）与钢铁产业的发展呈明显的正相关关系，钢铁产业进入成熟期后，钢结构产业才开始进入高速发展期。其次，钢结构产业进入高速发展期的时间一般为即将进入工业化进程中期——其人均 GDP 达到 2000 美元左右，人口城市化率达到 50%。

中国钢铁产量在 1996 年超越美国和日本，成为世界新兴钢铁大国，钢结构行业也随之兴起。我国自 1996 年粗钢产量首次突破亿 t 大关后，粗钢产量不断增长，到 2018 年已超 9 亿万 t，比 2017 年大幅增长 13%，已连续 22 年保持钢产量世界前列，是钢铁行业历史上效益最好时期。

根据咨询机构发布的《2019 ~ 2025 年中国钢结构市场全景调查及发展前景预测报告》数据显示，我国钢结构产量平均年增长 13.3%，连续十余年保持两位数高速增长。2018 年已超 7000 万 t，需求量达到 6315 万 t。

根据国际货币基金组织（IMF）公布数据显示：2017 年，中国人均 GDP 为 8836 美元；2018 年，中国人均 GDP 为 9608 美元。国家统计局最新发布的数据显示，2018 年中国城镇常住人口 83137 万人，比 2017 年末增加 1790 万人；城镇人口

如美国维持在 5000 万t，钢产量在 1 亿 1 千万t，日本
维持在 2500 万t，此时，钢产量稳定在 1 亿t左右

如美国，从 1955
年至 1975 年为高速
发展期，日本从 1975
年到 1995 年为高速
发展期

④ 钢结构行业
是工业化进
程中后期的
产物（人均
GDP2000 美
元左右）

③ 进入成熟期后，
钢结构产量趋于
稳定，占钢产量
比重为 20%～30%

② 钢结构产
业高速发展
期约为 20
年

① 钢结构工
业与钢铁工
业之间呈现
出明显正相
关关系

钢铁工业的发展是钢结构行业发展的重要前提，在
钢铁工业逐渐成熟后，钢结构行业也逐渐进入高速发
展期，如日本 1973 年钢产量达到最高，1.19 亿 t，钢
结构产业从 1975 年开始进入了高速发展期

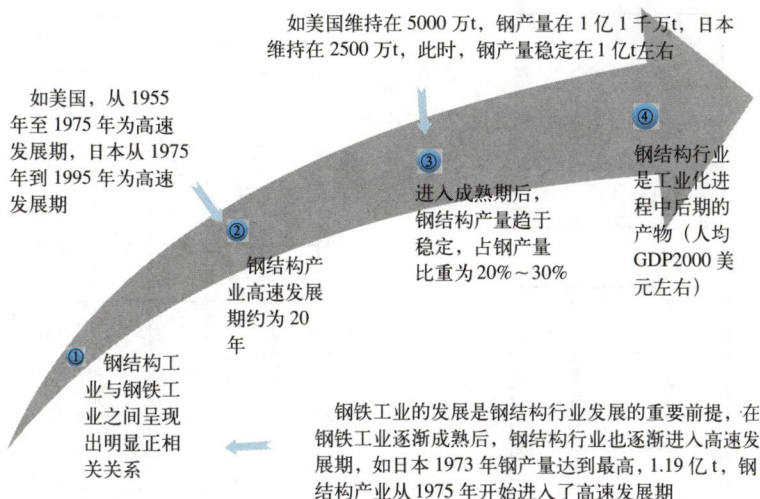

图 1-19　钢结构产业的发展历程

占总人口比重（城镇化率）为 59.58%，比 2017 年末提高 1.06 个百分点。

因此，伴随中国钢产量的提高和经济的崛起，中国的钢结构产业已具备进入
高速发展期的条件，世界钢结构产业发展重心已转到中国。

基于上述分析，可以看到，我国未来超高层建筑的发展呈现以下趋势：

（1）在未来 20 年，中国钢结构产业进入高速发展期。

（2）未来超高层钢结构建筑的数量及高度还将持续攀升。

（3）相当长的时期内，整体"外框＋内筒"的结构体系，趋向较为稳定。

（4）钢结构在整体结构中的比重还会进一步加大，外框钢结构朝"巨型化"的
方向发展。

根据 CTBUH（世界高层都市建筑学会）最新数据，全球 400m 以上的 55 幢超
高层（不含 400m），包括竣工和在建的，超过一半在大中华地区，世界超高层的建
设中心，与国际钢结构的发展路径一致，由先前的北美发生转移到中国。

研究超高层建筑的结构体系，由图 1-20 可以看到，现代超高层建筑的结构体系，
绝大部分采用"外框内筒"的混合结构，且外框钢结构基本都是 4 柱或 8 柱的"巨
型结构"。

随着高度攀升，无论是承重钢结构，还是抗侧力钢结构，其单位面积的用钢量
都在快速增长，钢结构在超高层中的比重将进一步突出，如图 1-21 所示。

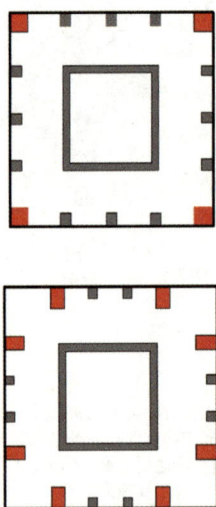

图1-20　巨型外框内筒混合结构

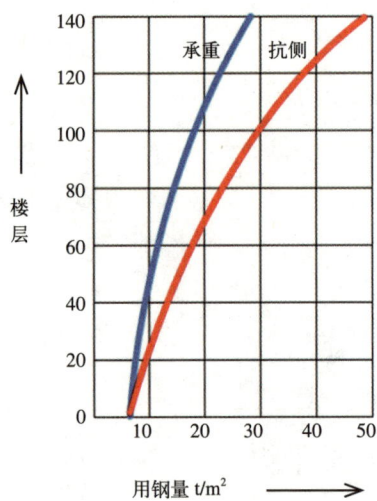

图1-21　用钢量与结构楼层的关系

第2章 超高层钢结构体系

自世界第一座 12 层 55m 高的钢结构大楼——芝加哥保险公司大厦建成之后，高层钢结构从纯框架结构体系到框架核心筒体系，再到筒中筒体系，不断得到创新和发展。同时，钢材产量的稳步增长，钢材性能的不断优化，也为钢结构在超高层建筑中的大量使用起到了强有力的推动作用。

超高层建筑的承载能力、抗侧刚度、抗震性能、材料用量、工期长短和造价高低均与其所采用的结构体系密切相关。常用超高层钢结构体系已拓展到包括框架 - 支撑结构、框架 - 筒体结构、筒中筒结构、束筒结构和巨型结构等多种结构体系。本章将重点介绍常用超高层钢结构体系造型和材料应用方面的内容。

2.1 结构类型

2.1.1 框架 - 支撑结构

谈到框架 - 支撑结构体系，先要了解框架结构。框架结构体系是由楼板、梁、柱及基础四种承重构件共同组成的空间结构体系。该结构体系建筑平面、立面布置灵活，计算设计理论成熟，在一定高度范围内自重轻、造价低。但其本身抗侧力性能较差，在风荷载作用下会产生较大的水平位移，在地震荷载作用下会导致非结构构件过早破坏。故框架结构的合理层数一般是 6 ～ 15 层，最经济的层数是 10 层左右。为此，框架结构不适宜直接用于超高层建筑结构体系。

为了弥补框架结构的不足，使其抗侧刚度和抗震性能得到改善，在框架结

图2-1 某超高层建筑中采用的框架－支撑结构体系

构体系中增设竖向支撑体系，就形成了框架-支撑体系，如图2-1所示。其适宜建筑层数提高至40层以上。

框架-支撑体系中的竖向支撑由普通型钢构件组成时，在水平地震往复作用下既受拉又受压，容易发生整体屈曲，造成支撑耗能能力明显下降。为此，一种新型支撑构件——屈曲支撑应运而生，它由内核十字形钢构件，外敷无粘结隔离层（形成无粘结滑移界面），再外套方钢管，并在方钢管与无粘结滑移层之间填满填充料形成，如图2-2所示。由于只有内核钢支撑构件与框架连接，故压力和拉力都只由内核钢支撑承受。因为内核钢支撑外表面隔离层的存在，当其被拉伸和压缩时不会将轴向力向外包材料传递，但当内核钢支撑受压屈曲时，外包材料却能约束其横向变形，防

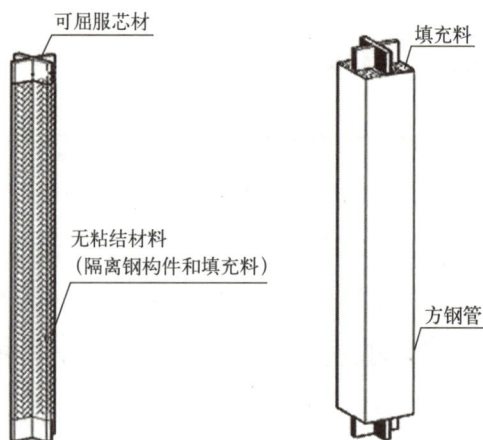

图2-2 防屈曲支撑构造形式

止其在压力作用下过早发生整体屈曲，使得内核钢支撑即使在压力作用下也能进入屈服状态耗散地震能量，从而提高钢框架支撑结构体系抵御罕遇地震的能力。

2.1.2　框架 - 筒体结构

该结构体系的内部为钢筋混凝土筒体，外围为钢框架（支撑）体系，如图 2-3 所示。该结构体系利用中心部位的钢筋混凝土筒体作为其抵抗水平力的主要抗侧力结构，外围利用梁、柱（支撑）形成钢框架（支撑）体系，与核心筒一起承担竖向与水平荷载。框架 - 筒体结构的超高层建筑在建筑设计时通常将竖向交通、管道系统以及其他服务性用房集中布置在楼层平面中心部位，将办公用房布置在核心筒外围。如沈阳恒

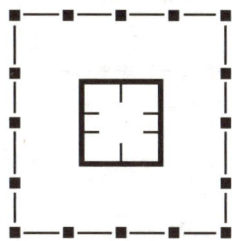

图 2-3　框架 - 筒体结构

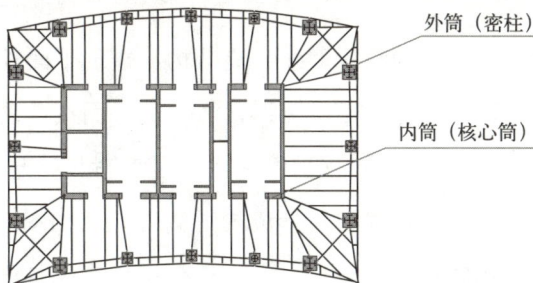

隆广场工程即为框架 - 筒体结构，主塔楼外围框架由 16 根十字形劲性钢骨柱组成，钢柱最大截面尺寸为 2400mm × 1200 mm × 90 mm × 90mm，核心筒内部亦设置钢骨柱，钢柱与核心筒之间通过钢梁连接，如图 2-4 所示。

外筒（密柱）

内筒（核心筒）

图 2-4　沈阳恒隆广场工程标准层示意图

2.1.3 筒中筒结构

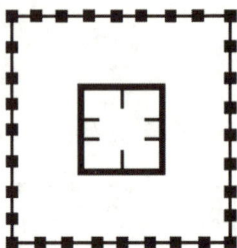

图 2-5 筒中筒结构

筒中筒结构是由内、外两个筒体组合而成，内筒为钢筋混凝土剪力墙筒体，外筒为密柱（通常柱距不大于 3m）组成的钢框筒，如图 2-5 所示。由于外柱间距密，梁刚度大，洞口面积小（一般不大于墙体面积 50%），框筒工作性能比普通框架的空间整体作用加强了很多。框筒类似于一个开孔墙体，具有较强的抗风和抗震能力。如广州国际金融中心（西塔）主塔楼就采用了筒中筒结构，如图 2-6 所示。其外筒为双曲面斜交钢网格筒体。钢管柱截面的直径与壁厚均沿高度变化，由底部外径 1800mm、壁厚 50mm 缩至顶部外径 700mm、壁厚 20mm。

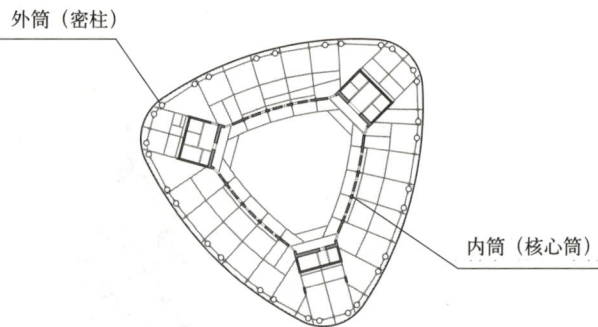

外筒（密柱）

内筒（核心筒）

图 2-6 广州国际金融中心结构示意图

2.1.4 束筒结构

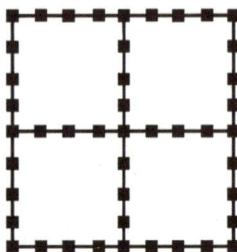

图 2-7 束筒结构

束筒结构即组合筒结构。建筑平面较大时，为减小外墙侧向力作用下的变形，将建筑平面按模数网格布置，所有外墙采用框筒，内部纵横墙采用钢筋混凝土剪力墙（或密排柱）组合成筒体群后形成的结构体系，如图 2-7 所示。该结构体系的束筒联合在一起，具有强大的侧向刚度和承载能力。束筒结构可组成任何建筑外形，并能适应不同高度的体型组合

的需要，丰富了建筑的外观。如美国西尔斯大厦由 9 个方形筒体构成，筒体的高度分为多个层级，错落有致，底层为 3×3 的束筒，向上依次收缩为缺两角的 7 个筒体、十字形的 5 个筒体和最顶层的 2 个筒体，如图 2-8 所示。

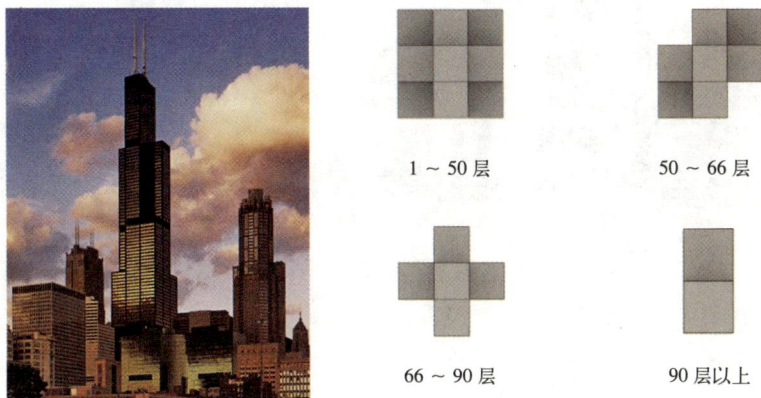

图 2-8　希尔斯大厦束筒结构示意图

2.1.5　巨型结构

巨型结构是由大型构件（巨型梁、巨型柱和巨型支撑）组成的，是主结构与常规结构构件组成的次结构共同工作的一种结构体系，如图 2-9 所示。巨型结构一般由两级结构组成。第一级结构超越楼层划分，形成跨若干楼层的巨梁、巨柱（超级框架）或巨型桁架杆件，以这种巨型结构来承受水平力和竖向荷载，楼面作为第二级结构，只承受竖向荷载，并将荷载所产

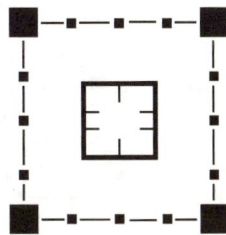

图 2-9　巨型结构

生的内力传递到第一级结构上。巨型结构是一种超常规的具有巨大抗侧刚度及整体工作性能的大型结构；从建筑角度看，巨型结构可以满足许多具有特殊形态和使用功能的建筑平立面要求，使建筑师们的许多天才想象得以实现。巨型结构作为高层或超高层建筑的一种崭新体系，由于其自身的优点及特点，已越来越被人们重视，并越来越多地应用于工程实际，是一种当前应用较多的结构形式。目前在超过 400m 的高楼中被广泛应用。如天津高银 117 大厦就是一典型巨型结构，如图 2-10 所示，其地下室四角巨柱横截面积达 45m^2，周边的普通钢柱截面尺寸为 1800mm×1300mm×35 mm×35mm，横截面积为 2.34m^2。

图 2-10　天津高银 117 大厦巨型结构示意图

国内典型超高层结构体系如表 2-1 所示。

国内典型超高层结构体系　　　　　　　　　　　　　表 2-1

序号	工程	结构体系
1	深圳平安金融中心	带伸臂桁架的巨型框架 + 巨型支撑 + 劲性核心筒结构
2	上海中心	带伸臂桁架的巨型框架 + 劲性核心筒结构
3	天津高银 117 大厦	巨型框架 + 巨型支撑 + 劲性核心筒结构
4	广州周大福中心	带伸臂桁架的巨型框架 + 劲性核心筒结构
5	北京中国尊	巨型框架 + 巨型支撑 + 劲性核心筒结构
6	重庆嘉陵帆影	带伸臂桁架的框架 + 劲性核心筒结构
7	天津周大福中心	巨型框架 + 劲性核心筒结构
8	武汉中心	带伸臂桁架的巨型框架 + 劲性核心筒结构
9	上海环球金融中心	带伸臂桁架的巨型框架 + 巨型支撑 + 劲性核心筒结构
10	深圳京基 100	带伸臂桁架的巨型框架 + 巨型支撑 + 劲性核心筒结构

2.2　常用钢构件

超高层建筑中，常用钢构件包括：钢柱、钢梁、钢板墙、桁架结构、组合楼板（如压型钢板 + 混凝土楼板）等，本节将重点介绍钢柱、钢梁、钢板墙、环带桁架以及

组合楼板的形式与构成。

2.2.1　钢柱与钢梁

　　钢柱根据截面形式不同，通常分为普通钢柱和异形钢柱。普通钢柱通常采用 H 形、十字形、圆管、箱形等截面形式。异形钢柱截面较为复杂，包括田字形、日字形等，甚至更为复杂的截面等。钢梁截面形式通常采用 H 形和箱形。常用钢构件截面形式如图 2-11 所示。

(a) H 形截面

(b) 十字形截面

(c) 箱形截面

(d) 圆管截面

(e) 田字形截面

(f) 日字形截面

图 2-11　部分钢构件截面类型示意图

钢柱在工程应用中，可独立作为结构柱，也可与混凝土组合共同作为结构柱，当钢柱与混凝土组合应用时，通常采用型钢混凝土（SRC）柱和钢管混凝土（CFT）柱两种形式。与钢筋混凝土柱和纯钢结构柱相比，此两种组合柱可充分发挥不同材料的长处，提供更大的承载力和更好的延展性，但由于两者本身的构造差异，施工工艺与防火做法等方面也存在许多不同之处。

SRC 柱在施工时，需搭设模板进行混凝土的浇筑，混凝土梁柱按照相关规范设置钢筋时，要考虑钢筋与型钢之间的连接。通常钢筋与混凝土内型钢的连接有以下三种方式：

（1）搭筋板连接，如图 2-12（a）所示。该连接方式是在混凝土梁上下主筋对应钢柱的位置设置搭筋板，将钢筋焊在该搭筋板上。该连接方式能较好地应对钢筋偏差的影响，有效连接率高，宜于工程变更。缺点是由于钢板的外伸，迫使箍筋使用开口箍形式，箍筋绑扎时间延长，钢筋现场焊接量大。

（2）钢筋接驳器连接，如图 2-12（b）所示。即在混凝土梁上下主筋对应钢柱的位置设置钢筋接驳器，用于钢筋与钢柱连接。这种连接方式快捷，不占用柱立筋及箍筋位置，能够很好解决钢梁采用双排筋或三排筋时钢筋与钢柱连接的问题；缺点是易受钢筋施工偏差的影响，有效连接率较低，容易变形，内丝扣易受焊接飞溅物粘连影响，导致现场钢筋无法拧入钢筋接驳器，当钢筋连接器需要现场修改时，不易保证现场焊接质量。

| （a）搭筋板连接 | （b）钢筋套筒连接 | （c）穿孔连接 |

图 2-12　钢筋与混凝土内型钢连接方式

（3）穿孔连接，如图 2-12（c）所示。即在混凝土梁上下主筋对应钢柱的位置，在柱身上开孔，使钢筋贯穿钢柱截面。该种做法一般应用于关键连接部位，如筏板

基础、加强楼层部位。这种连接方式主筋不用断开,制作时组拼零件较少,有利于结构安全。缺点是钢构件开孔较多,对钢柱定位精度和现场钢筋的绑扎精度要求较高,受施工误差的影响经常出现现场扩孔修改,对钢构件承载力造成不利影响。

在 SRC 结构施工时,需根据现场具体情况,选择以上最有利的连接方式。

由于 SRC 结构中,型钢被混凝土包裹,故通常不需考虑钢结构的防火、防腐问题。

而 CFT 柱施工时,内部混凝土可在钢柱安装完成后进行浇筑,不需要模板支撑及钢筋绑扎,也不存在钢筋与钢构件之间的搭接,工序简洁,施工速度快。但内灌混凝土的密实度及钢管混凝土柱表面的防腐及防火处理,外露表面的涂装和维护需重点关注。

超高层钢结构中,梁通常采用钢梁或者型钢混凝土梁。

随着超高层建筑高度的不断增加,巨型钢柱得到了越来越多的应用。巨柱一般由 H 型钢、圆管、方管经过多种形式变换组合而成,截面形式复杂且尺寸大、延米重量通常达到 3t 以上,如武汉中心项目圆管巨柱最大半径为 3m,延米重达 4.35t;天津高银 117 大厦的巨柱截面为 $45m^2$,延米重达 23.4t。超高层巨柱同样分为型钢混凝土(SRC)柱和钢管混凝土(CFT)柱两种类型,其中 SRC 巨柱又分为离散式和整体式,国内典型钢结构巨柱如表 2-2 所示。

典型工程巨柱形式　　　　　　　　　　　　　　　　表 2-2

项目	图例	项目	图例
上海环球金融中心	 SRC 离散式巨柱	上海环球金融中心	 SRC 离散式巨柱
深圳平安国际金融中心	 SRC 整体式巨柱	上海中心	 SRC 整体式巨柱

项目	图例	项目	图例
武汉中心		天津高银 117 大厦	
	CFT 巨柱		CFT 巨柱
深圳京基 100		广州周大福中心（东塔）	
	CFT 巨柱		CFT 巨柱

2.2.2 钢板墙

20 世纪 70 年代，钢板墙开始应用到超高层钢结构建筑体系。在框筒、筒中筒、束筒等结构体系中，由于混凝土核心筒、剪力墙的延性及刚度与周围的钢框架相差较大，强震时钢筋混凝土核心筒、剪力墙将承担 85% 的水平地震力，一旦进入开裂、压碎状态，将使结构体系的抗侧刚度急剧退化，严重时甚至会威胁到结构整体的安全。为解决该问题，人们开始利用钢板墙代替（或部分代替）钢筋混凝土剪力墙，以增加抗侧力体系的延性和耗能能力。

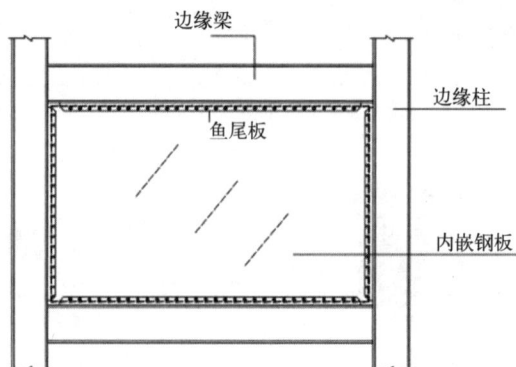

图 2-13　钢板墙构造图

　　钢板墙由内嵌钢板和边缘构件构成，内嵌钢板与边缘构件通过鱼尾板连接，即鱼尾板与边缘构件焊接，内嵌钢板再与鱼尾板焊接或者栓接，如图2-13所示。

　　钢板墙可分为以下类型：加劲钢板墙、非加劲钢板墙、开洞钢板墙、组合钢板墙等。其中加劲钢板墙耗震性能良好，但施工较为麻烦；开洞钢板墙有利于管道的布设，但是其承载能力较低。目前，国内普遍使用的钢板墙为钢板混凝土组合剪力墙，它是在钢板的一侧或两侧现浇钢筋混凝土，或者在两块钢板内浇筑混凝土，两种材料通过焊接在钢板上的栓钉组合成一体。将钢板与混凝土组合可提高其抗侧刚度和防止钢板在屈服前屈曲，使其在罕遇地震下进入塑性状态耗散地震能量。表2-3为钢板墙在国内典型工程的应用情况。

国内典型工程项目钢板墙应用　　　　　　　　表2-3

序号	项目	剪力墙形状与现场照片	规格
1	广州周大福中心（东塔）	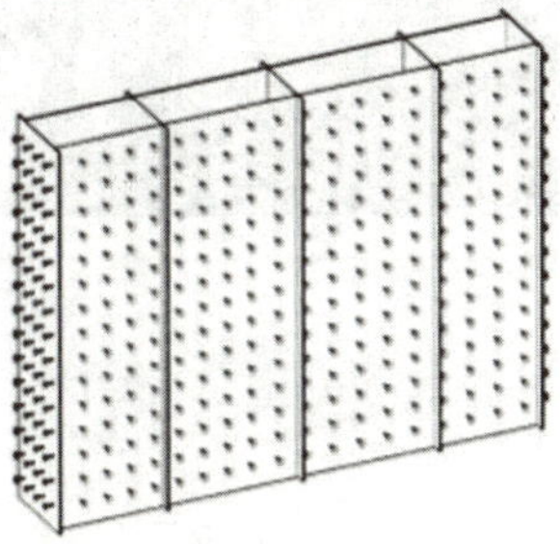  	双层钢板墙，最大钢板厚度为50mm

序号	项目	剪力墙形状与现场照片	规格
2	重庆嘉陵帆影		单层钢板墙，最大钢板厚度为40mm
3	武汉中心		单层钢板墙，最大钢板厚度为60mm

续表

序号	项目	剪力墙形状与现场照片	规格
4	天津高银 117 大厦		单层钢板墙，最大钢板厚度为 70mm
5	深圳平安国际金融中心		单层钢板墙，最大钢板厚度为 55mm

钢板墙与防屈曲支撑相比，钢板墙制作和施工较为简单，比较经济实惠。钢板 - 混凝土剪力墙与混凝土剪力墙相比，其抗侧刚度大，使钢框架 - 筒体结构在地震荷载作用下较好地消耗地震能量。同时钢板墙较薄，在相同情况下自重轻、地震作用小、对基础压力小，可节约基础费用。另钢板墙在施工时要比钢筋混凝土剪力墙、防屈曲支撑简便、快捷，有利于预制装配、加快施工进度。

2.2.3 组合楼板

超高层钢结构常用组合楼板分为压型钢板 - 混凝土组合楼板和钢筋桁架楼承板两种，压型钢板又分为开口形压型钢板、缩口形压型钢板和闭口形压型钢板。组合楼板分类如图 2-14 所示。

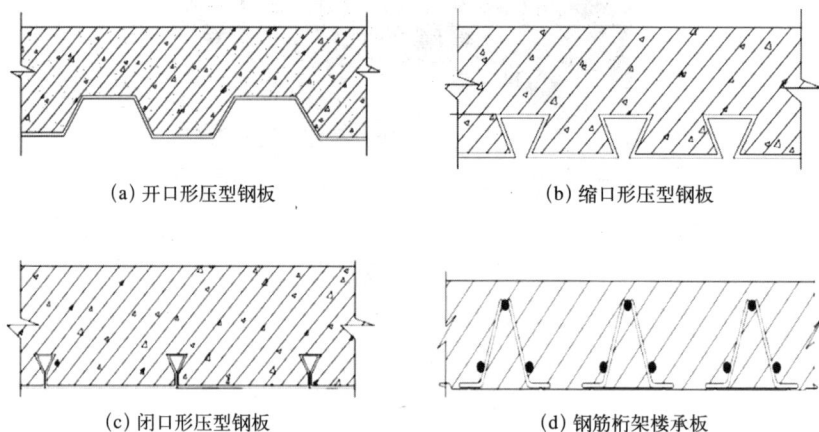

(a) 开口形压型钢板

(b) 缩口形压型钢板

(c) 闭口形压型钢板

(d) 钢筋桁架楼承板

图 2-14 组合楼板分类

1. 压型钢板 - 混凝土组合楼板

压型钢板 - 钢筋混凝土组合楼板是压型钢板、钢筋和混凝土有机组合后形成的组合楼板，其中压型钢板通过凹凸不平的表面与混凝土咬合在一起，施工阶段作为混凝土的模板，使用阶段可折算为受拉钢筋使用。其与下部钢梁的连接采用剪力连接件实现，最常用的剪力连接件为栓钉。栓钉通过熔焊栓钉机或电弧焊焊在钢梁的上翼缘，如图 2-15 所示。

图 2-15 栓钉焊接

压型钢板可作为混凝土楼板的永久性模板，无需搭设现浇混凝土所需的模板与支撑系统，同时其在混凝土板中充当受拉钢筋的作用，减少了钢筋用量及绑扎工作量，使施工工序简化，加快了施工进度。同时，压型钢板直接支承于钢梁上，为各种工种作业提供了宽广的操作平台，浇筑混凝土及其他工种均可多层立体作业，同时施工，使工期缩短。这对规模较大的高层、超高层建筑尤其具有明显的意义。图 2-16 为压型钢板铺设、栓钉焊接、钢筋绑扎完成后的施工现场。

2. 钢筋桁架楼承板

钢筋桁架楼承板是在压型钢板组合楼板构成原理的基础上，将楼板中的钢筋焊成钢筋桁架并将其下弦钢筋与镀锌平板焊接连成整体，形成模板和受力钢筋一体化建筑制品。其中钢筋桁架可实现工厂生产，是施工阶段的主要受力构件；镀锌平板主要起混凝土模板的作用。图 2-17 为钢筋桁架安装、镀锌平板焊接、栓钉焊接完成后的施工现场。

图 2-16 压型钢板铺设完成

图 2-17 钢筋桁架楼承板

钢筋桁架楼承板兼有传统现浇混凝土楼板整体性好、刚度大、防火性能好，及压型钢板组合楼盖无模板、施工快的优势。作为一种成熟的新技术，钢筋桁架楼承板已在国内外建筑工程中大量应用。

2.2.4 桁架结构

本节所指桁架结构，主要为超高层钢结构建筑中，为了加强外框、外筒与内筒连接的整体性，提高结构抗侧高度、消除剪力滞后而设置的伸臂桁架与环带桁架。这些桁架结构通常设置于建筑设备层和避难层，设置伸臂桁架和环带桁架的楼层，通常称为加强层。图 2-18 为广州周大福中心（东塔）桁架层示意图。

图 2-18　广州周大福中心桁架层示意图

桁架层通常存在以下特点：

（1）桁架层钢柱需连接伸臂桁架和环带桁架，故节点形式通常较为复杂，主要表现为钢柱牛腿较多，内部加劲板较多，制作与安装难度均较大，如重庆嘉陵帆影，外框钢柱单个节点牛腿数量多达 8 个。

（2）桁架层构件材质通常高于普通层构件材质，钢材厚度较大，焊接难度高。如天津高银 117 大厦，6 ～ 7 层环带桁架钢材材质为 Q390GJC，最大板厚达

100mm，钢柱在此区域最大板厚为 120mm，远大于下部钢柱最大板厚 60mm。

（3）桁架层构件通常较重，受起重设备影响，构件分段小、数量多，通常需要花费比标准层更多的劳动力和时间。如广州周大福中心项目，23 ~ 24F 桁架总重6600t，伸臂桁架处节点最大重量达 100t，需分成多块吊装，劳动力投入最多时达380 人，耗时 40 天才完成层桁架结构的安装。对于桁架层施工这一特点，可通过合理设置安装顺序，预拼装及现场管理协调等措施提高桁架层的安装工效，广州周大福中心 40 ~ 41F 桁架总重量约 5500t，仅用 25 天即完成了安装工作。

表 2-4 为国内典型超高层桁架层的分布情况。

国内典型超高层桁架层分布情况　　　　　　　　　　表 2-4

序号	工程	桁架分布楼层	最大板厚	最大节点重量
1	深圳平安国际金融中心	10F ~ 11F、25F ~ 27F、49F ~ 51F、65F ~ 67F、81F ~ 83F、97F ~ 99F、25F ~ 27F、114F ~ 115F	120mm	80t
2	天津高银 117 大厦	6F ~ 7F、18F ~ 19F、31F ~ 32F、47F ~ 48F、62F ~ 63F、78F ~ 79F、92F ~ 94F、105F ~ 106F、116F ~ 117F	100mm	90t
3	中国尊	3F ~ 7F、17F ~ 19F、29F ~ 31F、43F ~ 45F、57F ~ 59F、73F ~ 75F、87F ~ 89F、103F ~ 105F	60mm	46t
4	广州周大福中心	23F ~ 24F、40F ~ 41F、56F ~ 57F、67F ~ 68F、79F ~ 80F、92F ~ 94F	130mm	100t
5	重庆嘉陵帆影	15F ~ 17F、31F ~ 33F、47F ~ 49F、63F ~ 65F、79F ~ 81F、98F ~ 99F	80mm	60t
6	深圳京基 100	18F ~ 20F、37F ~ 39F、55F ~ 57F、73F ~ 75F、91F ~ 93F	70mm	40t

2.3　钢材的分类与应用

2.3.1　材料分类

钢材按材质可分为低碳钢、中碳钢、高碳钢和合金钢等。

（1）低碳钢——含碳量 0.10% ~ 0.30%，低碳钢易于接受各种加工，如锻造、焊接和切削，常用于制造链条、铆钉、螺栓、轴等。

（2）中碳钢——含碳量 0.30% ～ 0.60%，用以制造重压锻件、车轴、钢轨等。

（3）高碳钢——含碳量 0.60% ～ 1.70%，可以淬硬和回火。锤、撬棍等由含碳量 0.75% 的钢制造，切削工具如钻头、丝攻、铰刀等由含碳量 0.90% ～ 1.00% 的钢制造。

（4）合金钢——钢中加入其他金属如铬、镍、钨、钒等，使其具有若干新的特性。由于各种合金元素的掺入，合金钢可具有防腐蚀、耐热、耐磨、防震和抗疲乏等不同特性。

钢材按产品种类一般分为型材、板材（包括钢带）、管材和金属制品四类。

（1）型材。钢结构用钢，主要有角钢、工字钢、槽钢、方钢、吊车轨道、金属门窗、钢板桩型钢等。

（2）板材。主要是钢结构用钢，建筑结构中主要采用中厚板与薄板。中厚板广泛用于建造房屋、塔桅、桥梁、压力容器、海上钻井平台、建筑机械等建筑物、构筑物或容器、设备。薄板经压制成型后广泛用于建筑结构的屋面、墙面、楼板等。

（3）管材。主要用于桁架、塔桅等钢结构中。

（4）金属制品。土木工程中主要使用的产品有钢丝（包括焊条用钢丝）、钢丝绳以及预应力钢丝及钢绞线。钢丝中的低碳钢丝主要用作塔架拉线，绑扎钢筋和脚手架，制作圆钉、螺钉等，以及供钢丝网或小型预应力构件用的冷拔低碳钢丝。预应力钢丝及钢绞线是预应力结构的主要材料。

2.3.2　材质分析

目前国内超高层建筑钢结构的主构件（如巨柱、伸臂桁架、环带桁架、核心筒暗柱以及巨型斜撑等）以及主构件之间的连接节点板材，大多选择 Q345GJ、Q390GJ 高性能钢材和 Q420GJ 特高性能钢材，像 Q460GJ 这样的特种钢材，由于制作工艺和造价等因素，尚未大规模应用于超高层建筑。钢材性能见表 2-5。

超高层钢结构常用钢材的基本力学性能参数表　　　　　　　　表 2-5

牌号	质量等级	屈服强度 R_{el}（MPa）				抗拉强度 R_m（MPa）	伸长率 A（%）	材质性能说明
		钢板厚度（mm）						
		6～16	>16～35	>35～50	>50～100			
Q235GJ	B	≥235	235～355	225～345	215～335	400～510	≥23	Q235 是最普通的材质，属普板系列，通常轧制而成的主要有：盘条或圆钢、方钢、扁钢、角钢、工字钢、槽钢、H 型钢等型钢，中厚钢板大量应用于建筑及工程结构。用以制作钢筋或建造厂房房架、高压输电铁塔、桥梁、车辆、锅炉、容器、船舶等，也大量用作对性能要求不太高的机械零件。C、D 级钢还可作某些专业用钢使用
	C							
	D							
	E							
Q345GJ	B	≥345	345～465	335～455	325～445	490～610	≥22	Q345 钢材综合力学性能良好，塑性和焊接性良好，用作中低压容器、车辆、起重机、桥梁等承受动荷的结构、机械零件、建筑结构，热轧或正火状态使用，可用于 -40℃ 以上寒冷地区的各种结构
	C							
	D							
	E							
Q390GJ	C	≥390	390～510	380～500	370～490	490～650	≥20	Q390 钢材综合力学性能好，焊接性、冷、热加工性能和耐蚀性能均好，C、D、E 级钢具有良好的低温韧性。应用举例：船舶、锅炉、压力容器、桥梁以及较高荷载的焊接结构件
	D							
	E							
Q420GJ	C	≥420	420～-550	410～540	400～530	520～680	≥19	Q420 钢材具有高的强度，良好的抗疲劳性能；高韧性和低的脆性转变温度；良好的冷成型性能和焊接性能；具有较好的抗腐蚀性能和一定的耐磨性能。强度高，特别是在正火或正火加回火状态有较高的综合力学性能。广泛应用于大型船舶、桥梁、电站设备、中高压锅炉、高压容器、机车车辆、超重机械、矿山机械及其他大型焊接结构件
	D							
	E							

续表

牌号	质量等级	屈服强度 R_{el}（MPa）				抗拉强度 R_m（MPa）	伸长率 A(%)	材质性能说明
		钢板厚度（mm）						
		6～16	>16～35	>35～50	>50～100			
Q460GJ	C D E	≥460	460～600	450～590	440～580	550～720	≥17	Q460强度要比一般钢材高。Q460在保证低碳当量的基础上，适当增加了微合金元素的含量。良好的焊接性能要求钢材碳当量低，而微合金元素的增加在增加钢材强度的同时，也会增加钢材的碳当量。但增加的碳当量很少，所以不会影响钢材的可焊性

在钢板使用上，巨型结构较多应用60～100mm厚的钢板，部分项目也采用了厚度大于100mm的钢板。钢板大于40mm后，对化学成分的要求更加严格，尤其是硫、磷的含量要求。厚板结构在制造焊接时，若焊接接头设计、焊接工艺参数设置不合理，焊接过程控制不严格，厚板焊接容易出现层状撕裂缺陷，主要由于钢中的硫、磷偏析和非金属夹杂等原始缺陷。厚度方向性能级别是对钢板的抗层状撕裂能力提供的一种量度。厚度方向性能钢板应逐张进行超声波检验，检验方法按《厚钢板超声检测方法》GB/T 2970规定（表2-6）。

厚板 Z 向要求表 表2-6

钢板厚度（mm）	Z向性能要求	备注
$t<40$	—	
$40 \leqslant t<60$	Z15	
$60 \leqslant t<100$	Z25	GB/T 5313—2010
$t \geqslant 100$	Z35	

国内典型超高层钢结构使用的钢材材质如表2-7所示。

典型超高层项目钢结构材质   表 2-7

项目	型号/规格	所在位置
嘉陵帆影二期	Q235B	边梁、混凝土内型钢
	Q345B	裙楼钢梁、钢柱、桁架、塔楼钢框梁、塔楼钢梁、锚栓
	Q345GJB	核心筒、塔楼钢框梁
	Q345GJC	塔楼外框柱、塔楼钢框梁、支撑、环带桁架、伸臂桁架、转换桁架
	Q390GJC	环带桁架、核心筒内钢暗梁
	铸钢	伸臂桁架节点
武汉中心	Q345B	锚栓、楼层梁、外框钢管柱、外框环梁、塔冠结构
	Q345GJC	楼层梁
	Q390C	伸臂桁架、核心筒劲性钢柱、核心筒钢板墙（板厚<40mm）
	Q390GJC	环带桁架、核心筒钢柱、核心筒钢板墙（板厚≥40mm）
上海环球金融中心	ASTM A572	巨型结构，桁架结构，钢次梁、柱，顶部结构
	GRADE E345	
	SA440	连接板
	铸钢	伸臂桁架节点
广州周大福中心	Q345C	巨柱、外筒钢柱、伸臂桁架
	Q345GJC	环带桁架
	Q345B	钢板墙、筒内劲性柱、型钢梁、连接钢梁
	Q345GJCZ15	巨柱
广州西塔	Q345B	巨柱、劲性柱、钢梁、环梁、钢管柱（非节点区）、擦窗机轨道柱、梁及采光天棚、停机坪柱、梁
	Q345GJC、Q345GJC	转换桁架、钢管柱（节点区）
	Q345GJC	X型节点
	Q345B、345GJC	核心筒钢柱
深圳京基	Q345C、Q345GJC、Q345GJCZ	巨柱、劲性钢柱
	Q345GJCZ、Q390GJCZ、Q345GJC、Q390GJC	环带桁架
	Q345GJ	伸臂桁架
	Q345B	连接钢梁、钢框梁、顶拱桁架
	Q345GJC	巨型斜支撑

续表

项目	型号/规格	所在位置
深圳平安	Q345GJC	剪力墙钢板、巨柱钢骨、周边桁架、钢柱、屋面支撑桁架
	Q390GJC	环带桁架
	G460GJC	伸臂桁架
沈阳恒隆	Q235B	压型钢板
	Q345B	钢柱、钢梁
	Q345GJ	钢柱
上海中心	Q345B	裙房钢柱、钢梁
	Q345GJ	巨柱、伸臂桁架、环带桁架
常州传媒	Q345B	钢柱、钢梁
	Q345GJ	钢柱
中国尊	Q345GJC	核心筒内钢板、钢暗撑
	Q390GJC	巨柱（面板、竖向分腔板）、转换桁架、巨型斜撑

从上表中可看出：超高层钢结构以 Q345B 以上材质为主，桁架、巨柱等材质一般以 Q345GJ、Q390GJ 为主，部分复杂节点会使用铸钢件。

2.3.3 央视主楼高性能钢材的应用

CCTV 主楼钢结构选用的钢材规格品种多、用量大，主体结构钢结构总用钢净重约为 12.6 万 t（不包括材料加工损耗），主要钢号有：Q235、Q345B、Q345C、Q345GJC、A572Gr50、Q390D、Q420D 和 Q460E 等，工程以 Q390D 和 Q345GJC 两种钢为主；厚度 50mm、60mm、80mm、90mm 和 100mm 的钢板为工程主要用材，最大钢板厚度为 135mm。钢构件截面形式多样复杂，有单箱形、多箱形（目字形、日字形、西字形等）、DBOX 形等，最大截面尺寸为 1400mm×1000mm，吊装单根构件重量为 80t。下面对高强钢和厚板在本工程中的应用进行介绍。

以 CCTV 主楼钢结构深化设计实体模型为基础，对钢材净重量进行了统计，Q345 及以上的高强钢材重量约为 11.33 万 t，占用钢总重量的 89.92%，各种钢号材料重量统计如表 2-8、图 2-19。

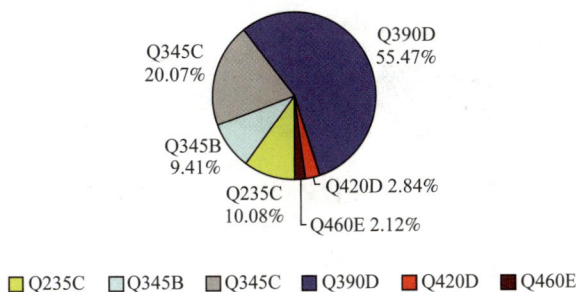

图 2-19　CCTV 主楼各钢号材料重量分布图

CCTV 主楼高强钢材重量统计表　　　　　表 2-8

材质	Z 向性能	塔楼 1（t）	塔楼 2（t）	裙楼部分（t）	悬臂部分（t）	汇总（t）
Q345B	—	3863.24	3213.57	2750.69	2027.09	11854.59
Q345C	—	5495.63	3865.86	5262.85	793.20	15417.54
	Z15	2195.80	1672.43	726.40	1764.35	6358.97
	Z25	1911.99	745.84	344.15	480.22	3482.19
	Z35	18.67	7.98	—	—	26.65
Q390D	—	2501.41	2283.97	1904.87	1516.08	8206.33
	Z15	3646.50	3580.92	969.64	2195.13	10392.19
	Z25	16651.86	12384.70	4834.04	5782.34	39652.94
	Z35	6172.22	4740.13	298.56	432.03	11642.94
Q420D	Z15	81.14	81.27	6.51	2.83	171.75
	Z25	1001.69	569.78	40.91	218.60	1830.98
	Z35	1004.98	450.63	20.27	105.78	1581.67
Q460E	Z25	300.87	30.26	35.32	—	366.46
	Z35	1060.68	1077.99	—	169.07	2307.73
合计		45906.68	34705.34	17194.20	15486.71	113292.92

　　CCTV 主楼钢构件主要采用焊接组合截面，构件对接形式多采用焊接连接，对厚度大于 40mm 钢板都具有不同级别的厚度方向性能要求，图 2-20 为工程中高强钢材具有 Z 向性能要求的重量比例分布图。

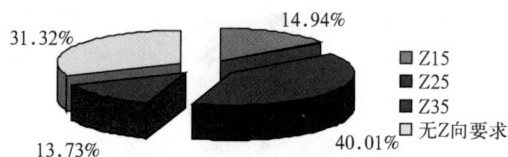

图 2-20 CCTV 主楼 Z 向性能钢材重量分布图

表 2-9 对工程中厚钢板重量进行了统计,厚度在 35mm 以上的钢板约为 8.56 万 t, 占总钢材重量比例的 67.94%,其中厚度为 50mm、60mm、80mm、90mm 和 100mm 的五种钢材重量约为 6.80 万 t,占总钢材重量比例的 53.97%。

央视工程厚钢板统计表 表 2-9

厚度 (mm)	塔楼1 (t)	塔楼2 (t)	裙楼部分 (t)	悬臂部分 (t)	汇总 (t)
35	2686.98	3323.90	3025.73	221.51	9258.12
36	0.16	0.39	405.63	—	406.18
38	5.69	—	0.03	—	5.72
40	2041.00	1970.40	670.64	107.63	4789.66
44	2.16	15.18	—	—	17.34
45	59.23	310.55	47.04	31.85	448.68
50	2927.50	2662.71	1591.52	1270.64	8452.36
60	7010.43	5131.93	2317.82	4235.68	18695.86
65	5.27	30.46	101.54	—	137.27
70	46.99	285.28	—	—	332.27
75	766.92	859.67	84.90	157.45	1868.93
80	6675.14	4633.89	1003.04	2586.86	14898.93
90	2176.80	1609.90	241.19	984.57	5012.45
100	10635.95	7521.75	1108.47	1618.56	20884.72
110	—	—	—	23.23	23.23
115	8.84	—	—		8.84
125	96.35	40.24	—	—	136.59
135	141.15	—	94.07	—	235.22
合计	35286.55	28396.25	10691.60	11237.97	85612.37

第二部分

超高层钢结构制造技术

超高层钢结构施工图设计完成之后，通常需依据施工图设计深度、结构体系特征、制作工艺、运输和安装条件等，继续进行深化设计，深化图纸提供至制作厂后，制作厂通过矫平、切割、组立、焊接、涂装等多个工序进行加工制造，最终形成建筑工程所需钢构件。

超高层钢结构的构件类型通常包括 H 形构件，圆管构件，箱形构件以及异形、巨型构件等，这些构件的制作是超高层钢结构施工中的重要环节，制作质量的好坏将直接影响超高层建筑的施工质量。

本部分将重点阐述钢结构深化设计、加工制作准备、焊接技术、BIM 技术、典型构件制作以及相关的工程案例。

第3章 深化设计

3.1 深化设计概述

钢结构深化设计也叫钢结构二次设计，是以设计院的施工图、计算书及其他相关资料（包括招标文件、答疑补充文件、技术要求、工厂制作条件、运输条件、现场拼装与安装方案、设计分区及土建条件等）为依据，依托专业软件平台，建立三维实体模型，开展施工过程仿真分析，进行施工过程安全验算，计算节点坐标定位调整值，并生成结构安装布置图、构件与零部件下料图和报表清单的过程。作为连接设计与施工的桥梁，钢结构深化设计立足于协调配合其他专业，对施工的顺利进行、实现设计意图具有重要作用。

依据设计院施工图的深度，深化设计的工作内容可区分为如下三种情况：

（1）在建筑设计院完成建筑和其他专业施工图设计及结构方案设计的情况下，由深化设计单位直接完成结构深化施工图设计。

（2）在建筑设计院出具全套施工图但未给出结构节点大样图的情况下，由深化设计单位完成结构节点大样、构件与零部件下料图与报表清单设计。

（3）在建筑设计院出具的全套施工图已达到施工要求的情况下，由深化设计单位根据施工流程进行构件与零部件下料图与报表清单设计。

无论上述哪种情况，深化设计均应根据工程的复杂程度进行必要的施工过程仿真分析、安全验算和确定节点定位坐标调整值。

深化图纸必须满足建筑设计施工图的技术要求，符合相关设计与施工规范的规定，并达到工厂加工制作、现场安装的要求。

对超高层钢结构建筑，深化设计是工程施工前最重要的工作之一，其重要性具体表现为如下几个方面：

（1）通过三维建模，消除构件碰撞隐患；通过施工过程仿真分析和全过程安全验算，消除吊装过程中的安全隐患；通过节点坐标放样调整值计算，将建筑偏差控制在容许范围之内。

（2）通过对施工图纸的继续深化，对具体的构造方式、工艺做法和工序安排进行优化调整，使深化设计后的施工图完全具备可实施性，满足钢结构工程按图精确施工的要求。

（3）通过深化设计对施工图纸中未表达详尽的构造、节点、剖面等进行优化补充，对工程量清单中未包括的施工内容进行补漏拾遗，准确调整施工预算，为工程结算提供依据。

（4）通过深化设计对施工图纸补充、完善及优化，进一步明确钢结构与土建、幕墙及其他相关专业的施工界面，明确彼此交叉施工的内容，为各专业顺利配合施工创造有利条件。

（5）深化设计图纸可为物资采购提供准确的材料清单，并为竣工验收提供详细技术资料。

超高层钢结构深化设计的工作内容主要包括如下几个方面：

（1）施工过程仿真分析

超高层钢结构施工时，存在竖向的压缩变形和测量精度控制难度大（如交叉网格外框）的问题，这些问题可通过深化设计时对压缩、起拱等设置预调值，输出结构坐标等方法解决。

（2）结构优化

钢结构与土建、机电设备、幕墙等其他专业联系密切，当结构设计与现场施工存在冲突或者部分节点结构设计不详时，需要对构件、节点，甚至结构形式及钢材用量进行相应的优化工作。

（3）节点深化

超高层钢结构节点形式主要包括：柱脚节点、支座节点、柱拼接节点、梁柱节点、梁梁节点、桁架节点等，深化主要内容包括图纸中未指定的节点焊缝强度验算、螺栓群验算、现场拼接节点连接计算、复杂节点空间放样等。

（4）构件与零件加工图

构件加工图是工厂加工制作的重要依据，包括构件大样图和零件图。构件大样图主要表达构件的出厂状态，主要内容为在工厂内进行零件组装和拼装的要求，通常包括拼接尺寸、制孔要求、坡口形式、表面处理等内容；零件图表达的是在工厂不可拆分的构件最小单元，如板材、铸钢节点等，是下料放样的重要依据。

（5）构件安装图

安装图为指导现场构件吊装与连接的图纸。构件制作完成后，将每个构件安装至正确位置，并用正确的方法进行连接，是安装图的主要任务。一套完整的安装图纸，通常包括构件的平面布置图、立面图、剖面图、节点大样图、构件编号、节点编号等内容，同时还应包括详细的构件信息表，即能清晰地表达构件编号、材质、外形尺寸、重量等重要信息。

（6）材料表

材料表是深化详图中重要的组成部分，它包括构件、零件、螺栓等材料的数量、尺寸、重量和材质等信息，是钢材采购、现场吊装、工程结算的重要参考资料和依据。

3.2　深化设计常用软件

超高层钢结构深化设计软件较多，常用软件包括如下几种：

1. Tekla Structures

Tekla Structures 是三维智能钢结构模拟设计软件，其独有的多用户同步操作功能创建了新的信息管理和实时协作方式，用户可以同时在同一个虚拟空间内搭建完整的钢结构模型，模型中不仅包含零部件的几何尺寸，也包含了材料规格、截面、材质、编号、定位、用户批注等信息。操作者可以从不同视角连续旋转地观看模型中任意零部件，能直观地审查模型中各杆件的空间逻辑关系。在创建模型时可在 3D 视图中创建辅助点再输入杆件，也可在平面视图内搭建。Tekla Structures 包含了多种常用节点，在创建节点时非常方便。只需点取某类型节点，填写个中参数，然后依次选取主、次部件即可，并可随时查询所有制造及安装的相关信息，校核选中部件的碰撞关系，能依据模型生成所需的图纸、报表清单。所有信息均储存在模型的数据库内，供随时调用。当需要变更设计时，只需改变模型，其他数据均相应的改变。图 3-1 为该软件进行天津高银 117 大厦深化设计的界面。

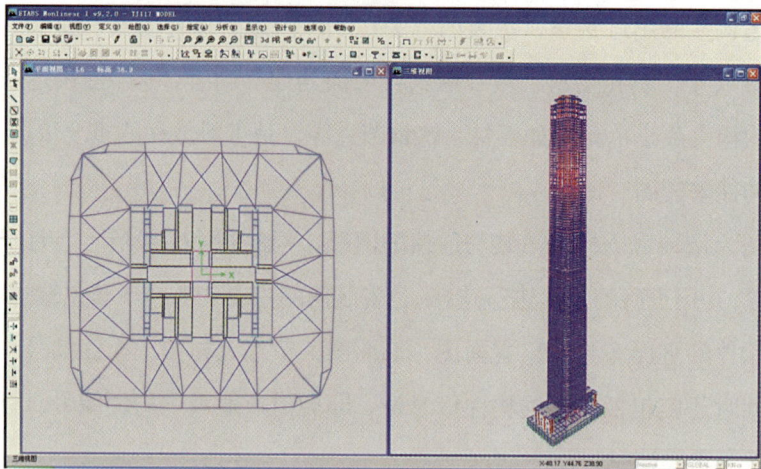

图 3–1　应用 Tekla 软件深化的天津高银 117 大厦模型

2. AutoCAD

AutoCAD 全称为 Auto Computer Aided Design，即计算机辅助设计，该软件具有完善的图形绘制功能和强大的图形编辑功能，且具有较强的数据交换能力，超高层深化设计主要运用其二维性能进行图纸管理和辅助设计，随着软件版本的不断更新，其三维性能也日益强大，同时由于 Tekla Structures 软件的局限性，AutoCAD 也越来越多地用于异形变截面或空间弯扭结构的深化设计。图 3-2 为复杂钢柱深化设计的用户界面。

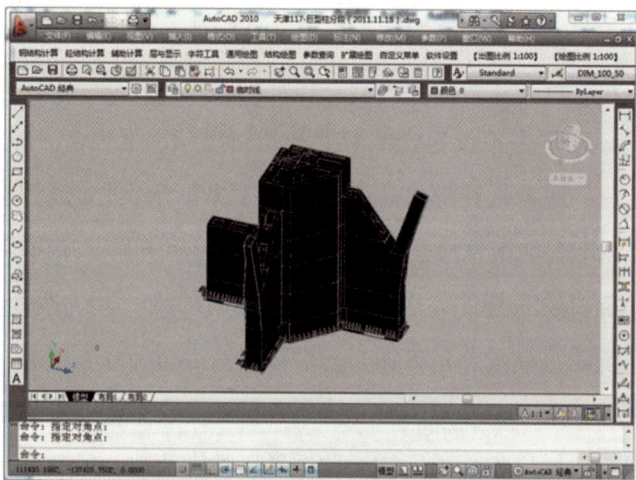

图 3–2　应用 AutoCAD 软件进行钢柱的深化设计

AutoCAD 本身仅能进行几何方面的设计，但其拥有开放的二次开发平台，用户可采用多种方式进行二次开发各种功能性接口软件包。目前，在钢结构深化设计领域，基于 CAD 的软件平台，已开发出了一系列钢结构详图设计辅助软件，如批量生成实体模型，导出材料表、坐标值等信息，精确统计模型中各类材料的长度、重量等，大大扩展了其三维模型处理能力，并与之配套开发了相应的计算分析工具包，使其除能够自动标注图纸尺寸、焊接与螺栓连接信息，出具材料清单外，还可完成施工过程仿真计算、安全验算与坐标预调值计算等。

3.3　深化设计流程与步骤

3.3.1　深化设计流程与前期准备

超高层钢结构深化设计通常按照图 3-3 所示流程进行。

深化设计前应进行充分的技术准备工作。深化设计人员接到任务后，应首先收集完整的正式纸质设计文件（施工蓝图、设计补充文件、设计变更单等）和工程合同，同步收集相关专业施工配合的正式纸质技术文件，主要包括：

（1）安装专业的构件分段分节、起重设备方案、安装临时措施、吊装方案等；

（2）制作专业的工艺技术要求；

（3）土建专业的钢筋穿孔、连接器和连接板等技术要求，混凝土浇筑孔、流淌孔等技术要求；

（4）机电设备专业的预留孔洞

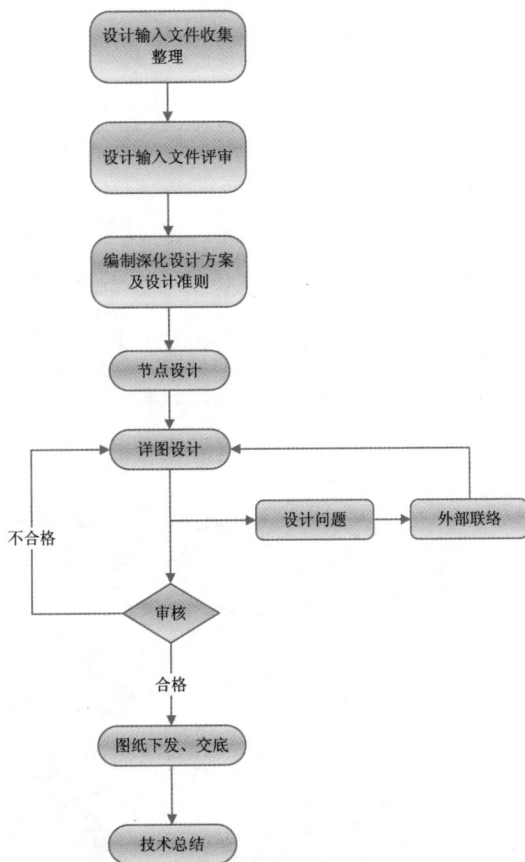

图3-3　深化设计工作流程图

注：设计输入文件通常指设计施工图、设计补充文件、设计变更单等相关资料。

技术要求；

（5）幕墙及擦窗机专业的连接技术要求等。

深化设计负责人应组织相关人员熟悉图纸及技术文件，召开技术评审会议，达到以下要求：

（1）理解设计意图，消化结构施工图；

（2）对图纸中存在疑问、不清楚的地方以联络单的形式进行汇总；

（3）开展技术评审，对不合理的点进行分析，提出合理化建议，形成书面记录；

（4）安排人员参与现场图纸会审并形成书面的图纸会审记录；

（5）编制深化设计方案和设计准则，编排深化设计进度计划；

（6）制定针对该工程的图纸编号原则及构件、零件编号原则。

3.3.2　深化设计步骤

本节基于 Tekla Structures 软件，以天津高银 117 大厦工程为例，介绍超高层钢结构深化设计的相关步骤。

1. 建立定位轴线与结构几何模型

深化设计计算机建模的第一步为建立定位轴线与结构几何模型，一般均按照施工蓝图的定位轴线与几何模型确定，必要时可根据需要增设辅助轴线。待轴线建立完成后，应与施工蓝图中轴线间距、编号等逐一对照核查，确保无误后生成轴线视图。轴线与几何模型一经生成不得随变动。建立定位轴线与几何模型的界面如图 3-4 所示。

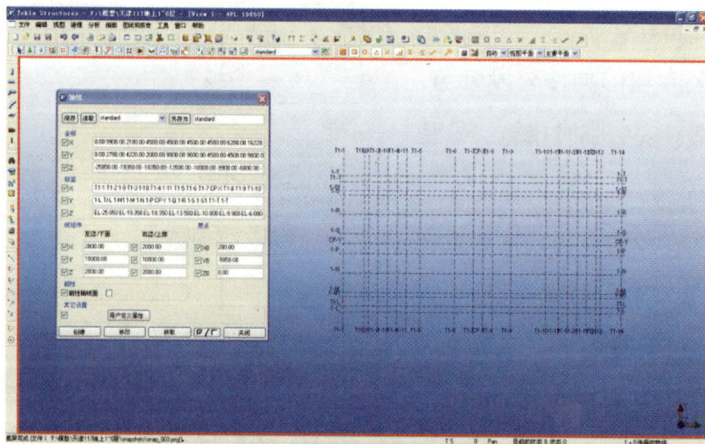

图 3-4　定位轴线创建软件界面

2. 建立结构物理模型

该工作需首先在 Tekla Structures 材料库中增加工程所需相应的材质、杆件截面、螺栓栓钉型号等基础信息，然后在结构几何模型中根据施工图纸的构件布置图和截面规格、材质等信息，进行杆件的搭设工作。在完成模型的初步搭设并经审查无误后，可导出较为准确的项目主材采购清单，包括后期构件的油漆、防火涂料的涂刷面积等，为今后的施工方案编制、生产进度的合理安排以及商务的初步算量提供技术支持。建立结构物理模型的界面如图 3-5 所示。

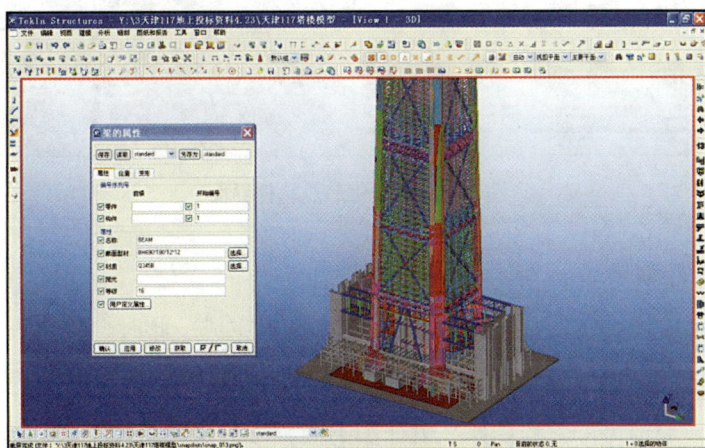

图 3-5　构件截面编辑软件界面

3. 节点深化设计

节点建模应尽可能按原设计执行，若发现原设计确不合理，应及时提出合理化建议，经原设计单位认可后方可执行。所有节点的设计，除满足强度要求外，尚应考虑结构简洁、传力清晰，工厂制作、现场安装可操作性强等。设计文件无明确要求时，刚接节点按等强连接计算，铰接节点按设计要求的相关规范进行验算，所有节点设计均须向原设计单位提交节点计算书，并取得认可后方可执行。节点建模完成后，须再次审核模型。节点深化设计界面如图 3-6 所示。

4. 构件压缩预调值考虑

塔楼施工成型过程是一个连续加载过程，已完成楼层的位形是一个连续变化的过程。每一楼层的标高随着上部结构的施工在不断变化，一般在施工时应根据要求对楼层高度设置预设值（压缩变形补偿），以实现最终的结构位形与设计位形相吻合。竖向预变形值可作为每节构件加工和安装的依据，每隔 6 ~ 10 层整体调整一次，以方便施工。

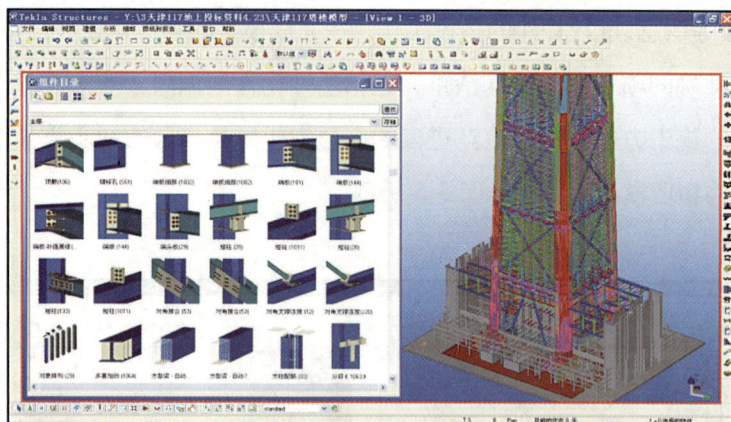

图 3-6　参数化节点软件界面

5. 完成构件编号

节点的完成标志着深化设计建模任务的基本完成。此时，深化设计负责人应组织相关人员进行模型审核。待反复审核及修改无误后，由专人进行编号。Tekla Structures 可根据预先设定的构件、零件编号原则进行智能顺序编号。从而大大缩短构件人工编号时间，确保编号的准确性。节点深化设计界面如图 3-7 所示。

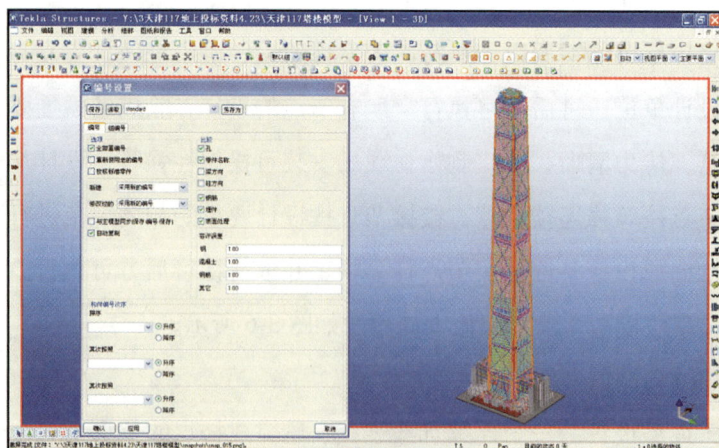

图 3-7　构件编号软件界面

6. 形成深化设计图纸

运用 Tekla Structures 的自动出图功能，形成节点大样图、构件与零部件大样图、构件安装布置图等。图纸可从三维模型中直接生成，准确性高。形成的图纸只需对其标注信息等进行适当修改，需要时补充部分视图后即可使用。生成的节点大样图如图 3-8 所示。

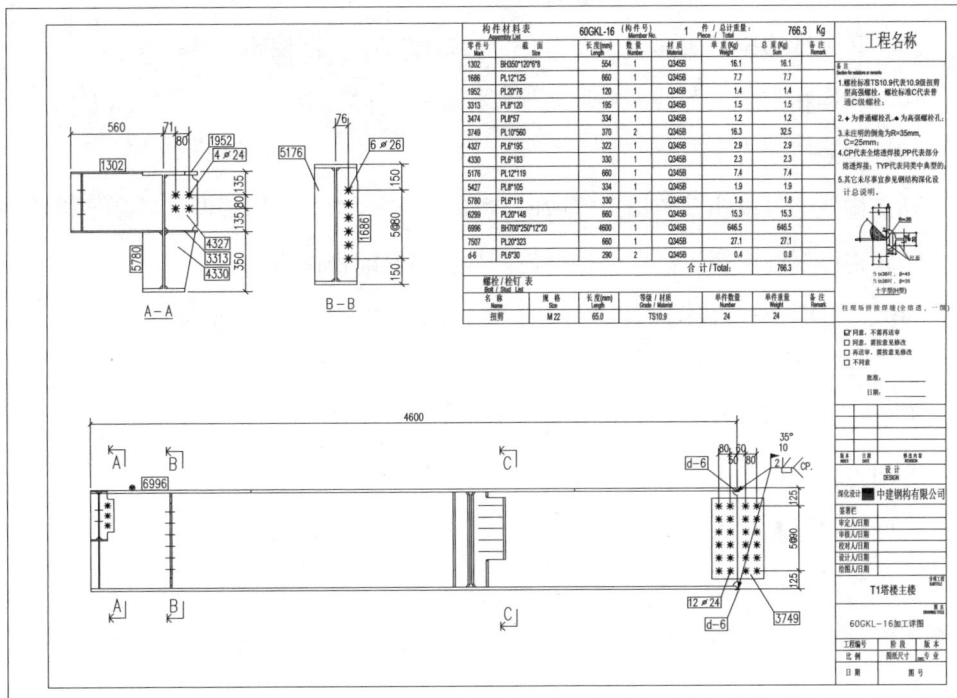

图 3-8 深化出图

7. 深化设计图纸变更

如需对深化设计变更，应按变更要求修改模型，再次运行编号并更新图纸，编号时，宜尽量保证原编号不变。

3.3.3 深化设计输出内容

深化设计成果作为构件加工和安装的指导性文件，要求其具有正确性、完整性和条理性，具体输出内容如下。

1. 钢结构深化设计总说明

钢结构深化设计总说明应在深化设计建模之前完成，并随第一批图纸发放，内容除包含原结构施工图中的技术要求外，还包括下列内容：

（1）设计依据，包括原结构施工图、设计修改通知单、安装单位的构件分段分节（塔吊方案）以及相关现行标准等内容，图纸及技术文件均应注明编号和出处；

（2）软件说明，包括节点计算、建模和绘图采用软件的说明及版本号；

（3）材料说明，包括钢材、焊接材料、螺栓等的规格性能，执行标准和复验要求；

（4）焊缝等级及焊接质量检查要求；

（5）高强度螺栓摩擦面技术要求，包括处理方法、摩擦系数等；

（6）制作和安装工艺技术要求及验收标准；

（7）涂装技术要求；

（8）构件编号说明，包括工程中所有出现的构件编号代码说明，并举例说明；

（9）构件视图说明，以典型构件说明构件绘制的视图方向；

（10）图例和符号说明，列表说明施工详图中的常用图例和符号；

（11）其他需加以说明的技术要求。

2. 施工过程仿真分析与安全验算计算书

3. 节点坐标预调值

4. 图纸封面和目录

图纸封面按册编制（每册图纸应有一个图纸封面，一批图纸按多册装订时应有多个图纸封面），图纸封面图幅应与图纸相同，且应包含下列内容：

（1）工程名称；

（2）本册图纸的主要内容；

（3）图纸的批次编号；

（4）设计单位和制图时间。

图纸目录应与图纸内容相一致，包含序号、图纸编号、构件号、构件数量、单重、总重、版本号、出图时间等信息。其中，序号不得出现空号，图纸编号和构件号应按序排列，一一对应，不得重复。图纸目录的信息要随着图纸内容的变更做即时的调整与更新，图纸目录中的版本编号随着图纸内容的变更次数需要做相应的升版。

5. 平、立面布置图

施工详图结构布置图可分为结构平面图、立面图和剖面图等，也可在布置图中附加安装节点图、构件表和说明等内容。结构布置图的绘制应符合下列规定：

（1）应标明构件的准确空间位置关系，相对位置与原结构设计图相同；

（2）布置图应按比例绘制，且同一工程比例应一致；

（3）应绘出轴线及编号，并标注轴线间距以及总尺寸、平面和立面标高、柱距、跨度等；

（4）应将构件全数绘出，不得用对称、相反或其他省略方式表示；

（5）构件在布置图上宜用轮廓线表示，若能用单线表示清楚，也可用单线表示；

（6）应标注每根构件的构件号，同一构件的构件号在平面图、立面图或剖面图上宜标注一次，当构件在一个视图上无法表达清楚时，可在多个视图上标注编号；

（7）布置图上应编制该图所反映的所有构件的构件清单表格。

6. 构件详图

构件详图应完整表达单根构件加工的详细信息，应依据布置图的构件编号按类别顺序绘制。选择合适的视图面进行绘制，并采用剖视图的方式将构件的每个部分表达清晰，剖视图应按剖视的方向位置绘制，不得旋转。

构件图尺寸标注应包含下列信息：

（1）加工尺寸线，包括构件长和宽的最大尺寸、牛腿的尺寸等；

（2）装备尺寸线，包括零部件在主部件上的装配定位和角度；

（3）安装尺寸线，包括供安装和验收用的现场螺栓孔孔距和间距、吊装孔距等。

此外，还需对梁、柱等构件进行标高标注，对各零部件的组装焊缝予以标注，对相应工艺处理措施予以标注并说明等。

复杂构件还需增加三维轴测图，轴测图视角应以尽可能显示构件中各零件的位置关系为原则。

7. 零件图

零件图原则上应采用 1 : 1 的比例绘制，零件图应包含下列信息：

（1）零件编号和规格；

（2）尺寸标注，包括特征点的定位尺寸、总尺寸；

（3）螺栓孔、工艺孔等细部标注；

（4）材料表，包含零件的规格、数量、材质等信息；

（5）零件所属构件列表。

复杂的零件，如折弯板、三维弯扭板等，应绘制其展开图、弯扭零件图（成型坐标图、表）、组拼定位图（组拼定位图、表）。两端带贯口的弯扭管件，应绘制两端贯口的角度定位图。

8.清单

三维模型完成后，应生成钢材材料清单、螺栓/栓钉清单、构件清单等报表。

（1）钢材摘料清单应包括材料规格、材质、Z向性能、重量（分净重、毛重，线材还须提供长度）等，以及摘料依据、钢材技术标准及其他特殊要求等。

（2）螺栓/栓钉清单应包括规格、长度、标准、数量等信息。

（3）构件清单应包括构件号、构件名称、数量、单重、总重、所在图号等信息。

3.4 典型节点深化设计

超高层钢结构的节点形式，常用的有梁梁节点、梁柱节点、托梁节点、对接节点、支撑节点和柱脚节点等，这些节点通常通过焊接、栓接或者两种相结合的方式进行连接。

超高层钢结构深化设计时，巨型钢柱（简称巨柱）、支撑、钢板墙、环带桁架等部位形式较为特殊、复杂，深化设计时需重点考虑。

3.4.1 巨柱、巨型支撑的深化

巨柱、巨型支撑的深化，是超高层钢结构深化设计的重点，对整个工程的实施具有决定性作用。巨柱、巨型支撑通常具有如下特点。

1.截面尺寸大、板材厚、重量大

钢结构巨柱截面单向长度通常大于2m，板厚一般大于50mm，加强层处可达100mm以上，由于大截面及超厚板，导致巨柱延米重较大，可达几十吨。如天津高银117大厦，六边形巨柱组合截面，最大长度约11m，最大板厚120mm，延米重最大达37.8t。详见表3-1。

典型工程巨柱截面   表 3-1

项目	图例		最大板厚（mm）	最大米重（t/m）
	图例	典型截面尺寸图（mm）		
天津高银117大厦			120	37.8
广州东塔			170	11.28
深圳平安			120	10.83
武汉中心			100	5.18
嘉陵帆影二期			130	5.65

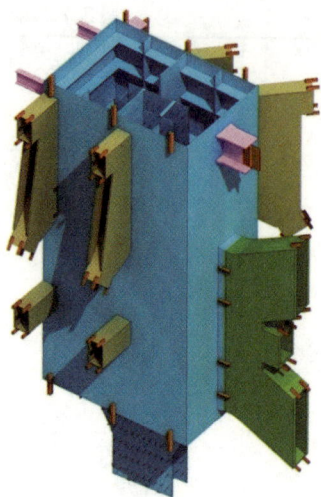

图 3-9 广州东塔加强层巨柱深化节点

2. 对接节点多

巨柱除了与周围的钢梁、上下段钢柱对接外，在加强层处通常还会与伸臂桁架、环带桁架设置对接节点，最多时可达十余个（图 3-9）。

3. 焊接难度大

巨柱焊接时，除了厚板焊接质量控制难度大外，由于巨柱内部隔板设置复杂，与混凝土连接面积大、栓钉多，给焊接作业人员及设备带来诸多不便。

针对超高层巨柱的这些特点，为确保工厂制作和现场安装的顺利进行，巨柱在深化设计时，应重点注意以下事项。

（1）合理的分段分节不但可以确保结构吊装，而且可以减小构件变形，降低焊接难度，保证焊接质量。巨柱的分段分节应满足构件运输及现场设备的起重要求，当巨柱运输宽度不超过 4.5m 时，分段可采取沿截面划分的方式，如广州东塔（图 3-10）；当大于 4.5m 时，由于运输车辆尺寸及道路运输的相关要求限制，巨柱分段需采取沿截面与高度方向划分相结合的方式，如天津高银 117 大厦（图 3-11），巨柱沿截面分段后又在高度方向分成 4 块，分别为土字形、山字形、箱形 1、箱形 2。

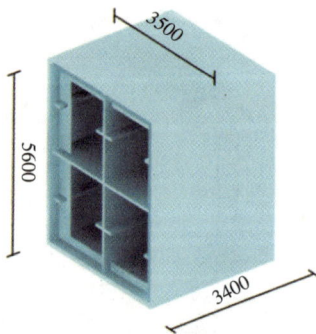

图 3-10 广州东塔巨柱分段

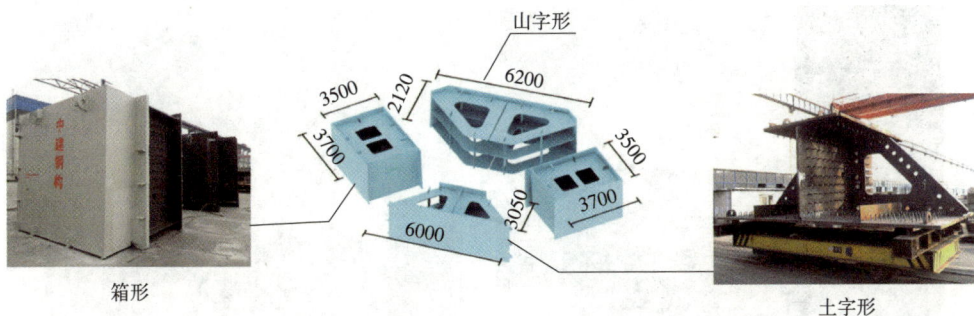

图 3-11 天津高银 117 大厦巨柱分段

分段分节时，应尽量减少工地焊缝和竖向焊缝，避免仰焊和焊缝交叉。避免焊缝交叉重叠时，可对一些位置的钢板实行归并、延长处理。

（2）合理的坡口及焊缝形式

在构件焊接时往往由于坡口设计不合理而导致操作困难、焊接变形大、效率低、成本投入大等情况，为使构件制作能有序进行，在深化设计时，须设置合理的焊缝形式和坡口形式。

1）设计焊接坡口时应合理考虑角度、间隙及钝边等因素，确保电极与坡口面之间有足够有利于熔敷金属过渡的空间，避免未熔合或夹渣；确保电极电弧能达到坡口底部，避免焊透深度不足；保证根部焊道背面不致烧穿，促使焊缝更好地熔合和焊透。

2）焊接坡口的设计应综合考虑有利于焊接质量、坡口加工和施焊难易程度、焊接材料使用情况、焊接变形等因素，确保低耗、高效、经济适用。

3）焊接坡口形状和尺寸的设计应充分考虑焊接设备和焊工技能水平，使焊接坡口更具有针对性和通用性。

4）所有焊接坡口的形状和尺寸均应依据焊接工艺评定结果确定。

（3）为避免应力集中现象产生，可对杆件端部及隔板镂空拐点处进行倒圆角处理，如图 3-12 所示。

（4）厚板与薄板对接位置按规范（如《钢结构设计规范》等）要求实行放坡处理，同时为了避免箱体巨柱的端部发生变形，可在端部设置工艺隔板，如图 3-13所示。

图 3-12　隔板倒圆角处理

图 3-13　端部工艺隔板设置

（5）工地焊接"人孔"的开设是巨柱深化时考虑的一个关键点，因巨柱截面构造复杂，牛腿节点板之间间距小，隔板多，须合理设置"人孔"位置，确保上下柱对接时每道焊缝均有良好的施焊空间，同时综合考虑施工成本及现场工作量等因素，其开设尺寸宜控制在 500～800mm 之间，如深圳平安项目"人孔"（图 3-14）尺寸为 500mm×500mm。

图 3-14　巨柱焊接"人孔"

（6）巨柱内壁设置合理的栓钉，栓钉建模时需考虑焊接空间，对紧贴板件或正好布置在孔洞及焊缝位置的栓钉进行间距调整或者取消。

3.4.2　钢板墙的深化

钢板墙在超高层建筑中的应用日益广泛，目前国内主要采用组合钢板墙，组合钢板墙又分为单层钢板墙和多层钢板墙等（详见 2.2.2）。其中单层钢板墙板面大，钢板厚度通常为 20 ~ 70mm，且钢板上往往设置较为密集的栓钉，制作时极易产生变形。为了减小钢板墙的变形，深化设计时可采用以下措施：

（1）在满足运输、安装要求的前提下，以减少工厂焊缝和现场竖焊缝的原则进行构件制作单元的划分。当采用焊接连接时，钢板墙在高度方向上分段不宜过高，如天津高银 117 大夏项目分段高度约为 3.3m（图 3-15），高度阶段最多划分为 20 个吊装单元，吊装单元最大长度为 13m。

图 3-15　天津高银 117 大厦钢板墙分段示意图

（2）钢板墙厚度相对较薄，其两侧栓钉较多，深化设计时，设置必要的加劲板，以防止制作变形，如图 3-16 所示。

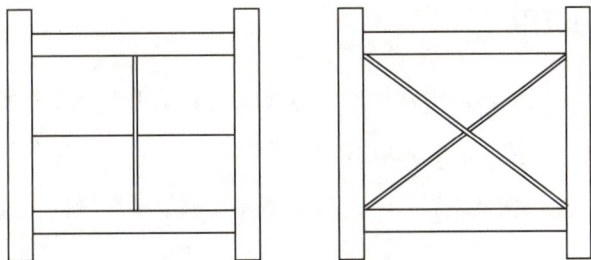

图 3-16　钢板墙设置加劲肋

（3）对机电设备图纸预留合理的孔洞作补强处理，例如空调预留孔、设备孔等，如图 3-17 所示。

图 3-17　钢板墙洞口补强

（4）应充分考虑核心筒钢板墙及爬模架的安装施工方案，在钢板上设置合理的施工用措施孔洞，如设置钢模板拉筋孔，模架安装定位孔等。

3.4.3　环带桁架的深化

环带桁架设置于结构加强层处，高度通常为 2 个结构层或者以上，由于其结构的重要性，加强层处钢板厚度较大（可达 100mm 及以上）。其在深化设计时主要注意以下事项。

分段分节应满足构件运输与设备起重能力的要求。通常将环带桁架在腹杆与上下弦杆连接处断开（图 3-18），腹杆交汇处设置牛腿节点，避免多杆件相交焊缝重叠，同时保证杆件重心线在节点处汇于一点，避免偏心。当现场对接部位不方便施焊时，可设置焊接手孔。

3.4.4　铸钢件的应用

当处理某些特定部位，运用常规的节点无法达到足够的强度和刚度，或者在具体的施工过程中难以实现时，需要采取其他较为特殊的节点形式进行设计，如焊接空心球节点、螺栓球节点、钢管鼓节点等，而在超高层钢结构领域内，通常采用铸钢节点（图 3-19）。

图 3-18 环带桁架分段分节示意图

相较于节点的常规做法，铸钢节点有如下优势：

(1) 铸钢节点在工厂内整体浇铸，可免去焊缝密集引起的应力集中；

(2) 具有良好的适应性，节点设计自由度大；

(3) 具有美观的流线型外形；

(4) 大大降低节点部分的制作、安装难度。

当然，铸钢节点也有诸多不足之处，如自重大、成本高、造型各异、不利于批量生产等。

在多个杆件交汇连接时，宜采用铸钢节点。对于此类节点的设计，应尽量使杆件重心线在节点处交汇于一点，避免偏心，同时应尽可能使节点构造与计算假定相符，以避免因节点构造不合理而使杆件产生次应力，引起杆件内力的变化。铸钢节点设计计算时，材质、节点构造如不满足规范条件，将会给铸钢节点的受力带来极大风险，给结构安全带来严重隐患，所以节点的设计不仅需满足承载力要求，同时还应考虑铸造、制作及焊接工艺方面的要求。

为保证良好的焊接性能，铸钢件与其他构件连接时，受拉为主的焊缝应全熔透，且在节点构造上，要尽量避免铸钢本体直接与构件焊接，宜采用铸钢本体伸出台阶与厚板部件连接，伸出的台阶壁厚不得急剧变化，其壁厚变化斜率应小于 1：5。铸钢节点细部设计应避免尖角或直角，且应有利于气体的排出。对于焊接过程中可能出现的应力过大、裂纹等问题，可采取合理的焊接工艺措施，从根本上减小或消除焊接问题。

图 3-19　上海环球铸钢节点

3.5　工程案例

3.5.1　工程概况

天津高银 117 大厦主楼建筑高度约为 597m，地上共 117 层，地下室 3 层。首层平面尺寸约 65m×65m，整体呈四棱台体，渐变至顶层时平面尺寸约 45m×45m，中央为混凝土核心筒，平面尺寸约 34m×37m。工程为巨型＋支撑结构体系，楼板采用压型钢板和混凝土组合结构形式。各类构件形式如表 3-2 ～表 3-4 所示。

天津高银 117 大厦钢结构布置体系　　　　　　　　　　　表 3-2

整体结构	外框巨柱、巨型斜撑、带状桁架、次框架柱	核心筒钢板墙、型钢暗柱	结构每面共计 9 道支撑，主要板厚为 40mm、60mm、80mm、100mm

典型钢板墙布置——整体结构中，钢板墙钢板厚度分别有 70mm、50mm、25mm、20mm 等	典型桁架布置一
典型桁架布置二	典型楼面梁布置三
典型楼面梁布置四	典型楼面梁布置五

普通巨柱段和变截面段典型构件　　　　　　表 3-3

巨柱普通段沿截面划分为 4 块	变截面巨柱，在变截面处按照 1:6 原则做过渡处理，沿截面划分为 4 块

屋顶巨柱、桁架、钢板墙、楼层梁典型构件　　　　表 3-4

	桁架上弦典型构件
顶层桁架与巨柱连接典型构件，巨柱重量 61.3t，主要板厚为 40mm、80mm，外围尺寸 2.67m×4.4m×7.68m	桁架下弦典型构件
顶层典型桁架，截面为箱形 800mm×800mm×80mm，材质均为 Q345GJC，最重构件为下弦 35.8t，桁架高度 5.85m	
中间段典型桁架，截面为箱形 800mm×800mm×50mm，材质均为 Q390GJD，最重构件为下弦 22.6t，桁架高度 11.8m	
典型钢板墙构件一：构件高 3.3m，长 7.3m，总重约 18t	典型钢板墙构件二：构件高 6.6m，长 3.3m，总重约 7t

楼层梁与核心筒埋件

3.5.2 典型节点的深化设计

本工程较复杂的节点及深化设计建模重点关注点主要有：巨柱与桁架连接节点构造处理、钢板墙分段及构造处理、桁架节点构造处理、热轧钢板组合楼板构造处理、厚板焊接的深化构造处理，现对这些节点深化要点进行如下分析。

1. 巨柱与桁架连接节点构造处理

巨柱为六边形组合截面，断面尺寸较大，最大截面为 5233 mm × 11233mm，最大节点为第一道桁架与巨柱连接节点，主要板厚 60mm，材质 Q390GJD，内部设 9 道隔板，为方便运输和安装，巨柱牛腿伸出巨柱本体 100mm 断开（图 3-20），牛腿单独成为构件。巨柱沿截面分为 4 块，其中两侧箱体竖向分为 3 段，剩余梯形截面竖向分为 6 段，与箱形 3 段长度相同，整个节点共分为 18 根构件，最重构件 70.2t。本节点最大难点是分段难于划分，特别是牛腿伸进巨柱部位，工厂、工地焊接空间小，薄厚板对接部位多，厚板焊接质量控制难度大，工地焊接缝多，深化设计时对细部分段划分、焊接工艺孔的预留以及板件之间交叉构造处理是一大难点，应重点从以下几个方面进行考虑。

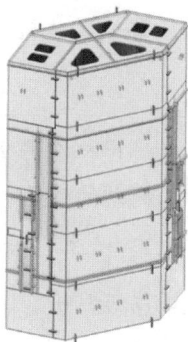

图 3-20 第一道桁架与巨柱连接节点

（1）根据塔吊布置以及现场分段对巨柱构件单元划分进行核实，使分段在满足运输、吊装的要求下，同时满足结构受力、构造、焊接要求，分段采取沿截面划分和沿柱高度划分的原则，尽量减少工地焊缝和竖焊缝，避免仰焊。单个构件单元控制在 16.8m × 3.5m × 2.8m（长 × 宽 × 高）范围内；

（2）设置合理的现场用吊耳板；

（3）合理处理薄厚板对接过渡，尽量减少焊缝交叉；

（4）牛腿伸进巨柱部位，建模时需仔细考虑工厂组装工序，确保焊接空间；

（5）工地焊接"活板"的开设预留是巨柱建模时考虑的一个关键点，因巨柱截面构造复杂，牛腿节点板之间间距小、隔板多，且多处隔板需现场焊接，在建模时应明确现场安装顺序及施工工艺，设置合理的焊接人孔，确保上下柱对接时每道焊缝能很好地焊接；

（6）巨柱内壁设置合理的栓钉，栓钉建模时需考虑焊接空间，对紧贴板件或布置在孔洞位置及板件位置的栓钉采取调间距或者取消的原则；

（7）在隔板上设置合理的灌浆孔和透气孔；

（8）建模过程中应认真思考每个巨柱构件的组装工序，做到坡口开设合理，厚板焊接部位构造满足焊接要求，防止厚板焊接时层状撕裂，同时满足施焊空间。

2. 钢板墙深化要点

本工程钢板墙厚度分别为 25mm、35mm、50mm、70mm 四种，材质均为 Q345GJC，分布在核心筒 36 层以下及 115 层以上，在核心筒混凝土内单层设置。由于钢板墙单个构件钢板面大，且钢板两侧设置长 100mm，间距 200mm，直径 22mm 的栓钉，制作时容易变形。根据以上特点，在深化设计时，应从以下几个方面充分考虑钢板墙的深化：

（1）合理分段，尽量使分段控制在最大运输尺寸（宽 3.5m × 高 2.8m）之内；

（2）由于钢板墙厚度相对较薄，其两侧栓钉较多，为防止变形，应控制好分段，应设置必要的加劲板；

（3）设计合理的装卸吊耳和现场吊装耳板，以防止运输、安装时变形；

（4）按减少现场焊缝及现场竖焊缝的原则进行构件制作单元的划分；

（5）充分考虑核心筒钢板墙及爬模架的安装施工方案，在钢板上设置施工用措施孔洞，如设置钢模板拉筋孔，爬模架机安装定位孔等；

（6）根据机电设备图纸预留孔洞，例如空调预留孔、设备孔等，并作补强处理。

3. 桁架节点构造处理

本工程桁架分为两种类型，其布置形式如表 3-5 所示，最大板厚 100mm，材质均为高建钢，建模时主要应从以下几个方面考虑：

（1）核实安装分段，建模时控制重量在安装吊重范围内，本工程桁架弦杆和腹杆均划分为独立的构件单元；

（2）设置合理的吊装耳板；

（3）现场对接部位设置焊接手孔；

（4）将框架柱与弦杆、腹杆与弦杆连接节点区域板件合并成一整块，以避免焊缝重叠，减少应力集中及厚板层状撕裂。

环带桁架深化设计示意图	表 3-5
第 3、5、7 道桁架布置形式	弦腹杆在交叉位置节点板合并，避免多杆件相交焊缝重叠
第 1、2、4、6、8、9 道桁架布置形式	与次框架柱连接时，桁架弦杆节点板伸出 100mm 过渡，与腹杆和柱连接

4. 热轧钢板组合楼板构造处理

桁架层楼面铺设热轧钢板，在深化时应从以下几个方面合理深化：

（1）根据钢梁布置划分合理的钢板单元，并尽量控制构件尺寸在宽 3.5m×高 2.8m 之内；

（2）为保证安装阶段可变荷载作用下，钢板承载力满足设计要求，钢板纵向采取加劲板措施，加劲钢板采用 L 形，间隔为 500mm 或 1000mm；

（3）楼面钢板在施工现场需将单块钢板拼焊为整块，为防止单块钢板现场焊接时沿纵向焊接变形，相邻单元钢板的拼接焊缝处两侧纵向设置与钢板等厚的通长加强板；

（4）与主梁、桁架上弦杆和次梁进行塞焊连接，根据楼面钢板的厚度，结合焊接工艺的要求，对不同的板厚选用不同的槽孔尺寸，钢板厚度为 8mm 和 10mm 时，长孔采用 18mm×60mm，钢板厚度为 15mm 和 20mm 时，长孔采用 26mm×75mm；

（5）钢板与边梁主要通过角焊缝现场焊接连接，与外框柱、巨柱、次框架柱、巨撑采用搭接板焊接连接。钢板的纵向和横向拼接采用全熔透对接焊接连接，焊缝质量等级为一级。

5. 厚板焊接的构造处理深化要点

本项目板材的最大特点是采用了大量的高材质高性能厚板，焊缝设计和基于厚板考虑的焊接构造措施设计是深化设计的一个要点。

针对厚板的材料特点，深化设计时应从以下几个方面着重考虑：

（1）深化前对巨柱与桁架连接节点、伸臂桁架与核心筒连接节点、钢板墙、角部 V 撑、巨柱、塔顶铸钢节点这几个部位重点分析，对每个连接部位及现场分段点进行工艺评审；

（2）确定每个连接部位的焊接构造措施，对重点部位做工艺评定；

（3）设计出每个部位的具体焊缝形式、坡口大小及方向等。

3.6　BIM 技术

建筑信息模型（Building Information Modeling，以下简称 BIM）是以建筑工程项目的各项相关信息数据作为模型的基础，进行建筑模型的建立，通过数字信息仿真模拟建筑物所具有的真实信息。基于 BIM 技术的钢结构深化设计的主要内容是，利用 BIM 技术进行三维建模以及详图绘制，服务于车间、现场及其他相关单位，常用 Tekla Structures、Revit、AutoCAD、3Ds Max 等工具软件。

3.6.1　一般规定

基于深化设计阶段所搭建的 BIM 模型、通过物联网等采集手段，实现对材料采购、加工制作、构件安装等各个环节跟踪，确保信息的实时共享。通过 BIM 技术建立从原材料到建筑运维阶段的全生命周期质量保障体系，实现材料及零构件的

可追溯、全方位管理。可以对进度报表、造价报表、材料报表等相关报表的汇总分析，并实时生成数据，避免以往人工填表逐级报送的低效和数据不真实。实现了从工程深化设计到建设竣工全过程精细化成本管理，将分部分项分批成本分析深入到零构件层次；将各项目人工费、材料费、机械费、运输费、管理费管理的更精细，可以为产量分析、质量管控、安全考评、工效量化、成本考核等提供数据支撑。

3.6.2　深化设计 BIM 要求

钢结构深化设计中的节点设计、预留孔洞、预埋件设计、专业协调等宜应用 BIM。在钢结构深化设计 BIM 应用中，可基于施工图设计模型或施工图和相关设计文件、施工工艺文件创建钢结构深化设计模型，完成节点深化设计，输出平立面布置图、节点深化设计图、工程量清单等，见图 3-21。

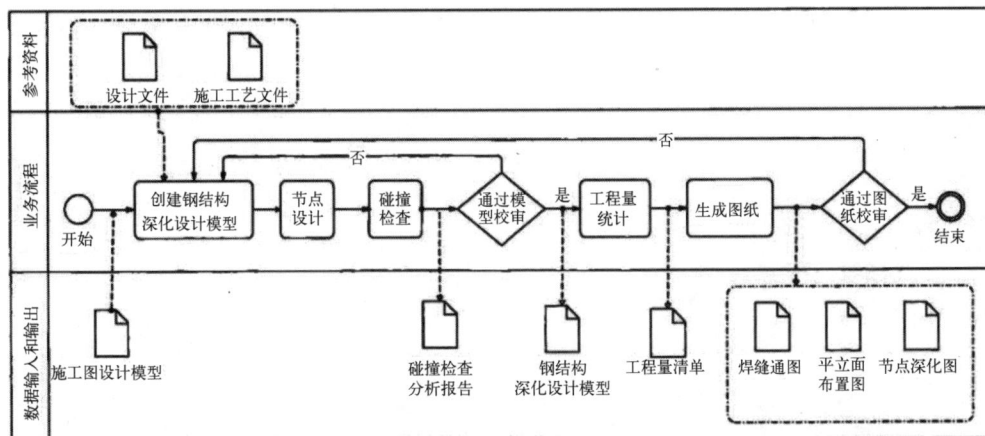

图 3-21　钢结构深化设计 BIM 应用典型流程

钢结构深化设计模型除应包括施工图设计模型元素外，还应包括节点、预埋件、预留孔洞等模型元素，见表 3-6。钢结构节点设计 BIM 应用应完成结构施工图中所有钢结构节点的深化设计图、焊缝和螺栓等连接验算，以及与其他专业协调等内容。其交付成果宜包括钢结构深化设计模型、碰撞检查分析报告、设计总说明、平立面布置图、节点深化设计图及计算书等。

钢结构深化设计模型元素及信息   表 3-6

模型元素类型	模型元素及信息
上游模型	钢结构施工图设计模型元素及信息
节点	几何信息包括： 1. 钢结构连接节点位置，连接板及加劲板的位置和尺寸； 2. 现场分段连接节点位置，连接板及加劲板的位置和尺寸； 3. 螺栓和焊缝位置。 非几何信息包括： 1. 钢构件及零件的材料属性； 2. 钢结构表面处理方法； 3. 钢构件的编号信息； 4. 螺栓规格
预埋件和预留孔洞	几何信息包括：位置和尺寸

钢结构深化设计 BIM 软件宜具有以下专业功能：（1）钢结构节点设计计算；（2）钢结构零部件设计；（3）预留孔洞、预埋件设计；（4）深化设计图生成。

第4章 加工制作准备

4.1 常用钢构件截面形式

近年来，随着钢结构行业的快速发展以及制作技术的进步，钢构件的截面形式也日趋多样化与复杂化。目前，应用于大型钢结构工程的主要截面形式如表 4-1 所示。

常用构件截面　　　　　　　　　　　　　　　　　　　　　表 4-1

序号	构件类型	截面形式	三维大样
1	H 形		
		特点：构件形式简单、加工方便、机械化制作程度高，常应用于钢梁、钢柱或桁架杆件	
2	十字形		
		特点：构件由 1 个 H 形和 2 个 T 形钢组成，构件加工工序多、焊接量大、机械化制作程度高，常用于钢柱	

序号	构件类型	截面形式	三维大样
3	箱形		
		特点：由4块钢板焊接而成，构件加工工序多，内隔板多且需采用电渣焊，电渣焊质量不易保证且返修困难，机械化制作程度高，常应用于钢柱或桁架杆件	
4	圆管形		
		特点：可采用压制或卷制成型方式，构件截面尺寸控制较困难，机械化制作程度高，常应用于钢柱、钢桁架	
5	日字形		
		特点：构件由1个H形及2块壁板组成；构件加工工序多、焊接量大、壁板焊接变形不易控制；如内隔板采用电渣焊，电渣焊质量不易保证且返修困难，机械化制作程度高；常应用于超高层建筑中的钢柱或桁架	
6	田字形		
		特点：构件由中间十字形及4块壁板组成；构件加工工序多，焊接量大，机械化制作程度一般；常应用于超高层建筑中的钢柱	

续表

序号	构件类型	截面形式	三维大样
7	组合形	特点：截面组成复杂、加工工序多、机械化制作程度不高；常应用于超高层建筑中的钢柱	
		特点：构件由 2 个 H 形和 1 块墙壁组成；构件刚性差、易变形；常应用于超高层建筑中的剪力墙	
		特点：构件由 2 个箱形和 1 块墙壁组成；构件刚性差、易变形；常应用于超高层建筑中的剪力墙	

4.2　材料采购计划编制

材料采购计划作为工程备料的依据，直接影响工程用料是否充足、材料是否满足加工制作要求、材料损耗控制效果是否良好。在超高层钢结构构件中使用的材料一般等级较高，如钢板多为高强度、高材质的厚板或超厚板，其价格波动大，采购难度大。为此，必须严格保证采购计划的及时性、准确性以及合理性。

1. 编制依据

材料采购计划编制的依据包括深化设计的材料清单、深化设计图纸、深化设计总说明以及国家相关标准、规范等。

为保证工程质量及结构安全，其材料必须严格执行设计总说明及国家相关标准的要求。责任人员在编制材料采购计划前，必须仔细研读并理解设计总说明及国家标准中相关的要求等。在采购计划中须具体、清晰地标出材料的性能要求及其质量标准、质检标准等。

材料采购清单的编制应遵循节约的原则。首先，在满足工程用料的前提下，应尽量减少材料富余量；其次，应根据工艺原则进行零件组合排版，尽量减少余量并尽可能使用余量制作较小的零件；最后，尽量采购标准材料，降低采购成本。

2. 校审

为保证材料采购计划的准确性、合理性，须由相关负责人严格校审采购部门编制的采购计划。

3. 清单修正

在材料采购阶段，责任工艺师及材料库管人员应实时监督，发现问题及时反馈、纠正。首先，在招标期间，因现货采购不能满足定制的板幅要求时，需根据理论需求量和新板幅进行最新采购量换算，避免出现采购量不足的情况；其次，当某种材料对应的规格购买不到时，在征得设计部门同意并得到相关变更通知后进行相应的采购变更；最后，由于实际板幅、损耗控制、下料失误、材料挪用、设计变更等引起材料量增加时，应根据相关要求及时进行增补采购。

采购的材料包括钢材、焊材、栓钉、油漆等所有施工中用到的材料，其中钢材的采购成本占整个制作成本的大部分，其采购存在不确定性，需随着工程进度适时跟进，保证供应。

4.3　材料的储存

钢材储存与钢构件制作存在直接关系，其合理性、实用性、便捷性不仅直接关系着制作任务的顺利进行，而且还影响着控制损耗的有效实施。材料存放可分环节实施控制。

1. 收料

材料管理员依据合同确定所需钢材的项目名称、规格型号和数量，通知车间成本员、质检人员共同对钢材的规格型号、数量、外观尺寸进行验收，并配合质检人

员及时取样送检。若钢材有探伤要求，须经现场探伤合格后方能验收。材料收货后，建立物资验收记录台账，办理合格品入库手续，不合格品根据合同规定进行退换处理。

2. 存放

钢材的存放，需根据其特性选择合适的存储场所，并保持场地清洁干净（图 4-1a），不得与酸、碱、盐、水泥等对钢材有侵蚀性的材料堆放在一起，做好防腐、防潮、防损坏工作。

材料进场后，应根据库房布局合理堆放，尽量减少二次转运。入库钢材必须分类、分批次堆放，做到按产品性能分堆并明确标示（图 4-1b）。堆垛之间应根据体积大小和运输机械规格留出大小合适的通道。

(a)

(b)

图 4-1　钢材堆放

3. 领料与发料

材料在领用和发放时，工艺技术人员应依照材料采购计划中定制的材料规格进行排版套料，并开具材料领用单；材料发放人员应依照材料领用单发放材料；车间人员应依照材料领用单核对所接材料，核实无误后双方签字确认。

4. 余料留用

下料过程中产生的余料还可能在工程现场施工中继续使用。为此，对车间退料，宜按照规定的流程进行收料、登记，建立专门的台账，并按照工程项目、类别进行存放，保证场地清晰、易查询、易吊运，便于工艺技术部门再次发料使用。

4.4 制作工艺设计

4.4.1 制作工艺设计内容

制作工艺设计文件一般包括文件目录、工艺流程、工位／工序卡片、工艺变更表等内容。

文件目录为工艺设计及其执行过程中所有文件的目录，包括对同一文件修订的不同版本，特别应标明被修订文件的当前有效版本。

工艺流程的设计内容包括划分制作工序，确定工序内容与工序顺序，明确工人工种及其资质要求、配套工具设备及其精度要求，计算工序工作时间，明确工序操作要点，建立质量标准等。

工位／工序卡片的内容包括：每道工序中每个工位的名称，前工位（或工序）名称，后工位（或工序）名称，用什么材料，用什么工具，操作中要注意哪些事项，执行要达到什么标准，更主要的内容是操作步骤、顺序和方法。

变更记录的内容通常是指在工艺执行过程中，对设计文件内容进行变更后，走变更流程的记录，包括变更的内容名称、变更的依据文件等。

4.4.2 关键工序工艺设计要点

1. 切割下料

常用的钢材切割方法有机械切割、火焰切割（气割）、等离子切割等。机械切割指使用机械设备，如剪切机、锯切机，砂轮切割机等，对钢材进行切割，一般用于型材及薄钢板的切割。火焰切割（气割）指利用气体（氧气 - 乙炔、液化石油气等）火焰的热能将工件切割处预热到一定温度后，喷出高速切割氧流，使材料燃烧并放出热量实现切割的方法，主要用于厚钢板的切割。等离子切割是利用高温等离子电弧的热量使工件切口处的金属局部熔化（和蒸发），并借高速等离子的动量排除熔融金属以形成切口的一种加工方法，通常用于不锈钢、铝、铜、钛、镍钢板的切割。

钢板的下料一般采用火焰切割（图 4-2），下料的精度直接关系着构件制作的质量。为保证达到规范规定的下料精度，通常采取以下措施：

（1）切割下料时要保证向气割区供给足够且稳定的氧气，所需切割氧流量可按 Q=0.09-0.14t（t 为板厚）估算；

（2）要适时调节切割时氧气的压力（割炬进口处压力），宜高不宜低，以保证及时把氧化物吹排出去，以不出现割不透现象为准；

（3）切割开始后，在切割过程中必须连续切割，严禁中途因氧气或燃气用尽而使切割中断；

（4）为了保证有足够的预热温度，宜采用乙炔；

（5）切割应采用等压式割嘴或外混式割嘴，其中外混式割嘴切割效果较好，割嘴号码一般选用 5 ～ 7 号；

（6）为了保证切割面的质量，宜留存 20 ～ 40mm 切割引线。

2. 坡口切割

开设焊接坡口的目的在于保证焊缝截面根部可以焊透，使焊缝两边的金属与焊料在焊件厚度范围内均匀熔合在一起。合理的焊接坡口一方面可以减少填充量、节约焊材，另一方面还可以防止层状撕裂、减少焊接变形、降低焊接缺陷的发生。焊接坡口的类型、角度与余高根据下列因素分别确定：

（1）焊接方法；

（2）熔透形式；

（3）母材钢种及厚度；

（4）焊接接头构造特点；

（5）加工坡口的设备能力。

工艺设计时可参考《钢结构工程施工质量验收标准》GB 50205 进行。剖口加工采用机械切割的方式进行，如图 4-3 所示。

图 4–2　下料切割　　　　　　　图 4-3　坡口加工

3. 构件组装

构件是由多个零件组合而成的，在确定构件的组装方案前，首先应将构件进行分解，确定最基本的组装部件（以下简称为组件），然后按照一定的顺序再组成构件。

（1）构件分解原则

1）分解后的组件能够最大限度地利用机械化设备进行流水线作业；

2）分解后的组件尽可能在约束度较小的状态下焊接；

3）分解后的组件应易于控制焊接变形及变形矫正。

(a) 组立

(b) 焊接

(c) 矫正

图4-4 H型钢加工制作

（2）构件组装要求

1）构件组装宜在组装平台、组装胎架或专用设备上进行。组装平台或组装胎架应有足够的强度和刚度，并且便于构件的装卸与定位。在组装平台或组装胎架上应画出构件的中心线、端面位置线、轮廓线和标高线等基准线。

2）构件组装可采用地样法、仿形复制装配法、胎模装配法和专用设备装配法等方法；组装时可采用立装、卧装等方式。

3）焊接构件组装时应预放焊接收缩量，并应对各部件进行合理的焊接收缩量分配。对于重要或复杂构件宜通过工艺性试验确定焊接收缩量。

4）设计文件规定起拱或施工要求起拱的钢构件，应在组装时按规定的起拱量做好起拱，并考虑工艺、焊接与自重等影响。

5）拆除临时工装夹具、临时定位板与临时连接板时严禁用锤击落，应在距构件表面3～5mm处用氧-乙炔火焰切割，对残留的焊疤应打磨平整，不得损伤母材。

6）钢构件组装的尺寸偏差，应符合

设计文件和现行国家规范《钢结构工程施工质量验收标准》GB 50205 的规定。

（3）典型构件组装

1）H 形构件

目前，H 形构件可由专业设备加工制作，实现流水线作业。H 型钢生产线主要包括 H 型钢组立机、埋弧焊机、翼缘板矫正机等机加工设备，如图 4-4 所示。

2）十字形构件

十字形构件是在 H 形构件的基础上增加了 2 个 T 形结构，结构相对复杂、加工工序较多。十字形构件中的 H 形结构可采用 H 型钢生产线进行制作，T 形结构也可先采用 H 型钢生产线制作成 H 形，然后再切分成 2 个 T 形结构，或者直接制作 T 形结构。T 形结构的 2 种加工方法各有利弊，需根据构件的实际情况确定。比如，T 形腹板较薄，无需开坡口时，宜采用前者；T 形腹板较厚，需开坡口时，宜采用后者。T 形结构与十字形构件组装成品如图 4-5、图 4-6 所示。

图 4-5　T 形构件

图 4-6　十字形构件

3）箱形构件

箱形构件一般由翼板、腹板和隔板组成。箱形构件制作顺序通常是先将翼板、腹板和隔板组成 U 形（图 4-7），焊接隔板与翼板、腹板间焊缝，最后组成箱形。箱形构件可采用箱形构件生产线进行制作。箱形构件生产线主要包括箱形组立机、二氧化碳打底焊机、电渣焊机、埋弧焊接机等。箱形构件组装成品如图 4-8 所示。

图 4-7　箱形构件先组立为 U 形

图 4-8　箱形构件加工完成

4）圆管构件

圆管构件形式简单，但需依靠专业设备进行加工制作。圆管可采用压制或卷制方法成型，其中压制成型方式需要专业设备较多，成本投入较大。目前，大部分建筑钢结构加工厂多采用卷制成型的方式加工圆管（图 4-9）。圆管卷制成型主要采用的设备有压力机、卷板机、埋弧焊机等。圆管构件组装成品如图 4-10所示。

图 4-9　卷板机卷板作业

图 4-10　圆管柱制作成型

5）异形构件

异形构件结构复杂、加工难度大。一般需设置专用的组装胎架，如图 4-11 所示，并利用地样及专业测量仪器进行辅助定位，才能满足构件组装的精度要求。

（4）构件变形控制

构件在制作过程中，由于焊接内应力及翻身、吊运等外力作用，会引起构件发

生局部变形。因此，需制定合理的方案以控制构件变形。

1）焊接变形（图 4-12）是钢构件制作过程中最为普遍的一种变形。常用的控制方法有反变形法、刚性法，也可通过控制焊接热输入量、调整焊接顺序来减小焊接变形。

图 4-11　专用组装胎架　　　图 4-12　构件焊接变形

2）构件在翻身和吊运过程中，由于部分构件本身刚度较差，在受到外力后会产生局部变形，如图 4-13 所示。此类变形通常采用合理设置吊点、局部加强及设置临时支撑等方法进行控制。

图 4-13　构件吊运变形

对于构件已经产生的变形通常采用火焰矫正（图 4-14）、机械矫正及综合矫正等方法进行变形矫正，使构件形位尺寸满足相关规范要求。

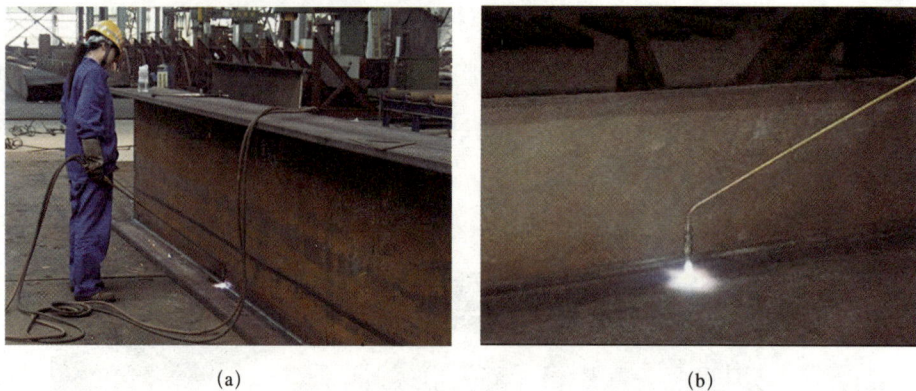

(a)　　　　　　　　　　　　　　(b)

图 4-14　火焰矫正

4. 焊接

工程项目开工前，组织相关焊接技术人员，在认真熟悉和分析图纸的基础上，首先制定焊接工艺评定方案。焊接工艺评定方案的内容要尽可能覆盖企业所涉及的产品材料种类、厚度、焊接位置以及接头形式。在构件制作前，复杂构件均应编制焊接专项方案。焊接专项方案的内容包括焊接通用工艺、复杂构件焊接工艺、厚板焊接工艺、焊接工艺评定以及焊接检验要求等。焊接工艺具体内容参见本书第 5 章。

5. 预拼装

为检验构件制作精度、保障现场顺利安装，应根据设计要求、构件的复杂程度选定需预拼装的构件，并确定预拼装方案。

构件预拼装方法主要有两种，一种是实体预拼装，一种是用计算机辅助的模拟预拼装。实体预拼装效果直观，被广泛采用，但其费时费力、成本较高。随着科技的进步，模拟预拼装也日趋成熟，由于其具有效率高、成本低等优点，目前已被逐步推广应用。

（1）实体预拼装

实体预拼装是将构件实体按照图纸要求，依据地样逐一定位，然后检验各构件实体尺寸、装配间隙、孔距等数据，确保满足构件现场安装精度。实体预拼装主要有卧式拼装和立式拼装两种，如图 4-15 及图 4-16 所示。具体采用哪种方法可依据设计要求及结构整体尺寸等综合确定。由于立式拼装相对施工难度较大，大部分构件选用卧式拼装方式。

图 4-15 立式预拼装

图 4-16 卧式预拼装

实体预拼装基本要求如下：

1）构件预拼装应在坚实、稳固的胎架上进行。

2）预拼装中所有构件应按施工图控制尺寸，各杆件的重心线应交汇于节点中心，并不允许用外力强制汇交。单构件预拼时不论柱、梁、支撑均应至少设置两个支承点。

3）预拼装构件控制基准、中心线应明确标示，并与平台基线和地面基线相对一致。控制基准应按设计要求确定，如需变换预拼装基准位置，应得到工艺设计认可。

4）所有需进行预拼装的构件，制作完毕后必须经质检员验收合格才能进行预拼装。

5）高强度螺栓连接件预拼装时，可采用冲钉定位和临时螺栓紧固，不必使用高强度螺栓。

6）在施工过程中，错孔的现象时有发生。如错孔在 3.0mm 以内时，一般采用绞刀铣或锉刀锉扩孔。孔径扩大不应超过原孔径的 1.2 倍；如错孔超过 3.0mm，一般采用焊补堵孔或更换零件，不得采用钢块填塞。

7）构件露天预拼装的检测时间，建议在日出前和日落后定时进行。所使用卷尺精度应与安装单位相一致。

8）预拼装检查合格后，上下定位中心线、标高基准线、交线中心点等应标注清楚、准确；管结构、工地焊接连接处，除应标注上述标记外，还应焊接一定数量的卡具、角钢或钢板定位器等，以便按预拼装结果进行定位安装。

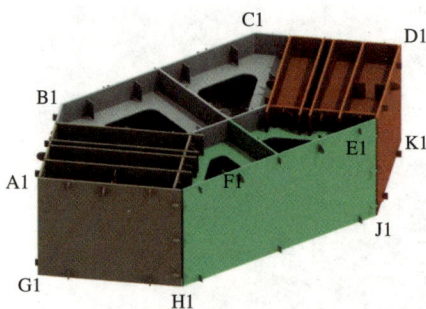

图 4-17　某巨型柱段

（2）模拟预拼装

模拟预拼装是采用全站仪对构件关键控制点坐标进行测量，经计算机对测量数据处理后与构件计算模型数据进行对比，得出其偏差值，从而达到检验构件精度的方法。

如某巨型柱段分为 4 个制作单元，如图 4-17 所示。各制作单元完成后，分别测量各单元图中各点的坐标，经计算机换算处理后得出实测控制点坐标，如图 4-18 所示。然后与计算模型坐标值进行比较得出偏差值。

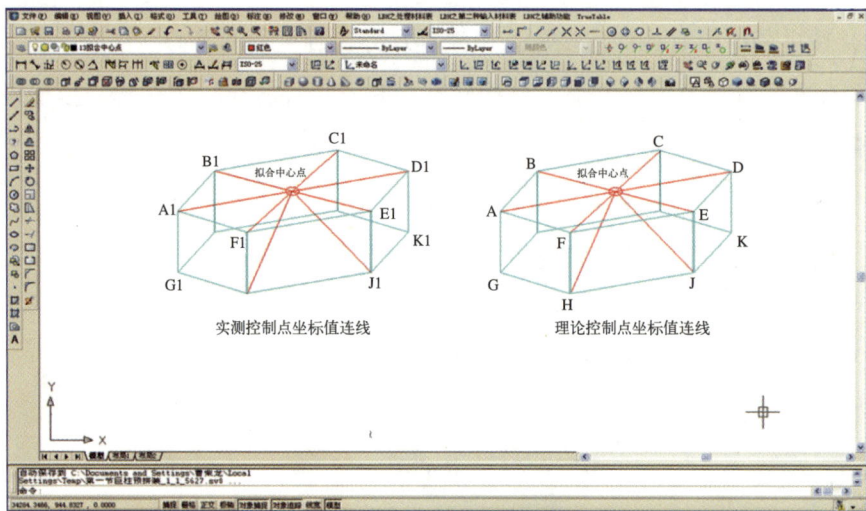

图 4-18　计算机模拟预拼装

模拟预拼装的要求如下：

1）首先依据构件结构尺寸特征，确定各关键测量点。测量点一般选择在构件各端面、牛腿端面等与其他构件相连的位置，且每端面应选择不少于 3 个测量点。

2）构件应放置在稳定的平台上进行测量，并保持自由状态。测量时应合理选择测量仪器架设点，以尽量减少转站而带来的测量误差。

3）通过计算机，利用测量数据生成实测构件模型。对实测构件模型和计算模型构件进行复模对比，如发现有超过规范要求的尺寸偏差应对实体构件进行修整。构件修整完成后，应重新进行测量、建模、复模等工作，直至构件合格为止。

4）所有参与模拟预拼装的构件，必须经验收合格后才能进行预拼。

5）预拼时应建立构件模拟预拼装坐标系，并根据该坐标系确定各构件定位基准点坐标。预拼时将预拼构件的各制作组件按实测坐标放入模拟预拼装坐标系的指定位置，检验各连接点尺寸是否符合要求，包括装配间隙、定位板位置、连接孔距等。

6）构件模拟预拼装检查合格后，应对实体构件上、下定位中心线，标高基准线，交线中心点等进行标注，以便按预拼装效果进行安装工作。

4.4.3　工艺设计审查

项目主要制作工艺方案应在深化设计前完成，深化设计人员应根据制作工艺方案进行深化设计，并应与工艺人员密切沟通，在深化设计完成前提出有利于制作工艺的建议。

深化设计完成后，接着进行详细的制作工艺设计。应在领取深化设计图纸后尽快完成图纸审查。如发现图纸有不满足制作工艺要求的地方，应协同深化设计部门进行修改。

在制作工艺方案设计、深化设计、制作工艺设计的各个阶段，均应建立严格的设计审查制度，并明确各级技术责任人的职责。

第5章 钢结构焊接技术

5.1 焊接方法与特点

1. 钢结构焊接方法

金属焊接方法有 40 种以上，主要分为熔焊、压焊和钎焊三大类，目前为止，钢结构施工焊接一般采用熔焊的方法。钢结构熔焊方法传统上又分为：手工电弧焊、全自动或半自动埋弧焊和气体保护焊等。

（1）手工电弧焊

手工电弧焊是在涂有药皮的焊条与焊件之间产生电弧。电弧的温度高达 3000℃。在高温作用下，电弧周围的金属变成液态，形成熔池。同时，焊条中的焊丝很快熔化，滴落入熔池中，与焊件的熔融金属相互结合，冷却后即形成焊缝。焊条药皮则在焊接过程中产生气体，保护电弧熔化金属，并形成熔渣覆盖在焊缝表面，防止空气中的氧、氮等有害气体与熔化金属接触而形成易脆的化合物。手工电弧焊的特点是设备简单，操作灵活方便，适于任意空间位置的焊接，特别适于焊接短焊缝。但生产效率低，劳动强度大，焊接质量取决于焊工的精神状态与技术水平。

（2）埋弧电弧焊

埋弧电弧焊是指电弧在焊剂层下燃烧的一种电弧焊方法，又分为自动埋弧焊和半自动埋弧焊。自动埋弧焊是指焊丝送进和电弧移动均由专门机械自动控制完成；半自动埋弧焊则指焊丝送进由专门机械完成，而电弧移动靠手工操作完成。埋弧焊的特点是焊缝金属为焊剂所覆盖，能对较细的焊丝采用大电流，电弧热量集中，熔

深大，适于厚板的焊接，生产效率较高；由于采用了自动控制或半自动控制操作，焊接时的工艺条件稳定，焊缝的化学成分均匀，故形成的焊缝质量好，焊件变形小；高焊速也减小了热影响区的范围；但埋弧焊对焊件边缘的装配精度（如间隙）要求比手工焊高。

（3）气体保护焊

气体保护焊是利用二氧化碳气体或其他惰性气体作为保护介质的一种电弧熔焊方法。它直接依靠保护气体在电弧周围造成局部的保护区，以防止有害气体的侵入，并保证了焊接过程中熔融金属的稳定性。其特点是气体保护焊的焊缝熔化区没有熔渣，焊工能够清楚地看到焊缝成型的过程；由于保护气体是喷射的，有助于熔滴的过渡；又由于热量集中，焊接速度快，焊件熔深大，故所形成的焊缝强度比手工电弧焊高、塑性和抗腐蚀性好，适用于全位置的焊接。但不适用于野外有风的地方施焊。

2. 超高层钢结构焊接特点

超高层钢结构工程中，钢材种类多，Q345GJ、Q390GJ、Q420GJ 等经常混合使用；钢板厚度大，经常达到甚至超过 100mm；构件与节点构造复杂，经常出现构造复杂的格构组合异形截面。上述特点，对焊接工艺提出了一系列挑战。在制定焊接工艺时应重点处理好以下关键问题。

（1）厚板焊后冷裂纹倾向大

高建钢的主要特点是随着钢板厚度的增加，其力学性能基本保持不变。为实现这一性能特点，在保持或适当提高碳、锰等元素含量的基础上，还要添加一定量的合金元素。这些合金元素的添加将导致钢板的碳当量及裂纹敏感系数提高，使钢材焊接性能下降，再加上厚板焊接接头高约束度和焊后高残余应力的特点，使高建钢厚板焊后冷裂纹倾向进一步加大。

（2）焊后母材易发生层状撕裂

超高层大量采用高强钢超厚板，且角接接头和 T 形接头数量众多，而层状撕裂一般都发生在角接接头和 T 形接头中。随着板厚的增加，层状撕裂的问题将愈加突出。由于层状撕裂在外观上没有任何迹象，而现有的无损检测手段又难以发现，即使能判断结构中有层状撕裂，也很难修复。钢板层状撕裂特征如图 5-1 所示。

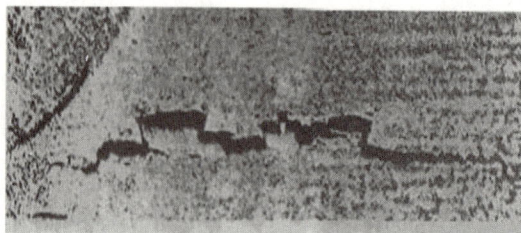

图 5-1　钢板层状撕裂

（3）构件构造复杂、焊接难度大

超高层部分构件十分复杂，超厚板用量大，焊接约束度大，很容易造成应力集中。加之钢材强度高，一旦焊接变形过大，将很难矫正。典型复杂构件如图 5-2 所示。

（a）广州周大福中心（东塔）巨柱

（b）广州周大福中心（东塔）环带桁架

（c）天津高银 117 大厦巨型柱脚

图 5-2　超高层典型复杂构件节点

5.2　焊接工艺评定

焊接作业开始前，应首先根据深化设计、工程特点和自身的生产条件制定详细的焊接工艺。对特殊或首次使用的焊接工艺应进行焊接工艺评定，以确保所采用焊

接工艺的可靠性。

5.2.1 焊接工艺评定程序

焊接工艺评定根据《钢结构工程施工质量验收标准》GB 50205 和《钢结构焊接规范》GB 50661 的具体条文进行。具体的焊接工艺评定流程如图 5-3 所示。

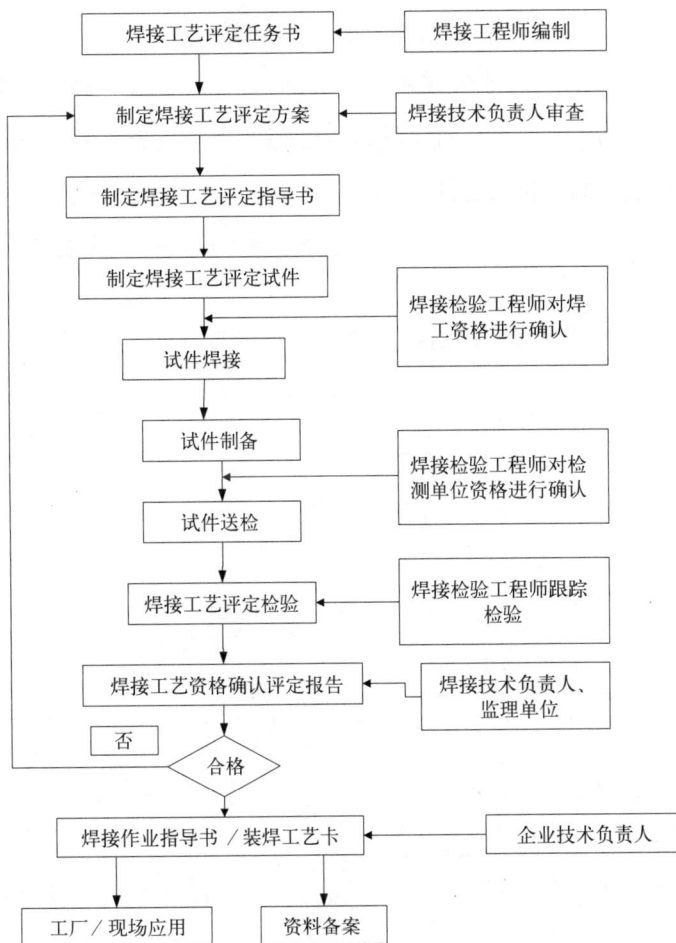

```
焊接工艺评定任务书 ←─── 焊接工程师编制

制定焊接工艺评定方案 ←─── 焊接技术负责人审查

制定焊接工艺评定指导书

制定焊接工艺评定试件

试件焊接 ←─── 焊接检验工程师对焊
              工资格进行确认

试件制备

试件送检 ←─── 焊接检验工程师对检
              测单位资格进行确认

焊接工艺评定检验 ←─── 焊接检验工程师跟踪
                     检验

焊接工艺资格确认评定报告 ←─── 焊接技术负责人、
                            监理单位

否 ─── 合格

焊接作业指导书 / 装焊工艺卡 ←─── 企业技术负责人

工厂 / 现场应用    资料备案
```

图 5-3　焊接工艺评定流程

焊接工程师根据现场记录参数、检测报告确定出最佳焊接工艺参数，整理编制完整的《焊接工艺评定报告》，并报有关部门审批认可。《焊接工艺评定报告》批准后，焊接工程师再根据焊接工艺报告结果制定详细的工艺流程、工艺措施、施工要点等，并编制成《焊接作业指导书》，用于指导实际构件的焊接作业，并对从事本工程焊接的人员进行焊接施工技术专项交底。

5.2.2　确定焊接工艺评定的连接种类

焊接技术人员要结合具体项目的设计文件和技术要求，并依照《钢结构焊接规范》GB50661—2011 的具体规定来确定需要进行焊接工艺评定的焊接连接类型。焊接工艺评定的类型一定要覆盖工程项目所涉及的母材类别、母材厚度、焊接方法、焊接位置和接头形式等。对于焊接难度等级为 A、B、C 级的钢结构焊接工程，其焊接工艺评定的有效期为 5 年；对于焊接难度等级为 D 的钢结构焊接工程，应对每个工程项目进行独立的焊接工艺评定。

表 5-1 为天津高银 117 项目的焊接工艺评定类型列表，以供参考。

天津高银 117 项目的焊接工艺评定项目　　　　　　　　　　表 5-1

评定项目编号	母材材质及规格	接头形式	焊接方法	焊接位置	焊接材料型号	适用部位
TJ117-hp01	Q345GJC-Z35 $t=100\text{mm}$	对接接头	GMAW+SAW	平焊	ER50-6+ H08MnA/HJ431	柱脚底板拼接缝
TJ117-hp02	Q345GJC-Z25 $t=60\text{mm}$	T 形接头	GMAW	立焊	ER50-6	壁板间局部立焊位置的 T 形接头
TJ117-hp03	Q345GJC-Z25 $t=60/30\text{mm}$	T 形接头	GMAW	平焊	ER50-6	钢板墙部位 T 形接头
TJ117-hp04	Q390GJD-Z25 $t=60\text{mm}$	对接接头	GMAW+SAW	平焊	ER50-6+ H10Mn2/SJ101	壁板间的对接缝
TJ117-hp05	Q390GJD-Z25 $t=60\text{mm}$	十字接头	GMAW	平角焊	ER50-6	壁板间十字接头
TJ117-hp06	Q390GJD-Z25 $t=60\text{mm}$	十字接头	GMAW	横角焊	ER50-6	壁板间十字接头
TJ117-hp07	Q390GJD-Z25 $t=60\text{mm}$	十字接头	GMAW+SAW	船型焊	ER50-6+ H10Mn2/SJ101	壁板间十字接头
TJ117-hp09	Q390GJD-Z25 $t=60\text{mm}$	斜 T 形接头	GMAW	平焊	ER50-6	壁板间斜 T 形接头

续表

评定项目编号	母材材质及规格	接头形式	焊接方法	焊接位置	焊接材料型号	适用部位
TJ117-hp10	Q390GJD-Z25 $t=60\text{mm}$	角接接头	GMAW	横角焊	ER50-6	端部壁板间的角接
TJ117-hp10	Q390GJD-Z25 $t=60\text{mm}$	栓钉接头	SW	平焊	$\phi19\times100$	板材表面的栓钉焊
TJ117-hp11	Q390GJD-Z25 $t=60\text{mm}$	栓钉接头	SW	平焊	$\phi22\times150$	板材表面的栓钉焊

部分典型超高层项目的焊接工艺评定试验实例如表 5-2 所示。

焊接工艺评定试验实例　　　　　　　　　　　表 5-2

沈阳恒隆 60mm 厚板斜对接

镇江苏宁 Q420B 级钢
100mm 厚板对接

天津 117 项目 60mm 厚板 T 形接头
异种材质（Q345GJ/Q390GJ）

5.3 焊工资质要求

从事焊接工作的焊工、焊接操作工及定位焊工，必须经《钢结构焊接规范》GB 50661—2011 标准考试，并取得有效的焊工合格证。焊工所从事的焊接工作须具有对应的资格等级，不允许低资质焊工施焊高级的焊缝。如持证焊工已连续中断焊接 6 个月以上，必须重新考核。焊接施工前，根据工程特点、材料和接头要求，有针对性地对焊工作好生产工艺技术交底培训，以保证焊接工艺和技术要求得到有效实施，确保接头的焊缝质量。

为了提高车间焊工的技能水平，及时解决车间常见的焊接问题，应定期对车间焊工进行焊接理论和操作技能培训，培训场景如图 5-4 所示。

（a）焊工理论考试

（b）焊工实操考试

（c）焊工理论培训

（d）焊工实操培训

图 5-4　焊工考试及培训

5.4　钢构件焊接工艺

5.4.1　焊接机具与焊缝检测仪器

典型焊接设备、焊接工具、焊缝检测仪器如表 5-3～表 5-5 所示。

典型焊接设备一览表　　　　　　　　　　　　表 5-3

设备名称	操作方式	图例	使用地点
电弧焊焊机	手动		工厂、现场
CO_2 气体保护焊焊机	半自动		工厂、现场
埋弧焊焊机	自动		工厂
熔丝式电渣焊机	自动		工厂
栓钉焊机	半自动		工厂、现场

典型焊接工具一览表　　　　　　　　　　　　　表 5-4

工具名称	图例	用途
二氧化碳焊枪		二氧化碳焊枪与二氧化碳气体保护焊机配套使用
CO_2 流量计		用于二氧化碳流量控制，与二氧化碳气体保护焊机配套使用
碳弧气刨枪		碳弧气刨枪用于焊缝修补，使用专用的空心碳棒，正极反接使用
空压机		配合碳弧气刨枪使用，为碳弧气刨枪提供高压空气
焊条烘箱		可控温焊条烘箱能够根据需要提供多种烘焙温度，保证焊接质量
焊条保温筒		便携式焊条保温筒用于现场施焊时焊条保温，能够持续保温 4h

续表

工具名称	图例	用途
氧气、乙炔压力表		通过氧气、乙炔压力表将气瓶内氧气、乙炔释放，反应安全压力、正常使用压力等
氧气、乙炔割枪		通过割枪调节氧气、乙炔混合气体火焰大小，再配备各种规格割具进行钢板切割，用于连接板现场下料、焊缝坡口处理、安装措施板割除等

典型焊缝检测仪器一览表　　　　　　　　　　　　表 5-5

仪器名称	图例	用途
红外线探温仪		厚板焊接时检测预热温度、层间温度、后热温度、保温温度等的专用仪器
焊缝量规		焊接完成后检测焊高、焊脚、弧坑的工具
焊缝检测成套工具		工序验收时进行抽检项目检查的成套工具
便携式超声波探伤仪		焊接完毕24h后进行内部缺陷无损探伤的专业仪器

设备的使用应保证：

（1）焊机应处于良好的工作状态；

（2）焊接电缆应绝缘良好以防任何不良电弧瘢痕、短路及人身伤害；

（3）焊接的焊钳应与插入焊条保持良好的电接触；

（4）回路夹应与工件处于良好紧密接触状态以保证稳定的电传导性。

5.4.2 焊接材料

1. 焊接材料的选用

焊接材料主要指在钢结构焊接中所使用的焊条、焊丝、焊剂、电渣焊熔嘴和保护气体等。所选用的焊接材料品种、规格、性能等应符合国家现行有关产品标准和设计要求。焊条、焊丝、焊剂、电渣焊熔嘴等焊接材料应与设计选用的钢材相匹配，且应符合现行国家标准《钢结构焊接规范》GB 50661—2011 的有关规定。

（1）焊条的选用

针对建筑钢结构中使用的碳素钢和低合金高强钢，宜按以下的原则选用其相应焊条：

1）要求熔缝金属的力学性能（抗拉强度、塑性和冲击韧性等）达到与母材相同的指标值；2）对于重要工程的构件，当板厚或截面尺寸较大、连接节点较复杂、刚性较大时，应选用低氢型焊条，以提高接头抗冷裂能力；3）由不同强度的钢材组成的接头，按强度较低的钢材选用焊条；4）大型结构可选用熔敷速度较高的铁粉焊条。

我国常用标准结构钢材手工电弧焊焊条选用示例如表5-6所示。

（2）埋弧焊丝、焊剂的选用

1）焊剂

埋弧焊焊剂在焊接过程中起隔离空气、保护焊缝金属不受空气侵害和参与熔池金属冶金反应的作用。按制造方法的不同，焊剂可分为熔炼焊剂和非熔炼焊剂。对于非熔炼焊剂，根据焊剂烘焙温度的不同，又分为粘结焊剂和烧结焊剂。

2）焊丝、焊剂的组合与选配

埋弧焊所用的焊丝和焊剂的组配方式不同所产生的焊缝性能会完全不同，因此设计和施工时要根据焊缝要求的化学成分和力学性能合理选择匹配的焊剂和焊丝。

常用结构钢材手工电弧焊焊条选用示例

表 5-6

牌号	等级	钢材 抗拉强度 σ_b (MPa)	屈服强度 σ_s (MPa) δ≤16 (mm)	屈服强度 σ_s (MPa) δ>50~100 (mm)	冲击功 T (℃)	冲击功 A_kv (J)	型号示例	手工电弧焊焊条 熔敷金属性能 抗拉强度 σ_b (MPa)	屈服强度 σ_s (MPa)	延伸率 δ_5 (%)	冲击功≥27J时试验温度 (℃)
Q235	A	375~460	235	215①	—	—	E4303①	415	330	22	0
	B				20	27	E4303①、E4328、E4315、E4316				0
	C				0	27					-20
	D				-20	27					-30
Q345	A	470~630	345	305	—	—	E5003①	480	390	20	0
	B				20	34	E5003①、E5015、E5016、E5018			22	-30
	C				0	34	E5015、E5016、E5018				
	D				-20	34					
	E				-40	27	⑥				⑥

续表

牌号	等级	钢材 抗拉强度 σb (MPa)	屈服强度 σs δ≤16 (mm)	屈服强度 σs δ>50～100 (mm)	冲击功 T (℃)	冲击功 Akv (J)	手工电弧焊焊条 型号示例	熔敷金属性能 抗拉强度 σb (MPa)	熔敷金属性能 屈服强度 σs (MPa)	熔敷金属性能 延伸率 δs (%)	冲击功≥27J时 试验温度 (℃)
Q390	A	490～650	390	340	—	—					
	B				20	34	E5015, E5016,	490	390	22	-30
	C				0	34	E5515-D3, -G				
	D				-20	34	E5516-D3, -G	540	440	17	
	E				-40	27	②				②
Q420	A	520～680	420	370	—	—					
	B				20	34		540	440	17	-30
	C				0	34	E5515-D3, -G				
	D				-20	34	E5516-D3, -G				
	E				-40	27	②				②
Q460	C	550～720	460	410	0	34	E6015-D1, -G	590	490	15	-30
	D				-20	34	E6016-D1, -G				
	E				-40	27	②				②

注：表中钢材和焊接材料熔敷金属力学性能的单值均为最小值。

① 用于一般、非重大结构；

② 由供需双方协议；

③ δ>60～100mm 时的 σs 值。

我国常用标准结构钢材埋弧焊焊接材料的选配示例见表 5-7。

常用埋弧焊焊接材料的选配 表 5-7

钢材		焊剂型号 - 焊丝牌号示例
牌号	等级	
Q235	A、B、C	F4AO-H08A
	D	F4A2-H08A
Q345	A	F5004-H08A[①]、H08MnA[②]、H10Mn2[②]
	B	F5014-、F5017-H08MnA[②]、H10Mn2[②]
	C	F5024-、F5021-H08MnA[②]、H10Mn2[②]
	D	F5034-、F5031-H08MnA[②]、H10Mn2[②]
	E	F5041-[③]
Q390	A、B	F5017-H08MnA[①]、H10Mn2[②]、H08MnMoA[③]
	C	F5021-H08MnA[①]、H10Mn2[②]、H08MnMoA[③]
	D	F5031-H08MnA[①]、H10Mn2[②]、H08MnMoA[③]
	E	F5041-[③]
Q420	A、B	F6017-H10Mn2[②]、H08MnMoA[②]
	C	F6021-H10Mn2[②]、H08MnMoA[②]
	D	F6031-H10Mn2[②]、H08MnMoA[②]
	E	F6041-[③]
Q460	C	F6021-H08Mn2MoA[②]
	D	F6031-H08Mn2MoA[②]
	E	F6041-[③]

注：表中①表示薄板I形坡口对接；②表示中厚板坡口对接；③表示供需双方协议。

（3）CO_2 气体保护焊焊丝的选用

CO_2 气体保护焊用焊丝可分为实芯焊丝和药芯焊丝两大类。其中，药芯焊丝亦称粉芯焊丝。我国常用结构钢 CO_2 气体保护焊实心焊丝选配示例见表 5-8。

常用 CO_2 气体保护焊实心焊丝选配　　　　　　　表 5-8

钢材		焊丝型号示例	熔敷金属性能①				
			抗拉强度	屈服强度	延伸率	冲击功	
牌号	等级		σ_b (MPa)	σ_s (MPa)	δ_5 (%)	T (℃)	A_{kv} (J)
Q235	A	ER49-1①	490	372	20	20	47
	B						
	C	ER50-6	500	420	22	−30	27
	D					−20	
Q345	A	ER49-1②	490	372	20	20	47
	B	ER50-3	500	420	22	−20	27
	C	ER50-2	500	420	22	−30	27
	D						
	E	③	③		③		③
Q390	A	ER50-3	500	420	22	−20	27
	B						
	C						
	D	ER50-2	500	420	22	−20	27
	E	③	③		③		③
Q420	A	ER50-D2	550	470	17	−30	27
	B						
	C						
	D						
	E	③	③		③		③
Q460	C	ER50-D2	550	470	17	−30	27
	D						
	E	③	③		③		③

注：表中①表示薄板 I 形坡口对接；②表示中厚板坡口对接；③表示供需双方协议。

2. 焊接材料的管理

焊条使用前应在 300 ~ 400℃ 范围内烘焙 1 ~ 2h，或按厂家提供的焊条使用说明书进行烘干。焊条放入时烘箱的温度不应超过最终烘焙温度的一半，烘焙时间以烘箱达到最终烘焙温度后开始计算，烘干后的低氢焊条应放置于温度不低于 120℃ 的保温箱中存放，使用时应置于保温筒中，随用随取；焊条烘干后在大气中放置时

间不应超过 4h，重新烘干不应超过 1 次。

焊剂使用前按制造厂家推荐的温度进行烘焙，已受潮的焊剂严禁使用；焊丝表面和电渣焊的导管以及栓钉焊接端面应无油污和锈蚀。

栓钉焊瓷环保存时应有防潮措施，受潮的焊接瓷环使用前应在 120～150℃范围内烘焙 1～2h。

5.4.3　接头焊接条件

焊接接头间隙中严禁填塞杂物，如焊条头、铁块等。对接接头的错边量不应超过相关规范的规定。当不等厚部件对接接头的错边量超过 3mm 时，较厚部件应按不大于 1∶2.5 坡度平缓过渡。

采用角焊缝及部分焊透焊缝连接的 T 形接头，两部件应密贴，根部间隙不应超过 5mm；当间隙超过 5mm 时，应在待焊板端表面堆焊并修磨平整使其间隙符合要求后再焊接。T 形接头的角焊缝连接部件的根部间隙大于 1.5mm 且小于 5mm 时，角焊缝的焊脚尺寸应按根部间隙值增加。

5.4.4　焊接环境

焊条电弧焊的焊接作业区最大风速不宜超过 8m/s；气体保护电弧焊不宜超过 2m/s。如果超出上述范围，应采取有效措施以保障焊接电弧区域不受影响。

当焊接作业区的相对湿度大于 90%，或焊件表面潮湿或暴露于雨、冰、雪中时严禁进行焊接作业。

焊接环境温度低于 0℃但不低于 -10℃时，应采取加热或防护措施，确保接头焊接处各方向大于等于 2 倍板厚且不小于 100mm 范围内的母材温度不低于 20℃，或规定的最低预热温度（二者取高值），且在焊接过程中不低于这一温度。

焊接环境温度低于 -10℃时，必须进行相应焊接环境下的工艺评定试验，并应在评定合格后再进行焊接，如果不符合上述规定，严禁焊接。

高空焊接时，应搭设操作平台，为高空焊接操作提供安全作业空间。

高空焊接时弧光污染较为严重，且焊液飞溅易引发火灾。应采取有效措施和防控预案，杜绝事故的发生。

5.4.5　引弧板和衬垫

焊接作业时，应在焊接接头的端部设置焊缝引弧板，使焊缝在延长段上引弧和熄弧，以保护母材不受焊接作业损害。如图 5-5 所示。焊条电弧焊和气体保护电弧焊焊缝引弧板长度应大于 25mm，埋弧焊引弧板长度应大于 80mm。

引弧板和钢衬垫板的钢材，其屈服强度不应大于被焊钢材的强度，且其焊接性能应相近。

焊缝焊完后引弧板宜采用火焰切割、碳弧气刨或机械等方法去除，割除过程中不得伤及母材，并应将割口处修磨至焊缝端部并整平。严禁锤击去除引弧板。

采用衬垫板焊接时，除焊接坡口根部间隙尺寸须符合要求外，应使衬垫板和焊件紧密贴合，使焊缝金属熔入衬垫板，并符合下述要求：

1）该垫板的技术要求应与所焊材料相同。

2）该垫板的预处理方法应与所焊构件相同。

3）焊接完成后，该衬垫用切割法拆除。构件与衬垫连接的部位，应修磨平滑，并检查应无任何裂纹。

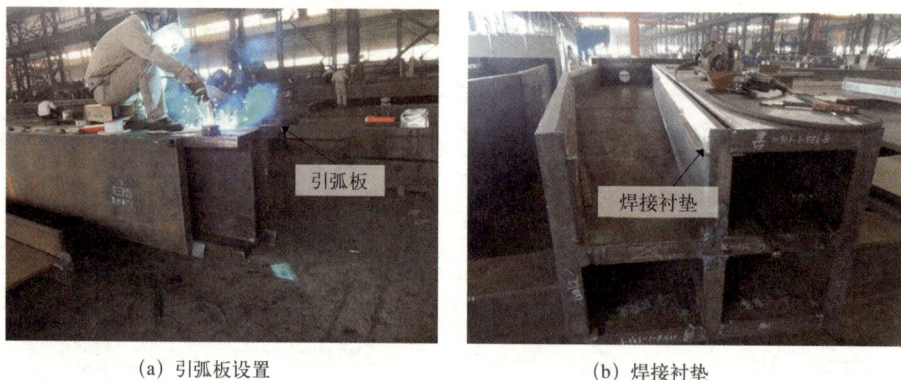

（a）引弧板设置　　　　　　　　　　（b）焊接衬垫

图 5-5　引弧板与焊接衬垫

5.4.6　定位焊

定位焊所用焊接材料应与正式焊缝的焊接材料相当。定位焊缝厚度不应小于 3mm，长度不应小于 40mm，其间距宜为 300 ~ 600mm。采用钢衬垫的焊接接头，

定位焊宜在接头坡口内进行。箱型加劲肋板定位焊如图 5-6 所示。

图 5-6　箱形加劲肋板定位焊

定位焊缝与正式焊缝应具有相同的焊接工艺和焊接质量要求；定位焊焊缝存在裂纹、气孔等缺陷时，应完全清除。

5.4.7　预热和道间温度

焊前预热可控制焊接冷却速度，减少或避免热影响区中淬硬马氏体的产生，降低热影响区的硬度，同时，还可以降低焊接应力，有助于氢的逸出。但过高的预热和道间温度易使收缩应变增大，损害焊接接头的性能。因此应选择合理的焊前预热温度。预热可采用电脑控制的电加热系统或采用火焰加热，当采用火焰加热器加热时，应自边缘向中部、中部向边缘往复均匀加热。预热区域的范围为焊接坡口两侧，其宽度为焊件施焊处板厚的 1.5 倍以上，且不小于 100mm。温度测量应在加热停止后，采用专用的测温仪测量；测温点宜在焊件施焊处的反面，且离电弧经过处各方向不小于 75mm 处。

预热温度和道间温度应根据钢材的化学成分、接头的约束状态、热输入大小、熔敷金属含氢量水平及所用的焊接方法等因素综合确定或由焊接试验确定。电渣焊在环境温度为 0℃ 以上施焊时可不进行预热，但当板厚大于 60mm 时，宜对引弧区的母材预热且不低于 50℃。钢材采用中等热输入焊接时，最低预热温度宜符合表 5-9 的规定。

超高层构件母材最低预热温度要求（℃）　　　　表 5-9

钢材牌号	接头最厚部件的板厚 t (mm)				
	t < 20	20 ≤ t ≤ 40	40 < t ≤ 60	60 < t ≤ 80	t > 80
Q235	/	/	40	50	80
Q345	/	40	60	80	100
Q390、Q420	20	60	80	100	120
Q460	20	80	100	120	150

注：1. "/" 表示可不进行预热；
　　2. 当采用非低氢型焊接材料或焊接方法焊接时，预热温度应比本表规定的温度提高20℃；
　　3. 当母材施焊温度低于0℃时，应将表中母材预热温度增加20℃，且应在焊接过程中保持这一最低道间温度；
　　4. 中等热输入是指焊接热输入为15～25kJ/cm，热输入每增加5 kJ/cm，预热温度可降低20℃；
　　5. 焊接接头板厚不同时，应按接头中较厚板的板厚选择最低预热温度和道间温度；
　　6. 焊接接头材质不同时，应按接头中较高强度、较高碳当量的钢材选择最低预热温度；
　　7. 本表各值不适用于供货状态为调质处理的钢材；控轧控冷（热机械轧制）钢材最低预热温度可下降的数值由试验确定。

焊接过程中，最低道间温度不应低于预热温度，最高道间温度不宜超过 250℃。全熔透 I 级焊缝的焊前预热、道间温度控制可采用电加热法（图5-7）；加劲板的焊缝可采用火焰预热（图5-8）。

图5-7　电加热预热

图5-8　火焰预热

5.4.8　焊后热处理与保温

焊后热处理能使扩散氢逸出，在一定程度上能消除、降低焊后残余应力的影响，对一些淬硬倾向较大的钢材还能韧化热影响区的焊接组织。对钢板焊缝，当碳当量 Ceq < 0.4%，钢材厚度 t ≥ 40mm 或碳当量 Ceq ≥ 0.4%，钢材厚度 t ≥ 25mm 时，焊后需要进行热处理（消氢处理），其要求如下：

（1）焊后热处理应在焊缝完成后立即进行，加热时可采用电脑控制的电加热系统，如图 5-9 所示；

（2）后热温度应由试验确定，一般应达到 200 ~ 250℃，保温时间依据焊件厚度而定，以每 25mm 厚度 1h 计算，然后缓慢冷却至常温。保温时可包裹 4 层石棉布，满足保温时间后，工件缓冷至环境温度后拆除石棉布，如图 5-10 所示；

（3）后热区应在焊缝两侧，每侧宽度均应大于焊件厚度的 1.5 倍，且不应小于 100mm。

对于熔嘴电渣焊，其焊缝温度集中，焊缝金属晶粒粗大，故焊接后需要进行正火处理，处理温度不应超过钢材的正火温度。

图 5-9　焊后加热

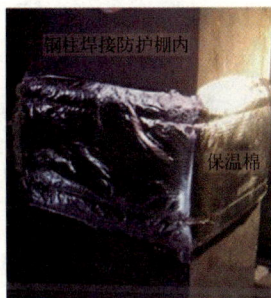

图 5-10　焊后保温

5.4.9　焊接裂纹的控制

高强超厚板高建钢碳当量较高，淬硬倾向较为严重，可焊性较差，对冷裂纹尤其是延迟裂纹较为敏感，应采取以下措施防止冷裂纹产生。

1. 控制材质和氢原子的来源

（1）对于厚度 > 40mm 的低合金钢板，下料切割前应采取适当的预热措施，切割后应对切割表面进行检查。当有裂纹、夹渣、分层难以确认时，应辅以 MT 检查。

（2）选用低氢或超低氢焊条或焊剂，严格控制焊接材料在储存、烘焙与发放过程中在空气中暴露的时间，避免焊接材料受潮后直接使用，以达到严格控制氢的来源、降低氢侵入焊缝的可能性。

（3）保护气体要做好脱水处理。气瓶经倒置排水，正置放气后方可使用。将混合气瓶倒置 1 ~ 2h 后，打开阀门放水 2 ~ 3 次，每次放水间隔 30min，放水结束后将钢瓶扶正。气瓶经放水处理后正置 2h，打开阀门放气 2 ~ 3 次。当瓶中的压力低于 1 个大气压时应停止使用，重新更换新气瓶。焊接时必须使用干燥器。

2. 工艺上预防冷裂纹出现

（1）焊前严格清理焊接坡口，不得有油污、水、铁锈等杂质，为了防止淬硬层可能导致的微裂纹，板厚≥40mm 时，焊接坡口在火焰切割后应再进行机械加工。

（2）采取预热措施降低冷裂纹倾向。

（3）采用焊后热处理使扩散氢逸出。

（4）焊接过程中应严格控制层间温度。每道焊缝焊接应连续焊接，以保证稳定的热输入。焊缝过于密集的复杂节点区域的厚板接头，焊前应适当提高预热温度，焊后应采取必要的缓冷措施。

（5）在厚板焊接过程中，应坚持多层多道焊接的原则，不宜"摆宽道"焊接。当厚板焊缝的坡口较大，单道焊缝无法填满截面内的坡口时，一些焊工可能采取"摆宽道焊接"。这种焊接将使母材对焊缝约束度增大，容易引起焊缝开裂或导致延迟裂纹的产生。而坚持多层多道焊接则可获得有利的一面：前一道焊缝对后一道焊缝来说是一个"预热"的过程；后一道焊缝对前一道焊缝来说相当于一个"后热处理"的过程，这些过程都将有效改善焊缝的焊接质量。

3. 做好焊后检验

凡厚度≥30mm 的钢板，焊后应对焊道中心线两侧各 2 倍的板厚加 30mm 的区域进行超声波检测；对于十字全熔透焊接接头，母材的探伤应在 T 形接头焊接完成后与 T 字接头焊缝的探伤一并进行，待探伤合格后，再组焊成十字接头；经探伤检查，该区域的母材不得有裂纹、夹层及分层等缺陷存在。

5.4.10 层状撕裂控制

层状撕裂位于焊接厚钢板的角接接头、T 形接头和十字接头中，由于沿板厚方向的焊缝收缩受到了较大的约束，产生的过大 Z 向（板厚方向）焊接应力导致在焊缝附近焊接热影响区内的母材产生沿轧制方向发展的具有阶梯状的裂纹。该裂纹是一种不同于一般热裂纹和冷裂纹的特殊裂纹。层状撕裂的预防措施主要包括以下四个方面。

1. 减小夹杂物含量，提高 Z 向塑性性能

影响层状撕裂的因素是比较复杂的，但夹杂物是造成钢材各向异性的主要原因，

它对层状撕裂敏感性的影响是最重要的。尽管所有出厂材料均有质保书，但材质问题仍会不断发生。其直观缺陷为夹层与杂质，微观缺陷为硫、磷含量严重偏析。为此，应首先从钢材质量上采取控制层状撕裂的措施。

（1）加强冶金脱硫与脱氧，降低夹杂物含量

试验表明 Z 向断面收缩率的下降主要是由硫化物夹杂所引起的，减少母材中的含硫量可提高 Z 向塑性性能。Z 向断面收缩率与含硫量的关系如表 5-10 所示。

含硫量与断面收缩率的关系　　　　　　　　　　　　　　表 5-10

含硫量（%）	0.010	0.008	0.006
断面收缩率（%）	15	25	35

从上表中可以看出，当母材的含硫量从 0.01% 降到 0.006% 时，Z 向断面收缩率增加了 1 倍多。此外，氧化物夹杂也会引起 Z 向塑性的下降。所以，采取有效的脱硫、脱氧措施，可以大大地提高母材抗层状撕裂的能力。

（2）对夹杂物进行球化

Z 向断面收缩率的大小，除了与夹杂物的含量多少有关外，还与夹杂物的形状有关。薄片状夹杂物边界尖锐，相当于在金属内部存在着尖锐的缺口。球状夹杂物形状圆钝，会大大降低层状撕裂的敏感性。所以在冶炼过程中，可促进夹杂物球状化，从而提高材料的 Z 向断面收缩率。

2. 减小热影响区母材的脆化

在焊接过程中，过热产生的粗晶组织、快冷产生的淬硬组织、氢集聚产生的富氢组织均使热影响区的母材变脆，增加了层状撕裂的敏感性。为此采取措施减小热影响区的脆化措施，将有效提高母材抗层状撕裂的能力。通常采取的措施包括预热与缓冷，其不仅可减少热影响区母材的脆硬组织和焊接应力，同时还有利于氢的逸出。母材中含硫量越高，预热温度就得越高。此外预热温度还与板厚、接头形式有关。一般防止层状撕裂的预热温度为 150 ~ 250℃。

3. 选择合理的节点和坡口形式

改善接头设计，选用合理的节点形式，也可提高接头抗层状撕裂的能力，具体措施如表 5-11 所示。

防止层状撕裂的节点形式 表 5-11

编号	不良节点形式	可改善节点形式	说明
1			将垂直贯通板改为水平贯通板，变更焊缝位置，使接头总的受力方向与轧层平行，可大大改善抗层状撕裂性能
2		$L \geq t$ / t	将贯通板端部延伸一定长度，有防止启裂的效果。此类节点多用于钢管与加劲板的连接接头
3			将贯通板缩短，避免板厚方向受焊缝收缩应力的影响。此类节点多用于钢板 T 字形连接接头

由表 5-11 可见，在满足设计焊透深度要求的前提下，选择合理的坡口形式、角度和间隙，可以有效地减少焊缝截面积或改变焊缝收缩应力的方向，从而可通过减小母材厚度方向拉应力峰值或改变焊接拉应力方向达到防止层状撕裂的目的。

4. 采用合理的焊接工艺

（1）采用低氢型、超低氢型焊条或气体保护电弧焊施焊，可降低冷裂倾向，有利于改善抗层状撕裂性能。

（2）采用低强组配的焊接材料，或先在坡口内母材板面上采用低屈服强度的焊条堆焊塑性过渡层，使焊缝金属或焊缝塑性过渡层具有低屈服点、高延性的特点，导致在焊缝冷却过程中焊缝塑性过渡层提前屈服，从而减小了母材热影响区焊接应力的峰值，达到改善母材抗层状撕裂性能的目的。

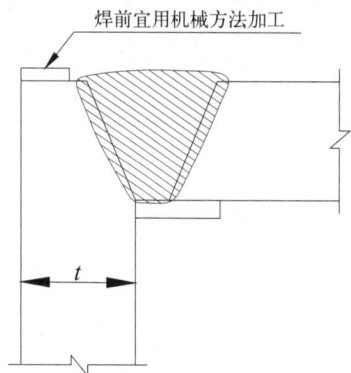

（3）采用对称多道次施焊，使应力分布均衡，减少应力集中。采用适当小热输入的多层多道焊，以减少热集中作用，从而减小收缩应变。

（4）对Ⅱ级及Ⅱ级焊缝以上的箱形柱、梁角接头，当板厚≥80mm，侧板边火焰切割面宜用机械方法去除淬硬层（图 5-11），以防止层状撕裂起源

焊前宜用机械方法加工

t

图 5-11 特厚板角接头防层状撕裂工艺措施

于板端表面的硬化组织。

（5）采用焊后消氢热处理加速氢的扩散，使得冷裂倾向减小，提高抗层状撕裂性能。

（6）采用或提高预热温度施焊，降低冷却速度，改善接头区组织韧性，但采用的预热温度较高时易使收缩应变增大，在防止层状撕裂的措施中只能作为次要的方法。

5.4.11　焊接变形的控制

1. 焊接变形的产生

焊接过程形成的不均匀温度场和热塑性变形，使焊后焊件（包括焊缝）在冷却过程中的不均匀收缩受到约束而产生的内应力称为焊接应力。在焊接应力的作用下，焊件将产生变形，该变形称为焊接残余变形，简称焊接变形。实际上焊缝的基本变形只有焊缝的横向缩短和纵向缩短，但由于焊缝截面形状、焊缝在焊件中的位置不同，最后导致焊件产生了各种不同的焊接变形，其主要类型有如下几种：

（1）收缩变形，如图 5-12（a）所示。收缩变形分为焊接纵向收缩变形和焊接横向收缩变形两种。

（2）弯曲变形，如图 5-12（b）所示。弯曲变形是焊接梁、柱类构件常见的变形，主要是由焊缝在结构上分布不对称引起的，可分为焊缝纵向收缩引起的弯曲变形和焊缝横向收缩引起的弯曲变形。

（3）角变形，如图 5-12（c）所示。角变形分为对接焊缝角变形和 T 形接头角变形。对接焊缝角变形由焊缝截面不对称、焊缝横向收缩上下不均匀引起；焊缝截面对称时施焊顺序不当，也会产生角变形。T 形接头角变形是由角焊缝的横向收缩引起。

（4）波浪变形，如图 5-12（d）所示。波浪变形又称失稳变形。薄板、较薄的构件焊接时易产生波浪变形。产生的原因：由于焊缝冷却过程中的纵、横向收缩，使薄板焊件受单向或双向压应力的作用，当该应力超过薄板屈曲临界应力时将导致薄板发生多波屈曲，从而发生波浪式的焊接变形。

（5）扭曲变形，如图 5-12（e）所示。施焊时焊件放置不平，焊接顺序和焊接方向也不合理，导致焊缝纵、横向的收缩变形不均匀不对称，将引起梁、柱类焊件绕轴线产生扭曲变形。

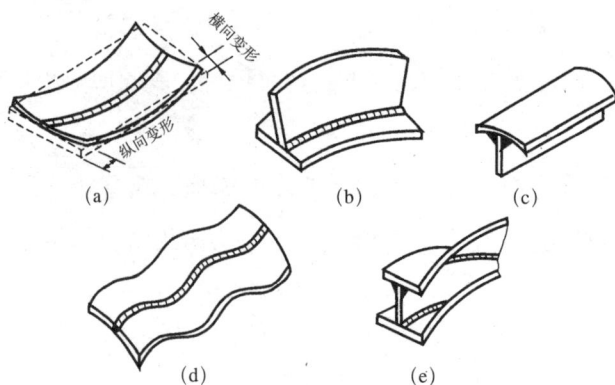

图 5-12　焊接残余变形

2. 焊接变形的控制方法

为保证构件或结构尺寸施工精度的要求，需对焊接变形进行有效控制，但有时焊接变形控制的同时会使焊接应力和焊接裂纹倾向随之增大。因此，在钢结构焊接施工过程中，应根据不同的节点构造及焊缝形式，采取合理的焊接工艺、装焊顺序、热量平衡等方法来降低或平衡焊接变形，杜绝采取刚性固定或强制措施控制焊接变形。

（1）采用反变形法

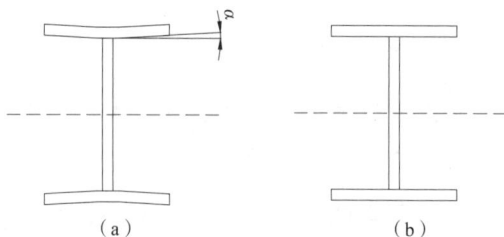

图 5-13　反变形示意图

在大型构件焊接时常用反变形法消除焊接变形。反变形法是在焊接前使构件预先发生与焊接变形方向相反、大小基本相等的变形，焊接完成并冷却至常温后构件又基本恢复到原来形状的方法。例如，将图 5-13 中焊接 H 型钢的上、下翼缘板按图 5-13（a）所示压制成反变形后再进行焊接组装，焊接完成后由于焊接应力的作用翼缘板又可基本恢复到平直状态，如图 5-13（b）所示。

（2）采用稳固的装配平台与合理的焊接顺序

1）采用稳固的装配平台：钢结构的制作、组装应该在一个标准的水平平台上进行。应确保组件具有足够承受自重的能力，并不会出现组件失稳或下挠现象，以满足构件组装的基本要求。组装过程中应尽可能地先装配成整体再焊接。

2）对称施焊法：该方法利用焊缝的收缩应力平衡来控制焊件的变形，尤其是弯

曲变形，因此在条件许可的情况下对截面形状、焊缝布置均匀对称的钢构件宜尽可能采用对称施焊的方法。不对称焊缝先焊焊缝少的一侧，后焊焊缝多的一侧，以减少构件总的焊接变形。

3）穿插施焊法：对于非对称的双面坡口焊缝，无法进行对称施焊，此时应对焊缝两侧进行合理的穿插施焊，通过一侧的施焊矫正另一侧焊接时引起的弯曲变形，以控制焊件最终的弯曲变形。当双面坡口深度不同时一般应先从深坡口一侧焊起。

4）分段退焊法：对于钢结构中的长焊缝，焊接时若持续使用从一端到另一端的焊接顺序，将会导致焊件沿焊缝长度方向出现较大的弯曲变形，此时宜采用沿焊缝长度方向对称布置的分段退焊法或多人对称分段退焊法，以实现沿焊缝长度方向对称焊接。

5）跳焊法：当连续施焊可能导致工件局部热量集中，引起较大变形时，宜采用跳焊法。

（3）适当采用焊件夹具

大型构件或节点在焊接过程中各个组件在自重和焊接应力作用下，其位置会不断发生变化，为使其位置基本固定，除采用焊接平台固定外，有时还需要用焊件夹具将焊件夹紧，以防止组件间发生错位。

（4）合理地选择焊接方法和焊接工艺参数

一般来说，不同的焊接方法，将产生不同的温度场，形成的热变形也不同。CO_2 气体保护焊焊丝细，热影响区小，焊接变形小。选用热影响区较窄的 CO_2 气体保护焊焊接方法代替手工电弧焊、埋弧焊，可减少钢结构焊接变形。

焊接工艺参数包括焊接电流、电弧电压和焊接速度。线能量越大，焊接变形越大。焊接变形随焊接电流和电弧电压的增大而增大，随焊接速度的增大而减小。在三个参数中，电弧电压的作用明显。选用较小的焊接热输入及合适的焊接工艺参数，可减少钢结构受热范围，从而减少焊接变形。

3. 焊接变形矫正方法

当焊接残余变形超出技术要求时，必须矫正焊件的变形。针对厚板焊接常用的矫形方法有机械矫正、加热矫正、加热与机械联合矫正等方法。矫正时宜采取先总体后局部、先主要后次要、先下部后上部的顺序。

（1）机械矫正法

机械矫正法是利用机械工具，如千斤顶、拉紧器、压力机等来矫正焊接变形。

（2）火焰加热矫正法

火焰加热矫正法是利用火焰局部加热，使焊件产生反向变形，抵消焊接变形。火焰加热矫正法主要用于矫正弯曲变形、角变形、波浪变形、扭曲变形等。火焰矫正的加热温度如下：

1）加热矫正一般温度为 600 ~ 800℃，同一位置加热次数不应超过 2 次；

2）采用外力辅助矫正，冷却时当温度下降到 200 ~ 250℃时，须将外力全部解除，使其自然收缩；

3）加热顺序：先矫正变形大的部位，然后矫正变形小的部位；

4）加热温度的判定可从钢材加热时所呈现的颜色进行判断，如表 5-12 所示；

钢材加热时所呈现的颜色列表 表 5-12

颜色	温度（℃）	矫正	颜色	温度（℃）	矫正
黑色	470 以下	×	樱红色	780 ~ 800	√
暗褐色	520 ~ 580	×	亮樱红色	800 ~ 830	×
赤褐色	580 ~ 650	×	亮红色	830 ~ 880	×
暗樱红色	650 ~ 750	√	黄赤色	880 ~ 1050	×
深樱红色	750 ~ 780	√	暗黄色	1050 ~ 1750	×

注：×表示不宜矫正；√表示可矫正。

5）加热矫正后宜采用自然冷却，严禁急冷。

低合金结构钢在环境温度低于 -12℃时，不应进行冷矫正和冷弯曲。碳素结构钢和低合金结构钢在加热矫正时，加热温度最高严禁超过 900℃，最低温度不得低于 600℃。矫正后的钢材表面，不应有明显的凹痕或损伤，划痕深度不得大于 0.5mm，且不应超过该钢材厚度允许负偏差的 1/2。

5.4.12 焊接应力处理

1. 焊接应力的产生及影响

焊接过程形成的不均匀温度场和热塑性变形，使焊后焊件（包括焊缝）在冷却过程中的不均匀收缩受到约束而产生的内应力称为焊接残余应力，简称为焊接应力。焊接残余应力为三向应力，包括沿焊缝长度方向的纵向残余应力、沿焊缝宽度方向的横向残余应力和沿厚度方向的竖向残余应力，钢板厚度较薄时，厚度方向的焊接

残余应力很小，可不考虑其影响。

存在焊接应力的焊接构件，当外力产生的工作应力与焊接应力方向相同时，其应力互相叠加，相反时则互相抵消;因残余应力为三向自平衡力系，致使构件内"有应力增加的地方就必然有应力减少的地方";构件还会因残余应力改变自身的应力状态，如从单向应力状态变为双向或三向应力状态。可见，焊接应力不仅会改变屈服顺序、截面刚度，也会改变构件的应力分布状态，从而降低构件的刚度、稳定承载力、韧性性能和疲劳承载力。

2.焊接应力消除方法

对于需要避免应力腐蚀，或需要经过机械加工以保持精确外形尺寸，或要求在动荷载下工作不产生疲劳破坏的构件，宜在焊后采取措施消除焊接应力。

（1）整体退火消除法。对构件采取整体消除应力一般采用加热炉进行。受炉体限制，大型壳体结构可采用在壳体外壁覆盖绝热保温层，而在壳体内部采用火焰加热器加热的方法进行退火。

（2）局部退火消除应力法。对于接头形式较简单的构件，可以采取用加热器局部加热接头两侧一定范围的方法消除应力。局部加热方法只能部分消除残余应力，但便于实施。加热器的种类有电阻加热器、感应加热器、红外加热器。加热过程应使用微机自动温控装置进行有效控制。

（3）振动消除应力法。振动法一般应用于要求尺寸精度稳定的构件消除应力。在固定约束状态下焊接的构件，如在焊后卸开夹具之前进行振动时效处理，则构件的焊接变形可得到一定的控制。

各种消除应力的方法中整体退火处理的效果为最好，同时有改善金属组织性能的作用，在构件和容器的消除应力中应用较为广泛。其他消除应力方法均对材料的塑性、韧性有不利影响。局部消除应力热处理通常用于重要焊接接头的应力消除。振动消除应力虽能达到一定的应力消除目的，但消除应力的效果目前学术界还难以准确界定。如果是为了结构尺寸的稳定，采用振动消除应力方法对构件进行整体处理既可操作也经济。

5.4.13　焊接质量检测

焊缝施工质量检测总体上包含三方面内容：焊缝内部质量检测、焊缝外观质量检测和焊缝尺寸偏差检测等。

焊缝质量检测方法和指标应按照现行国家标准《钢结构工程施工质量验收标准》GB 50205 和《钢结构焊接规范》GB 50661—2011 的规定执行。

1. 焊缝内部质量检测

焊缝内部质量缺陷主要有裂纹、未熔合、根部未焊透、气孔和夹渣等，检验主要是采用无损探伤的方法，一般采用超声波探伤，当超声波不能对缺陷作出判断时，应采用射线探伤。

2. 焊缝外观质量检测

常见的焊缝表面缺陷如图 5-14 所示，其质量检验标准如表 5-13 所示。外观检验主要采用肉眼观察或使用放大镜观察，当存在异议时，可采用表面渗透探伤（着色或磁粉）检验。

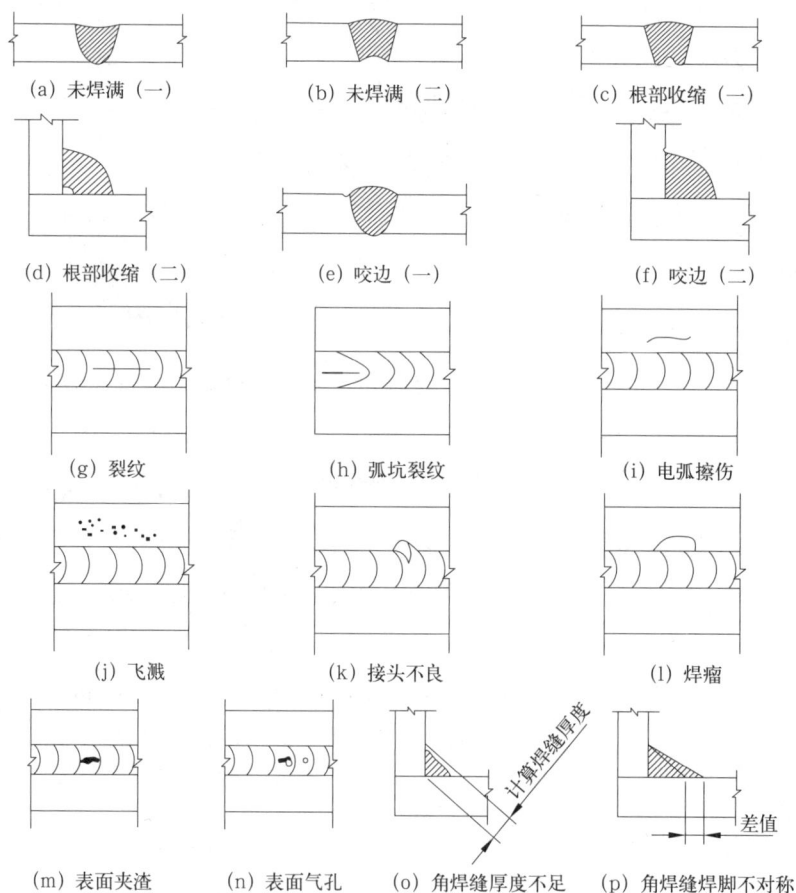

图 5-14　常见焊缝表面缺陷示意图

承受静载的结构焊缝外观质量要求　　　　　　　　　　　　　表 5-13

焊缝质量等级 检验项目	一级	二级	三级
裂纹		不允许	
未焊满	不允许	$\leqslant 0.2+0.02t$ 且 $\leqslant 1$mm，每 100mm 长度焊缝内未焊满累积长度 $\leqslant 25$mm	$\leqslant 0.2+0.04t$ 且 $\leqslant 2$mm，每 100mm 长度焊缝内未焊满累积长度 $\leqslant 25$mm
根部收缩	不允许	$\leqslant 0.2+0.02t$ 且 $\leqslant 1$mm，长度不限	$\leqslant 0.2+0.04t$ 且 $\leqslant 2$mm，长度不限
咬边	不允许	$\leqslant 0.05t$ 且 $\leqslant 0.5$mm，连续长度 $\leqslant 100$mm，且焊缝两侧咬边总长 $\leqslant 10\%$ 焊缝全长	$\leqslant 0.1t$ 且 $\leqslant 1$mm，长度不限
电弧擦伤		不允许	允许存在个别电弧擦伤
接头不良	不允许	缺口深度 $\leqslant 0.05t$ 且 $\leqslant 0.5$mm，每 1000mm 长度焊缝内不得超过 1 处	缺口深度 $\leqslant 0.1t$ 且 $\leqslant 1$mm，每 1000mm 长度焊缝内不得超过 1 处
表面气孔		不允许	每 50mm 长度焊缝内允许存在直径 $< 0.4t$ 且 $\leqslant 3$mm 的气孔 2 个；孔距应 $\geqslant 6$ 倍孔径
表面夹渣		不允许	深 $\leqslant 0.2t$，长 $\leqslant 0.5t$ 且 $\leqslant 20$mm

3. 焊缝尺寸偏差检测

焊缝尺寸偏差主要是采用焊缝尺寸圆规进行检验，见如图 5-15 所示。焊缝焊脚尺寸、焊缝余高及错边等尺寸偏差应满足表 5-14 和表 5-15 的要求。

角焊缝焊脚尺寸允许偏差　　　　　　　　　　　　　表 5-14

序号	项目	示意图	允许偏差（mm）
1	一般全焊透的角接与对接组合焊缝		$h_f \geqslant \left(\dfrac{t}{4}\right)^{+4}_{0}$ 且 $\leqslant 10$
2	需经疲劳验算的全焊透角接与对接组合焊缝		$h_f \geqslant \left(\dfrac{t}{2}\right)^{+4}_{0}$ 且 $\leqslant 10$
3	角焊缝及部分焊透的角接与对接组合焊缝		$h_f \leqslant 6$ 时 $0 \sim 1.5$　　$h_f > 6$ 时 $0 \sim 3.0$

注：1. $h_f > 17.0$mm 的角焊缝，其局部焊脚尺寸允许低于设计要求值 1.0mm，但总长度不得超过焊缝长度的 10%；
　　2. 焊接 H 形梁腹板与翼缘板的焊缝两端在其 2 倍翼缘板宽度范围内，焊缝的焊脚尺寸不得低于设计要求值。

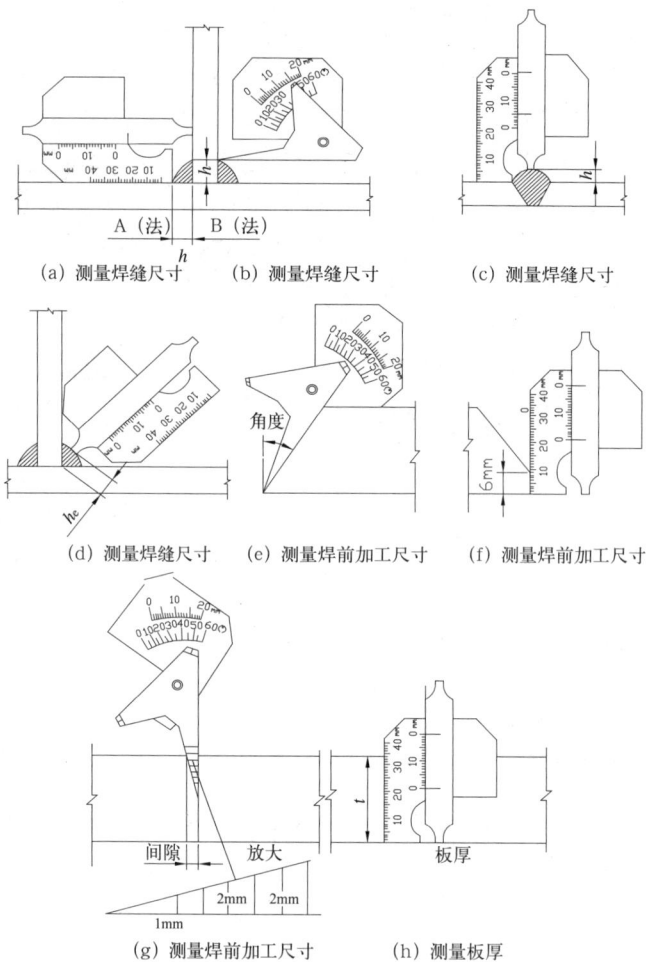

（a）测量焊缝尺寸　　（b）测量焊缝尺寸　　　　（c）测量焊缝尺寸

（d）测量焊缝尺寸　　（e）测量焊前加工尺寸　　（f）测量焊前加工尺寸

（g）测量焊前加工尺寸　　　（h）测量板厚

图5-15　用量规检查焊缝质量示意

焊缝余高和错边允许偏差　　　　　　　　　　表5-15

序号	项目	示意图	允许偏差（mm）	
			一、二级	三级
1	对接焊缝余高（C）		$B < 20$时，C为 $0 \sim 3$；$B \geqslant 20$时，C为 $0 \sim 4$	$B < 20$时，C为 $0 \sim 3.5$；$B \geqslant 20$时，C为 $0 \sim 5$
2	对接焊缝错边（d）		$d < 0.1t$ 且$\leqslant 2.0$	$d < 0.15t$ 且$\leqslant 3.0$

续表

序号	项目	示意图	允许偏差（mm）	
			一、二级	三级
3	角焊缝余高（C）		$h_f \leqslant 6$ 时 C 为 $0 \sim 1.5$；$h_f > 6$ 时 C 为 $0 \sim 3.0$	

4. 栓钉焊机焊接接头的质量检测

采用专用的栓钉焊机所焊的接头，焊后应进行弯曲试验抽查，具体方法为将栓钉弯曲 30° 后焊缝及其热影响区不得有肉眼可见的裂纹。对采用其他电弧焊所焊的栓钉接头，可按角焊缝的外观质量和外型尺寸的检测方法进行检查。

5.4.14　返修焊

焊缝金属和母材的缺陷超过相应的质量验收标准时，可采用砂轮打磨、碳弧气刨、铲凿或机械等方法彻底清除，然后对焊缝进行返修。返修应按下列要求进行：

返修前，应清洁修复区域的表面；

焊瘤、凸起或余高过大，采用砂轮或碳弧气刨清除过量的焊缝金属；

焊缝凹陷或弧坑、焊缝尺寸不足、咬边、未熔合、焊缝气孔或夹渣等应在完全清除缺陷后进行焊补；

焊缝、母材裂纹的范围及深度应采用渗透、磁粉探伤等检测方法确定，并用砂轮打磨或碳弧气刨清除。修整表面并磨除气刨渗碳层后，再用上述方法检查裂纹是否彻底清除，并重新进行焊补。对于约束度较大的焊接接头裂纹用碳弧气刨清除前，宜在裂纹两端钻止裂孔；

焊接返修的预热温度应比相同条件下正常焊接的预热温度提高 30 ~ 50℃，并采用低氢焊接方法和焊接材料进行焊接；

返修部位应连续焊成，如中断焊接时，应采取后热、保温措施，防止产生裂纹，厚板返修焊宜采用消氢处理；

焊接裂纹的返修，应由焊接技术人员对裂纹产生的原因进行调查和分析，制定专门的返修工艺方案后进行；

同一部位两次返修后仍不合格时，应重新制定返修方；

返修焊的焊缝应按原检测方法和质量标准进行检测验收，填报返修施工记录及返修前后的无损检测报告，作为工程验收及存档资料。

5.5　工厂典型焊接方法

5.5.1　单电源双细丝埋弧焊

单电源双细丝埋弧焊是在继承双电源双粗丝埋弧焊高效焊接的基础上，通过提高焊接速度，克服焊接热输入较大缺点形成的焊接技术。单电源双细丝埋弧焊还克服了普通焊接设备在高速焊接下，容易出现咬边或者焊缝高低不平等外观缺陷的缺点，在高速焊接状态下焊缝依然平滑美观，因此既降低了焊接热输入也保证了焊接效率，既适合焊接薄板，也适合焊接厚板。并且该设备只有一个焊接电源，较双粗丝埋弧焊更为节能。该设备重量轻、体积小、易操作（图 5-16）。

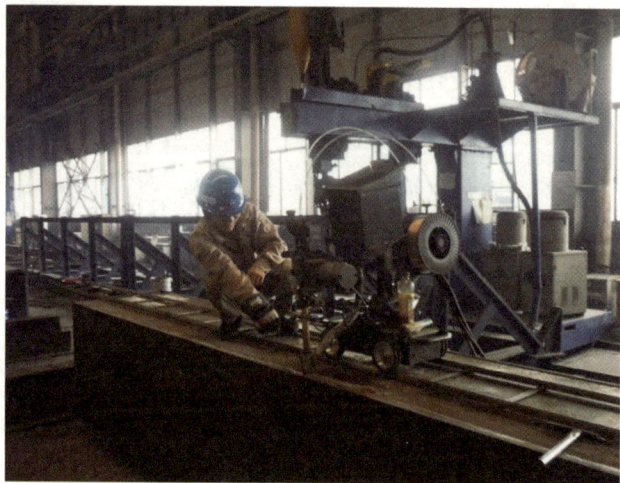

图 5-16　单电双细丝埋弧焊焊接实景图

5.5.2　双电双粗丝埋弧焊

相对于单电单丝埋弧焊，双电双丝埋弧自动焊（图 5-17）更加优质高效。该焊接技术可获得更高的熔敷效率、有效提高焊接过程的抗气孔能力，从而可实现在很高的焊接速度下获得良好焊缝与焊接质量的目的。

图 5-17　双电双粗丝埋弧焊焊接实景图

5.5.3　免清根焊接技术

传统的清根焊接工艺存在环境污染、人工劳动强度大、材料浪费多等缺点，人们更倾向于探索节能环保的加工方法。借助双丝双弧埋弧焊设备，经过多次不同方案的试验和生产实践，总结出了大钝边大坡口大电流的不清根焊接技术，最终获得了与传统清根全熔透工艺相同的焊接质量。该技术的应用在一定程度上规避了传统清根工艺的不同，大幅度提高了生产效率，改善生产作业环境，并开辟了不清根全熔透焊接的新思路。

众所周知，埋弧焊过程中焊剂对焊缝起到良好的保护作用，若将焊剂填充在焊缝背面势必会使得背面成型较好。但焊剂为干燥的颗粒状物质，无法自行附着在焊缝的背面。为解决上述问题，决定采用耐高温、价格低廉的铝箔纸作为背部的支撑。背部支撑应用技术是免清根焊接技术的关键所在。如图 5-18 所示为本研究开发的新型耐高温复合型轻质衬垫的结构及原理图。

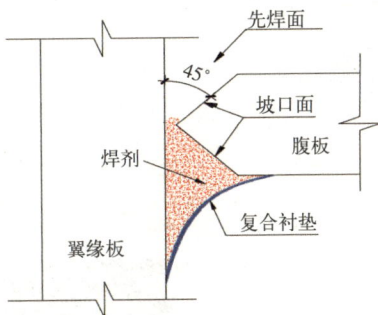

图 5-18　新型耐高温复合型轻质衬垫的结构及原理图

5.5.4　焊接机器人自动焊接

焊接机器人自动焊接是利用多轴式机器人的机械臂，通过离线编制程序或者实时编程将焊接路径以及预先制定好的焊接工艺数据传导至机器人系统，通过传动机构，实现不同构件形式、不同焊接位置、不同焊缝形式焊缝的自动化焊接。通过采用焊接机器人焊接技术焊缝外观成型较好，且焊接质量稳定可靠，可大幅度提高焊接生产效率；当下焊接机器人存在着设备成本较高、编程耗时较长的缺点。焊接机器人技术在钢结构制造行业的应用，势必会推动行业内自动化发展的进程（图5-19）。

图5-19　焊接机器人自动焊接

5.5.5　高效焊接工装

在构件制作过程中，优良的焊接胎架和工装可以极大地提高构件的焊接效率。

以可调式多角度船形焊接工装为例，传统的船形焊接工装为固定角度式（一般为45°）。当焊接厚板H形或十字形构件时，造成焊脚尺寸偏大，浪费了焊接材料并增加了人工消耗。通过可调式多角度船形焊接工装（图5-20）可实现构件的多角度船形焊接，节约了焊接材料和降低了人工消耗。

图5-20　可调式多角度船形焊接工装

第6章 典型构件制作

随着超高层钢结构施工技术日臻成熟，巨型组合截面框架柱、单（双）层加劲型钢板墙等巨型复杂组合截面形式的构件已广泛应用于超高层钢结构建筑。这些构件通常由 H 形、十字形、箱形、圆（锥）管等传统截面通过板单元连接而成。为此，"传统截面"构件的制作质量仍然是超高层钢结构构件制作质量控制的核心。

6.1 焊接 H 型钢、十字柱制作工序

1. 准备

控制项目：工艺参数

工艺要求：熟悉图纸、工艺方案、作业指导书等工艺文件，认真阅读技术交底内容，做好班组交底；理解制作路线，按照工艺要求调试好机具设备，并设置好工装措施。

2. 零件下料

控制项目1：翼、腹板对接

工艺要求：翼板与腹板对接焊缝应错开 200mm 以上，翼腹板对接缝与隔板、加劲板应错开 200mm 以上，翼板接料长度不少于宽度的 2 倍，腹板长度不少于600mm。

控制项目2：零件尺寸及外观

工艺要求：翼、腹板的零件号，材质，工程名称，坡口，对接要求，余量，外形尺寸，边缘倒角应与工艺文件要求一致；零件局部平面度超差的必须进行调平处理；零件

切割面不允许有切割熔渣、氧化皮等缺陷；坡口面无裂纹、分层及大于1mm缺棱。

翼板、腹板的尺寸精度应符合表6-1要求。

翼板、腹板尺寸精度要求 表6-1

项目		允许偏差（mm）
翼板宽度		±2.0
腹板宽度		0 ~ +2.0
长度		按工艺文件、图纸进行检查（包含余量）
坡口		除工艺文件特殊要求外，对接接头坡口角度允许 0 ~ +5°，T形接头坡口角度允许 ±5°，钝边允许 ±1.0
切割面平面度		≤0.05t 且不大于 2.0
切割面割纹深度		≤0.3
切割面局部缺口深度		≤1.0
切割面与板面垂直度		≤0.5
切割面锯齿状不直度（Δ）	≤0.5	
切割面直线度（拱度）（Δ）	≤1.0	

3. 组立

控制项目1：组立画线

工艺要求：画线前，翼板与腹板T接部位、腹板两侧每边30 ~ 50mm范围内的铁锈、毛刺、油污应清除干净；采用白色粉线在翼板上弹出腹板的组立定位线，并将定位线延伸至板厚度方向，画线允许偏差不大于0.5mm。

控制项目2：组立操作

工艺要求：H型钢、T型钢规格满足机械组立的，应采用组立机进行，并严格遵守组立机操作要求；对于超过组立机允许组立规格的，应采用人工组立，并按要求做好组立工装措施；十字柱的组立在H型钢、T型钢焊接及矫正合格后按照工艺文件规定的组立顺序进行。

控制项目3：装配间隙

工艺要求：翼板与腹板之间的装配间隙除工艺文件特殊要求外，一般角焊缝的

装配间隙 $\Delta \leqslant 0.75$mm，熔透和部分熔透焊缝的装配间隙 $\Delta \leqslant 2$mm。

控制项目 4：定位焊

工艺要求：建筑钢结构定位焊长度 40～60mm，焊缝厚度最小 3mm，最大不超过设计焊缝厚度的 2/3，间距 300～600mm，主焊缝两端 50mm 范围不得点焊；严禁无证人员进行定位焊操作，定位焊咬边允许 $\leqslant 1$mm，不允许有电弧擦伤、气孔、裂纹等缺陷；较短构件定位焊不少于 2 处。

控制项目 5：加固措施

工艺要求：工艺隔板、防变形支撑、防倾覆支撑等加固措施必须按要求正确设置。

控制项目 6：引、熄弧板设置

工艺要求：引、熄弧板宽度应大于 80mm，气体保拒焊时引、熄弧板长度不小于 50mm，埋弧焊时引、熄弧板长度宜为板厚的 2 倍且不小于 100mm，厚度宜同构件母材一致且应不小于 10mm；引、熄弧板用气割切除，不得伤及母材，严禁锤击去除。

控制项目 7：组装精度

工艺要求：组装完首根构件应经过首件检验确认，合格后方可进行批量组装；组装精度应符合表 6-2 相关要求。

组装精度要求　　　　　　　　　　　　　　　　表 6-2

	项目	H 型钢组立允许偏差（mm）	
组装精度	长度 L	根据工艺文件要求确定，仅允许正偏差	
	截面高度 h	0～+2.0	
	翼缘垂直度 Δ	$B/100$ 且 $\leqslant 3.0$，钢柱端部连接处 $\leqslant 1.5$	
	中心偏移 e	1.5	
	注意：对于熔透焊的厚板 H 型、T 型钢，翼板宜作反变形处理		

4. 焊接

控制项目：焊缝质量

工艺要求：

(1) 认真阅读焊接工艺文件，熟悉焊接工艺要求，正确选择焊接方法，严格按照工艺文件给定的工艺参数和技术要求进行操作，调整好焊接工装和焊接设备；

（2）焊前应清除焊道区域存在的铁锈、油污、氧化物、毛刺等影响焊接质量的杂物；

（3）焊丝、焊剂按要求正确存储和领用，严禁混用，严禁使用未烘焙的焊剂；

（4）气保焊和埋弧焊的引熄弧长度应分别大于25mm、60mm；

（5）主焊缝应交替对称施焊，并做好焊接记录，以确认焊接操作与工艺要求一致；

（6）焊脚高度应满足图纸、工艺文件要求，观察焊丝位置，及时调整，避免焊丝跑偏；

（7）焊接中如发生断弧，接头部位焊缝应打磨出不小于1：4的过渡斜坡才能继续施焊；

（8）对于厚板，注意焊接预热、层间温度控制和后热保温等措施的控制；

（9）焊接后按要求进行焊缝质量检查，合格后方能进入下道工序。

5. 矫正

控制项目：矫正精度

工艺要求：H型钢矫正优先采用矫正机进行，不能使用机械矫正时采用火焰矫正，矫正温度600～900℃，不得有过烧现象，严禁用水冷却；矫正后的钢材表面不应有明显的凹陷或损伤，划痕深度不得大于0.5mm；矫正后H型钢、T型钢的允许偏差应符合表6-3。

矫正后H型钢、T型钢的允许偏差 表6-3

项目		允许偏差（mm）
截面高、宽		连接处：±3.0；其他处：±4.0
翼缘板对腹板的垂直度	梁	$B/100$且不大于3.0
	柱	连接处：1.5；其他处：$B/100$且不大于5.0
腹板中心偏移		1.5
弯曲矢高	梁	垂直于翼缘板方向：$L/1000$且不大于10.0
		垂直于腹板方向：$L/2000$且不大于10.0
	柱	$L/1500$且不大于5.0
扭曲		$h/250$且不大于5.0
腹板局部平面度		$t \leq 14$时3.0/m；$t>14$时2.0/m

6. 端部加工

控制项目 1：端头切割

工艺要求：对留有加工余量的构件需要按照工艺文件要求进行端头切割，切割时，优先采用锯床锯切，不能锯切的构件采用半自动气割切割，切割面质量应符合规范要求。

控制项目 2：端部铣平

工艺要求：端铣按照工艺文件要求进行，四面画出加工线，并注意控制进刀量，端铣面的平面度允许偏差 0.3mm，铣平面对构件轴线的垂直度允许偏差 $h/1500$（h 为构件截面高度），外露铣平面必须做好防锈保护。

控制项目 3：制孔

工艺要求：制孔应按照工艺文件规定的工艺进行。

控制项目 4：坡口与锁口开设

工艺要求：构件端部的坡口采用气割，坡口尺寸应符合工艺文件要求，安装焊缝坡口角度允许偏差角度 ±5°，钝边允许偏差 ±1.0mm；腹板上的锁口应优先采用锁口机加工，采用手工气割时必须使用样板画线和仿形工具；坡口、锁口的表面要光滑平整，割纹深度符合要求，表面毛刺应打磨干净。

7. 零部件装配

控制项目 1：装配准备

工艺要求：装配前确认零部件编号、方向和外形尺寸与图纸一致，切割面质量合格；核对待装配的 H 型钢、十字柱本体编号及规格是否正确，局部的修补及弯扭变形是否均已调整完毕；装配工装要保证牢固可靠、操作便利、精度满足要求。

控制项目 2：装配画线

工艺要求：根据工艺文件要求和各零部件在图纸上的位置尺寸，正确确定 H 型钢、十字柱本体的长度和宽度方向的装配基准线；对各零部件的位置进行画线，牛腿以牛腿中心线为定位基准，螺栓连接节点板和吊装耳板在长度方向以长端孔中心线为定位基准，并与图纸核对。

控制项目 3：零部件装配

工艺要求：零部件装配时，应采取必要的加固与反变形措施，同时注意零部件装配顺序是否利于焊接操作，不得随意在本体上点焊或伤及本体母材，伤痕深度大于 0.5mm 时应予以修补；加劲板、连接板、牛腿等零部件的装配精度应满足规范要求，加劲板、连接板的定位倾斜偏差不大于 2.0mm，加劲板、连接板的间距或位置偏差不大于 2.0mm；焊接采取对称施焊，按照规定的焊接顺序进行焊接，焊接完成后，将焊渣、飞溅、气孔、焊瘤等缺陷去除干净。

8. 成品柱段质检

控制项目 1：外形尺寸

工艺要求：见表 6-4。

成品柱段外形尺寸要求 表 6-4

项目		允许偏差（mm）	图例
柱截面尺寸 h（b）	连接处	±3.0	
	非连接处	±4.0	
钢柱高度 H		±3.0	
两端最外侧安装孔距离 L_3		±2.0	
铣平面到第一个安装孔距离 a		±1.0	
柱身弯曲矢高 f		$H/1500$ 且不大于 5.0	
柱身扭曲		$h/250$ 且不大于 5.0	
柱底到牛腿上表面距离 L_1		±2.0	
两牛腿上表面之间的距离 L_4		±2.0	
牛腿端孔到柱轴线距离 L_2		±3.0	
牛腿长度偏差			
牛腿的翘曲、扭曲、侧面偏差 Δ	$L_2 \leq 1000$	2.0	
	$L_2 > 1000$	3.0	
斜交牛腿的夹角偏差		2.0	
柱端部连接处的倾斜度		$1.5h/1000$	

续表

项目		允许偏差（mm）	图例
柱脚底板平面度		5.0	
翼缘板对腹板的垂直度	连接处	1.5	
	其他处	$b/100$，且不应大于 5.0	
连接处腹板中心偏移 e		1.5	
柱脚螺栓孔对柱轴线的距离		2.0	

控制项目 2：外观质量

工艺要求：见表 6-5。

成品柱段外观质量要求   表 6-5

切割面	打磨光滑，割纹深度 < 0.3mm	焊缝	对接焊缝错边小于 $0.1t$ 且不大于 2.0mm
过渡坡口	严格按工艺文件及图纸要求检查		余高：0 ~ 3mm
端铣面	表面粗糙度 25μm，倒角 2×45°，平面度允许偏差 0.3mm，铣平面对构件轴线的垂直度允许偏差 $h/1500$		T 形、角接焊缝的加强角焊缝的焊脚尺寸：允许偏差 0 ~ 4mm
过焊孔	孔圆滑无明显棱角，不得伤及母材		表面光滑，无焊瘤、咬边、弧坑、气孔、夹渣、飞溅等缺陷
现场坡口	角度 ±5°，切割面光滑无锯齿		栓钉焊缝均匀，无未熔合现象

9. 成品梁段质检

控制项目 1：外形尺寸

工艺要求：见表 6-6。

控制项目 2：外观质量

工艺要求：见表 6-7。

成品梁段外形尺寸要求　　　　　表 6-6

项目		允许偏差（mm）	图例
翼缘板对腹板的垂直度		$b/100$ 且不大于 3.0	
梁长度 L	端部有凸缘支座板	$-5.0 \sim 0$	
	其他形式	$\pm L/2500$ ± 5.0	
两端外侧孔间距离		± 3.0	
端部高度 h	$h \leqslant 800$	± 2.0	
	$h > 800$	± 3.0	
拱度	设计要求起拱	$\pm 1/5000$	
	设计未要求起拱	$-5.0 \sim +10.0$	
侧弯矢高		$L/2000$ 且不大于 10.0	
梁身扭曲		$h/250$ 且不大于 10.0	
腹板局部平面度	$t \leqslant 14$	3.0	
	$t > 14$	2.0	

成品梁段外观质量要求　　　　　表 6-7

切割面	打磨光滑，缺棱深度 < 0.3mm	焊缝	对接焊缝错边小于 $0.1t$ 且不大于 2.0mm
过渡坡口	严格按工艺文件及图纸要求检查		余高：$0 \sim 3$mm
端铣面	表面粗糙度 25μm，倒角 $2 \times 45°$		'T' 形、角接焊缝的加强角焊缝的焊脚尺寸：允许偏差 $0 \sim 4$mm
过焊孔	孔圆滑无明显棱角，不得伤及母材		表面光滑，无焊瘤、咬边、弧坑、气孔、夹渣、飞溅等缺陷
现场坡口	角度 $\pm 5°$，切割面光滑无锯齿		栓钉焊缝均匀，无未熔合现象

6.2　箱形构件制作工序

1. 准备

工艺要求：同 6.1 节。

2. 零件下料

工艺要求：同 6.1 节。

3. 内隔板加工

控制项目1：电渣焊内隔板

工艺要求：（1）电渣焊隔板和衬垫板必须严格按照工艺文件要求进行下料，并注意工艺规定的加工余量控制，一般电渣焊的衬垫板宽度方向余量为2～4mm，长度方向余量为1mm；

（2）电渣焊隔板组装前应检查隔板和衬垫板的外形尺寸和外观质量是否符合要求，长、宽允许偏差+0.5～+1.0mm；

（3）所有焊接垫板与隔板组装时必须贴紧，间隙不得大于0.5mm，并在背面按要求点焊牢固，垫板不得变形；

（4）组装后的内隔板在电渣焊方向应进行端铣，铣平面粗糙度为25μm，端铣直线度不大于0.5mm，端铣后隔板四个边长的允许偏差为+0.5～+1.0mm，对角线允许偏差为0～+1.0mm（重点控制项）。

控制项目2：非电渣焊内隔板

工艺要求：外形尺寸、坡口按工艺文件要求进行控制。

4. 箱体组立

控制项目1：组立画线

工艺要求：同6.1节。

控制项目2：组立操作

工艺要求：箱形构件规格满足机械组立的，宜优先采用组立机进行，并严格遵守组立机操作要求；对于超过组立机允许组立规格的，应采用人工组立，并按要求做好组立工装措施，工装胎架的水平度不大于3mm。

控制项目3：装配内隔板

工艺要求：内隔板装配按照企业通用工艺要求点焊牢固，电渣焊衬垫板应高于腹板0.5～1.0mm，与腹板顶紧；内隔板装配后，应拉线检查上部电渣焊衬垫板端面是否在一条直线上，同一隔板的电渣焊垫板高差不得大于0.5mm，相邻隔板间的垫板高差不大于1.0mm。

控制项目4：U形组立

工艺要求：内隔板装配质量检查合格后方可进入U形组立工序，组立时应保证翼、腹板端部平齐；检查校核U形端面尺寸，确认合格后翼板与腹板、内隔板与腹板进行定位焊接牢固；内隔板与腹板间的焊接应先完成，焊缝检测合格后方可进入下道工序。

控制项目5：装配间隙

工艺要求：同6.1节。

控制项目6：定位焊

工艺要求：同6.1节。

控制项目7：加固措施

工艺要求：同6.1节。

控制项目8：引、熄弧板设置

工艺要求：同6.1节。

控制项目9：组装精度

工艺要求：组装完首件构件应经过首件检验确认，合格后方可进行批量组装，组装精度应符合表6-8。

组装精度要求　　　　　　　　　　　　　　　　表6-8

项目	允许偏差（mm）		图例
长度	按工艺文件，仅允许正偏差		
截面 h（b）	0 ~ +2.0		
翼腹板垂直度 Δ	连接处	1.5	
	非连接处	$b/200$ 且不大于3.0	
腹板中心偏移 e	1.5		
端部对角线差	$|l_1-l_2| \leqslant 2.0$		

5. 箱体焊接

控制项目1：焊缝质量

工艺要求：同6.1节。

控制项目2：矫正精度

工艺要求：一般采用火焰矫正，矫正温度600 ~ 900℃，不得有过烧现象，严禁用水冷却；矫正后的钢材表面不应有明显的凹陷或损伤，划痕深度不得大于0.5mm；

矫正后箱体允许偏差应符合表 6-9。

矫正后箱体允许偏差 表 6-9

项目		允许偏差（mm）
截面高、宽		连接处：±3.0；其他处：±4.0
翼缘板对腹板的垂直度		连接处：1.5；其他处：$b/200$ 且不大于 3.0
腹板中心偏移		2.0
弯曲矢高	梁	$L/1000$ 且不大于 10.0
	柱	$L/1500$ 且不大于 5.0
箱体扭曲		$h/250$ 且不大于 5.0
端部对角线差		3.0

6. 端部加工

控制项目 1：端头切割

工艺要求：同 6.1 节。

控制项目 2：端部铣平

工艺要求：同 6.1 节。

控制项目 3：制孔

工艺要求：同 6.1 节。

控制项目 4：坡口与锁口开设

工艺要求：同 6.1 节。

7. 零部件装配

控制项目 1：装配准备

工艺要求：装配前确认零部件编号、方向和外形尺寸与图纸一致，切割面质量合格；核对待装配的箱形本体编号、规格是否正确，局部的修补及弯扭变形是否均已调整完毕；装配工装要保证牢固可靠、操作便利、精度满足要求；熟悉图纸、工艺文件，理解装配路线。

控制项目 2：装配画线

工艺要求：同 6.1 节。

控制项目 3：零部件装配

工艺要求：同 6.1 节。

8. 成品柱段质检

控制项目 1：外形尺寸

工艺要求：见表 6-10。

成品柱段外形尺寸要求

表 6-10

项目		允许偏差（mm）	图例
柱截面尺寸 h（b）	连接处	±3.0	
	非连接处	±4.0	
连接处腹板中心偏移 e		1.5	
钢柱高度 H		±3.0	
柱身弯曲矢高 f		H/1500 且不大于 5.0	
柱身扭曲		h/250 且不大于 5.0	
柱底到牛腿上表面距离 L_1		±2.0	
两牛腿上表面之间的距离 L_4		±2.0	
牛腿端孔到柱轴线距离 L_2		±3.0	
牛腿长度偏差			
牛腿的翘曲、扭曲、侧面偏差 Δ	$L_2 \leqslant 1000$	2.0	
	$L_2 > 1000$	3.0	
斜交牛腿的夹角偏差		2.0	
柱端部连接处的倾斜度		1.5h/1000	
柱脚底板平面度		5.0	
翼缘板对腹板的垂直度	连接处	1.5	
	其他处	b/200，且不大于 3.0	
端部对角线差		3.0	
柱脚螺栓孔对柱轴线的距离		2.0	

控制项目 2：外观质量

工艺要求：见表 6-11。

成品柱段外观质量要求　　　表 6-11

切割面	打磨光滑，割纹深度＜0.3mm	焊缝	对接焊缝错边小于 0.1t 且不大于 2.0mm
过渡坡口	严格按工艺文件及图纸要求检查		余高：0～3mm
端铣面	表面粗糙度 25μm，倒角 2×45°，平面度允许偏差 0.3mm，铣平面对构件轴线的垂直度允许偏差 h/1500		T 形、角接焊缝的加强角焊缝的焊脚尺寸：允许偏差 0～4mm
过焊孔	孔圆滑无明显棱角，不得伤及母材		表面光滑，无焊瘤、咬边、弧坑、气孔、夹渣、飞溅等缺陷
现场坡口	角度 ±5°，切割面光滑无锯齿		栓钉焊缝均匀，无未熔合现象

9. 成品梁段质检

控制项目 1：外形尺寸

工艺要求：见表 6-12。

成品梁段外形尺寸要求　　　表 6-12

工艺要求		
项目	允许偏差（mm）	图例
梁长度 L	±L/2500，±5.0	
端部截面尺寸 h≤800	±2.0	
端部截面尺寸 h>800	±3.0	
翼缘板对腹板的垂直度	b/200 且不大于 3.0	
端部对角线差	5.0	
连接处腹板中心偏移 e	1.5	
拱度 设计要求起拱	±L/5000	
拱度 设计未要求起拱	+10.0～-5.0	
侧弯矢高	L/1000 且不大于 10.0	
梁身扭曲	h/200 且不大于 8.0	
梁端封板平面度、垂直度	h/500 且不大于 2.0	
腹板局部平面度 t≤14	3.0	
腹板局部平面度 t>14	2.0	

控制项目 2：外观质量

工艺要求：见表 6-13。

成品梁段外观质量要求 表 6-13

切割面	打磨光滑，缺棱深度 < 0.3mm	焊缝	对接焊缝错边小于 0.1t 且不大于 2.0mm
过渡坡口	严格按工艺文件及图纸要求检查		余高：0 ~ 3mm
端铣面	表面粗糙度 25μm，倒角 2×45°		T 形、角接焊缝的加强角焊缝的焊脚尺寸：允许偏差 0 ~ 4mm
过焊孔	孔圆滑无明显棱角，不得伤及母材		表面光滑，无焊瘤、咬边、弧坑、气孔、夹渣、飞溅等缺陷
现场坡口	角度 ±5°，切割面光滑无锯齿		栓钉焊缝均匀，无未熔合现象

6.3 圆管柱制作工序

1. 筒体下料

控制项目 1：零部件下料

工艺要求：筒体板幅采用双定尺切边处理，筒体长度为钢板宽度方向，加工余量为多节通长考虑；按照工艺文件要求领用指定的材料并矫平处理，开料时必须按照零件放样图、排版图执行；零部件尺寸精度、切割质量应符合相关要求，坡口应按照工艺文件要求开设。

控制项目 2：零部件几何尺寸

工艺要求：见表 6-14。

零部件尺寸要求 表 6-14

项目	允许偏差 mm	检验方法	图例
零件宽度、长度	±2.0	钢尺	
对角线长度差	2.0	拉线、钢尺	
切割面平面度	0.05t，且不大于 2.0		
割纹深度	不大于 0.3	对比量具	
局部缺口深度	不大于 1.0		

2. 筒体卷制

控制项目 1：压头

工艺要求：卷制前必须采用油压机进行两侧预压成形，使用专用模具压制直边端的预弯段时，其弯曲半径应小于实际弯曲半径；钢板端部压头范围为 300 ～ 500mm，压制前必须画出压制线，压制线间距应根据板厚确定，压制中随时用样板检测，直到压弯达要求，压痕深度不大于 0.5mm。

控制项目 2：卷制及直缝焊接

工艺要求：卷制时采用渐进式卷制，不得强制成型，防止卷制过程中产生裂纹；卷制过程应注意钢板延伸量的变化，壁厚减薄量允许 –1.0mm，纵缝对口错边 ≤ 1.5mm；筒体卷制成型的质量检验合格后方能进行直缝焊接，焊接宜优先采用自动焊接设备进行，须严格执行焊接工艺文件规定的焊接参数，并按要求做好引熄弧板设置和定位焊；直缝焊接顺序：清根焊—先焊筒体内侧焊缝，外侧清根后再焊筒体外侧焊缝，陶瓷衬垫焊—直接焊接筒体外侧焊缝；按照工艺文件要求做好焊前预热及焊后保温处理；筒体的直缝内侧焊缝余高应控制在 0 ～ 0.5mm，直缝焊完后方能用卷板机对筒体进行矫圆。

控制项目 3：单节筒体几何尺寸

工艺要求：见表 6-15。

单节筒体几何尺寸要求　　　　　　　表 6-15

项目	允许偏差 mm	检验方法	图例
直径 d	±3.0	钢尺	
管口圆度	d/500，且不应大于 3.0		
弯曲矢高	L/1500，且不应大于 2.0	拉线、吊线和钢尺	
筒体长度 L	工艺文件规定长度 ±2.0	钢尺	

3. 筒体组对

控制项目：筒体组对及环缝焊接

工艺要求：筒体组对在专用胎架上进行，应确保胎架的精度和牢固，组对前应严格检查单节筒体质量；必须按照工艺文件——筒体节段对接图进行组对，相邻筒体直缝宜错开 135° 或 180° 且间距不得小于 300mm，管口错边允许偏差为 $t/10$ 且不应大于 2mm，组对后筒体弯曲不大于 3.0mm；组对定位焊必须严格遵守企业通用焊接工艺标准，组对完成后，应严格检查组对质量，合格后方能进行环缝焊接；环缝焊接顺序：清根焊—先焊筒体内侧焊缝，外侧清根后再焊筒体外侧焊缝，陶瓷衬垫焊—直接焊接筒体外侧焊缝；按照工艺文件要求做好焊前预热及焊后保温处理；筒体的环缝焊接在筒体伸臂焊接中心上进行，焊接完成 24h 后进行 UT 检测。

4. 筒体环缝焊接完成后

控制项目：筒体组对并焊接后几何尺寸

工艺要求：见表 6-16。

筒体组对并焊接后几何尺寸要求　　　　　　　　　　表 6-16

项目	允许偏差 mm	检验方法	图例
直径 d	±3.0	钢尺	
管口圆度	$d/500$，且不应大于 3.0		
弯曲矢高	$L/1500$，且不应大于 5.0	拉线、吊线和钢尺	
对口错边	$t/10$，且不应大于 2.0	拉线、钢尺	
管口倾斜度	$d/500$，且不应大于 3.0	吊线、角尺	
构件长度 L	设计长度 +3 ～ +10	钢尺	

柱顶隔板装焊完成后，在端铣机上进行柱顶铣端，端铣量为 2 ～ 4mm，端铣面粗糙度 Ra25μm；端铣面尺寸较大时，应按要求设置专用滚轮装置，便于端铣覆盖

5. 端部加工

控制项目 1：筒体端铣

工艺要求：柱顶隔板装焊完成后，在端铣机上进行柱顶铣端，端铣量为 2 ～ 4mm，端铣面粗糙度 Ra25μm；端铣面尺寸较大时，应按要求设置专用滚轮装置，便于端铣覆盖。

控制项目 2：端头切割与坡口开设

工艺要求：对留有加工余量的构件需要按照工艺文件要求进行端头切割和坡口开设，采用自动切割设备进行，严禁手工切割；筒体端部坡口尺寸应符合工艺文件要求，安装焊缝坡口角度允许偏差 ±5°，钝边允许偏差 ±1.0mm；坡口的表面要光滑平整，割纹深度符合要求，表面毛刺应打磨干净。

6. 零部件装配

控制项目 1：装配准备

工艺要求：装配前确认零部件编号、方向和外形尺寸与图纸一致，切割面质量合格；核对筒体本体编号、规格是否正确，局部的修补及弯扭变形是否均已调整完毕；装配工装要保证牢固可靠、操作便利、精度满足要求；熟悉图纸、工艺文件，理解装配路线。

控制项目 2：筒体画线

工艺要求：以筒体端铣面为基准面进行画线，在筒体外侧上弹出 0°、90°、180°、270° 母线，画出筒体内、外隔板位置线，牛腿位置线，并打上样冲标记；画线时应注意牛腿连接焊缝错开筒体本体焊缝，牛腿腹板与筒体直焊缝错开距离不宜小于 150mm，牛腿翼板与筒体环焊缝错开距离不宜小于 150mm。

控制项目 3：小单元拼焊

工艺要求：分段下料的内隔板、牛腿在与筒体装配前需进行小单元拼焊；拼焊后零部件外形尺寸、焊缝质量应符合工艺要求，变形的零部件必须矫正合格后方可参与装配。

控制项目 4：零部件装配

工艺要求：装配顺序为先装内隔板，待内隔板与筒体的焊缝焊接完成，并经 UT 检查合格后再装牛腿及牛腿间劲板等；零部件装配时，应采取必要的加固与反变形措施，同时注意零部件装配顺序是否利于焊接操作；装配时不得随意在筒体上点焊或伤及筒体母材，伤痕深度大于 0.5mm 时应予以修补；装配牛腿前需测量牛腿位置处筒体直径，必要时对装配间隙采取修正措施以保证焊接间隙和牛腿第一排孔中心到筒体中心的距离符合要求；劲板、连接板、牛腿等零部件的装配精度应满足规范要求，加劲板、连接板的定位倾斜偏差不大于 2.0mm，加劲板、连接板间距或位置偏差不大于 2.0mm；临时吊耳和临时连接板应按图加工、装焊；零部件装配焊接采取对称施焊，按照规定的焊接顺序进行，焊接完成后，将焊渣、飞溅、气孔、焊瘤等缺陷去除干净；在焊接施工完成后必须彻底去除临时支撑等，并应将焊接部位修整到与周围母材平滑。

7. 成品柱段质检

控制项目 1：外形尺寸

工艺要求：见表 6-17。

成品柱段外形尺寸要求 表 6-17

项目		允许偏差（mm）	图例
圆管柱连接处直径		±3.0	
管口圆度		$d/500$，且不大于 3.0	
钢柱高度 H		±3.0	
管口倾斜度		±1.5	
柱身弯曲失高 f		$H/1500$ 且不大于 5.0	
柱底到牛腿上表面距离 L_1		±2.0	
两牛腿上表面之间的距离 L_4		±2.0	
牛腿端孔到柱轴线距离 L_2		±3.0	
牛腿长度偏差			
牛腿的翘曲、扭曲、侧面偏差 Δ	$L_2 \leqslant 1000$	2.0	
	$L_2 > 1000$	3.0	
斜交牛腿的夹角偏差		2.0	
柱脚底板平面度		5.0	
柱脚螺栓孔对柱轴线的距离		2.0	

控制项目 2：外观质量

工艺要求：见表 6-18。

成品柱段外观质量要求 表 6-18

工艺要求			
切割面	打磨光滑，割纹深度 < 0.3mm	焊缝	对接焊缝错边小于 $0.1t$ 且不大于 2.0mm
过渡坡口	严格按工艺文件及图纸要求检查		余高：0 ~ 3mm
端铣面	表面粗糙度 25μm，倒角 2×45°，平面度允许偏差 0.3mm，铣平面对构件轴线的垂直度允许偏差 $h/1500$		T 形、角接焊缝的加强角焊缝的焊脚尺寸：允许偏差 0 ~ 4mm
过焊孔	孔圆滑无明显棱角，不得伤及母材		表面光滑，无焊瘤、咬边、弧坑、气孔、夹渣、飞溅等缺陷
现场坡口	角度 ±5°，切割面光滑无锯齿		栓钉焊缝均匀，无未熔合现象

6.4 焊接锥管柱制作工序

1. 筒体下料

控制项目1：零部件下料

工艺要求：同6.3节。

控制项目2：零部件几何尺寸

工艺要求：见表6-19。

零部件几何尺寸要求　　　　　　　　　　　　　　　表6-19

项目	允许偏差 mm	检验方法	图例
零件宽度、长度	±2.0	钢尺	
对角线长度差	2.0	拉线、钢尺	
切割面平面度	0.05t，且不大于2.0		
割纹深度	不大于0.3	对比量具	
局部缺口深度	不大于1.0		

2. 筒体卷制

控制项目1：压头

工艺要求：同6.3节。

控制项目2：卷制及直缝焊接

工艺要求：同6.3节。

控制项目3：单节筒体几何尺寸

工艺要求：见表6-20。

单节筒体几何尺寸要求　　　　　　　　　　　　　　表6-20

项目	允许偏差 mm	检验方法	图例
直径 d	±3.0	钢尺	
管口圆度	$d/500$，且不应大于3.0		
弯曲矢高	$L/1500$，且不应大于2.0	拉线、吊线和钢尺	
筒体长度 L	工艺文件规定长度±2.0	钢尺	

3. 筒体组对

控制项目：筒体组对及环缝焊接

工艺要求：同 6.3 节。

4. 筒体环缝焊接完成后

控制项目：筒体组对并焊接后几何尺寸

工艺要求：见表 6-21。

筒体组对并焊接后几何尺寸要求　　　　　　　　　　表 6-21

项目	允许偏差 mm	检验方法	图例
直径 d	±3.0	钢尺	
管口圆度	d/500，且不应大于 3.0		
弯曲矢高	L/1500，且不应大于 5.0	拉线、吊线和钢尺	
对口错边	t/10，且不应大于 2.0	拉线、钢尺	
管口倾斜度	d/500，且不应大于 3.0	吊线、角尺	
构件长度 L	设计长度 +3 ～ +10	钢尺	

5. 端部加工

控制项目 1：筒体端铣

工艺要求：同 6.3 节。

控制项目 2：端头切割与坡口开设

工艺要求：同 6.3 节。

6. 零部件装配

控制项目 1：装配准备

工艺要求：同 6.3 节。

控制项目 2：筒体画线

工艺要求：同 6.3 节。

控制项目 3：小单元拼焊

工艺要求：同 6.3 节。

控制项目 4：零部件装配

工艺要求：同 6.3 节。

7. 成品柱段质检

控制项目 1：外形尺寸

工艺要求：见表 6-22。

成品柱段外形尺寸要求　　　　　　　　表 6-22

项目		允许偏差（mm）	图例
圆管柱连接处直径		±3.0	
管口圆度		$d/500$，且不大于 3.0	
钢柱高度 H		±3.0	
管口倾斜度		±1.5	
柱身弯曲矢高 f		$H/1500$ 且不大于 5.0	
柱底到牛腿上表面距离 L_1		±2.0	
两牛腿上表面之间的距离 L_4		±2.0	
牛腿端孔到柱轴线距离 L_2		±3.0	
牛腿长度偏差			
牛腿的翘曲、扭曲、侧面偏差 $\varDelta$	$L_2 \leqslant 1000$	2.0	
	$L_2 > 1000$	3.0	
斜交牛腿的夹角偏差		2.0	
柱脚底板平面度		5.0	
柱脚螺栓孔对柱轴线的距离		2.0	

控制项目 2：外观质量

工艺要求：见表 6-23。

成品柱段外观质量要求　　　　　　　　表 6-23

切割面	打磨光滑，割纹深度 < 0.3mm		焊缝	对接焊缝错边小于 $0.1t$ 且不大于 2.0mm
过渡坡口	严格按工艺文件及图纸要求检查			余高：0～3mm
端铣面	表面粗糙度 25μm，倒角 2×45°，平面度允许偏差 0.3mm，铣平面对构件轴线的垂直度允许偏差 $h/1500$			T 形、角接焊缝的加强角焊缝的焊脚尺寸：允许偏差 0～4mm
过焊孔	孔圆滑无明显棱角，不得伤及母材			表面光滑，无焊瘤、咬边、弧坑、气孔、夹渣、飞溅等缺陷
现场坡口	角度 ±5°，切割面光滑无锯齿			栓钉焊缝均匀，无未熔合现象

6.5 H形、箱形桁架制作工序

1. 零部件制作

控制项目1：工艺准备

工艺要求：做好工艺技术交底，熟悉桁架制作的技术路线，充分了解构件特点，准确区分桁架的制作形式，一般有整体制作、分段制作、散件制作等三种形式；针对桁架的制作形式，按工艺文件要求做好场地、工装、设备与器具等准备工作。

控制项目2：零部件质量

工艺要求：(1) 按工艺文件要求完成桁架杆件、节点等零部件的制作；(2) 桁架杆件最关键部位是节点杆件，在制作时应严格按照工艺要求进行工装措施、装配顺序、焊接方法、焊接顺序的控制实施，确保制作精度；(3) 零部件制作完成后必须经过质量专检，合格后方可进入下道工序，零部件的编号、厚度、材质、尺寸、坡口应与施工图纸及制作工艺文件一致。

2. 桁架组装或预拼装前

控制项目：地样及胎架设置

工艺要求：(1) 桁架组装、预拼装所需的工装平台、胎架必须坚固平稳；(2) 放地样前应对组装或预拼装场地进行清理，所需零部件应分类堆放整齐，各种工具、设备摆放有序，保持场地整洁；(3) 根据施工图纸和工艺文件在组装或预拼装平台上用油墨线弹画出构件中心线、轮廓线和分段企口线，同时用样冲眼＋记号笔标注出关键控制点；(4) 胎架必须保证足够的刚度和强度，各胎架上口标高及水平度必须保证误差≤ 1.5mm；(5) 地样和胎架必须经专职质检员验收通过后，方可进行下道工序，地样允许偏差如表6-24。

地样允许偏差　　　　　　　　　　　　　　　表6-24

项目	允许偏差（mm）	项目	允许偏差（mm）
零件外形尺寸	±1.0	基准线	±0.5
孔距	±0.5	对角线偏差	1.0

3. 桁架组装或预拼装、焊接

控制项目1：过程控制

工艺要求：构件组装、预拼装前应仔细核对地样与图纸是否一致，检查组装所需零部件是否正确、齐全；按照工艺文件规定的预拼装数量及顺序进行预拼装，零部件定位时应合理选择吊线锤、水准仪、全站仪等测量工具，对于空间复杂异形桁架应采用电脑坐标拟合法进行控制；预拼装检查合格后，按要求标识好构件连接端部的中线和定位基准线，并做好预拼装记录。

控制项目 2：桁架外形尺寸

工艺要求：见表 6-25。

桁架外形尺寸要求　　　　　　　　　　　　　　表 6-25

项目		允许偏差	图例
桁架高度		$H/250$ 且不大于 5.0	
跨度最外两端安装孔或两端支承面最外侧距离	$L \leqslant 24m$	$-7.0 \sim +3.0$	
	$L > 24m$	$-10.0 \sim +5.0$	
拱度	设计要求	$\pm L/5000$	
	设计未要求	$-5.0 \sim +10.0$	
对口错边 $\varDelta$		$t/10$，且不应大于 2.0	
间隙 a		± 1.0	
节点处杆件轴线偏移		4.0	
相邻节间弦杆弯曲（受压除外）		$\pm L_1/1000$	
支承面到第一个安装孔距离 a		± 1.0	

控制项目 3：外观质量

工艺要求：见表 6-26。

外观质量要求　　　　　　　　　　　　　　表 6-26

切割面	打磨光滑，割纹深度 < 0.3mm		对接焊缝错边不大于 2.0mm
过渡坡口	严格按工艺文件及图纸要求检查		余高：0 ~ 3mm
过焊孔	孔圆滑无明显棱角，不得伤及母材	焊缝	T 形、角接接头加强角焊缝的焊脚尺寸偏差：0 ~ 4mm
现场坡口	角度 ±5°，切割面光滑无锯齿		
端铣面	表面粗糙度 25μm，倒角 2×45°，平面度允许偏差 0.3mm		表面光滑，无焊瘤、咬边、弧坑、气孔、夹渣、飞溅等缺陷

6.6 剪力墙制作工序

1. 零件下料

控制项目：零件尺寸及外观

工艺要求：（1）一般零件同 6.1 节；（2）墙板零件下料应重点控制对角线尺寸和墙板的平整度，当零件不平度超标时，下料后应进行校平处理。

2. 单元件组焊

控制项目：单元件质量

工艺要求：剪力墙制作前宜根据结构分成若干单元件进行单独制作，单元件的制作要求同 6.1、6.2 节。

3. 总拼焊接

控制项目 1：胎架设置及画线

工艺要求：（1）胎架制作应具有足够的刚度和承载力，胎架牙板高度及水平度须控制在 ±1mm 以内；（2）地样线或单元件组装定位线应严格控制精度要求，以保证总拼时构件的定位精度。

控制项目 2：单元件总拼焊接

工艺要求：（1）总拼定位时墙板厚度方向中心线与单元件中心定位线对齐，构件外边线与地样线垂直对齐，控制墙板间垂直度；（2）墙板与单元件间焊缝施焊时应采用分段退焊法进行对称焊接，必要时可设置合适的反变形，以控制焊接变形。

控制项目 3：栓钉焊接

工艺要求：根据图纸画出栓钉的安装位置线，栓钉焊接时应分区域对称焊接，以减少焊接变形。受潮的栓钉磁环使用前应按其说明书进行烘焙。

控制项目 4：防变形措施设置

工艺要求：对于 L 形或十字形钢板剪力墙，为防止倒运和运输过程变形，宜沿钢板墙高度方向设置若干道防变形支撑，支撑可使用角钢或圆管等。

4. 端部加工及制孔

控制项目 1：端铣

工艺要求：为保证钢板墙现场安装精度及质量，其端部宜进行铣平。端铣前，应画出端铣余量线，端铣时，控制铣平面与构件中心线的垂直度，铣平面的平面度等。

端铣尺寸精度要求见表 6-27。

端铣允许偏差　　　　　　　　　　　　表 6-27

项目	允许偏差（mm）
两端铣平时构件长度	±2.0
铣平面的平面度	0.3
铣平面对轴线的垂直度	$L/1500$

控制项目 2：制孔

工艺要求：端铣后，以端铣面为基准，按图纸尺寸对墙板穿筋孔或高强度螺栓孔进行画线，使用磁力钻或摇臂钻进行制孔。高强度螺栓孔宜制作钻模进行配钻，以控制孔的尺寸精度，钻模须定期进行钻套孔径的检查，当钻套直径大于标准直径 0.3mm 时应更换新的钻套。

5. 成品质检

控制项目 1：外形尺寸

工艺要求：见表 6-28。

钢板剪力墙构件外形尺寸要求　　　　　　　　　表 6-28

项目			允许偏差（mm）	图例
钢板剪力墙高度、宽度			±4.0	
钢板剪力墙平面内对角线			±4.0	
钢板剪力墙纵向、横向最外侧安装孔距离			±3.0	
钢板剪力墙连接处	截面几何尺寸		±3.0	
	平面度差	螺栓连接	±1.0	
		其他连接	±3.0	
钢板剪力墙弯曲矢高（受压）			$h/1000$，且不应大于 10.0	

控制项目 2：外观质量

工艺要求：同 6.1 节。

第7章 典型复杂构件及节点制作案例

7.1 天津高银 117 大厦典型构件制作

7.1.1 钢板墙制作

1. 概况

本工程采用的加劲型钢板墙单片尺寸为 12m×3.3m（长 × 高），多数钢板墙厚度 ≥ 60mm，最大板厚为 70mm；墙身多处设有暗柱，暗柱与暗柱间通过加劲暗梁连接；首节钢板墙底板采用穿柱脚锚栓方式进行固定，锚栓孔数最多达 36 个，锚栓直径为 ϕ90mm。钢板墙施工现场如图 7-1 所示。

图 7-1 天津高银 117 大厦钢板墙施工现场

2. 加劲型钢板墙制作关键问题

由于该钢板墙体型大、构造复杂、熔透焊缝多、焊接量大、制作精度和焊接质量要求高，前期制作必须重点解决以下关键技术问题：

（1）为保证后期现场安装就位的顺利进行，必须保证墙板整体与底板焊接成型后底板锚栓孔距的精度，必须保证上、下节钢板墙暗柱的对接精度；

（2）钢板焊接中易产生局部鼓曲、整体扭曲等焊接变形，严重时会影响构件的外形尺寸，并给现场安装带来困难。为此必须采取有效措施控制焊接变形，保证焊接质量及构件几何尺寸精度；

（3）由于钢板墙厚度大、构造复杂、熔透焊缝多，焊接过程中容易造成焊接应力集中，导致厚板的层状撕裂，为此，必须采取措施防止厚板焊接的层状撕裂。

3. 加劲型钢板墙制作流程

（1）下料

采用全自动数控火焰切割机对墙板、底板进行下料（图 7-2），下料时同时切割直径 $\phi180mm$ 墙身灌浆孔、$\phi90mm$ 底板锚栓孔。数控火焰切割时应注意考虑割缝补偿。零件上用油漆笔标识材质、炉批号、零部件编号、工程编号等信息。

(a)　　　　　　　　　　　　　　　(b)

图 7-2　钢板下料

（2）零部件过焊孔、坡口开设

预先对超厚板加劲型钢板墙零部件的过焊孔和坡口画线（图 7-3a），然后采用半自动仿形切割机进行切割。对切割后的过焊孔、坡口表面进行打磨，保持其光滑平整（图 7-3b）。

(a)　　　　　　　　　　　　　　　　(b)

图 7-3　过焊孔、坡口开设

（3）组装

1）工装胎架经验算具有足够的强度和刚度，经检测符合构件装配的精度要求。

2）组装前对钢板墙墙身布置的栓钉、钢筋连接器进行画线，栓钉、钢筋连接器画线用不同颜色的油漆记号笔、钢印号标识清楚（图 7-4）。

图 7-4　栓钉、钢筋接驳器画线

3）针对超厚板加劲钢板墙单片尺寸大、墙身暗柱多等特性，为有效地控制焊接变形、保证焊接质量及构件几何尺寸精度，采用了以下组装原则：组装单元拆分成如图 7-5 所示的三个零部件，分别组装焊接矫正合格后，进行大组装焊接（图 7-6）。

（4）焊接

为保证工程焊接质量，采取以下工艺措施。

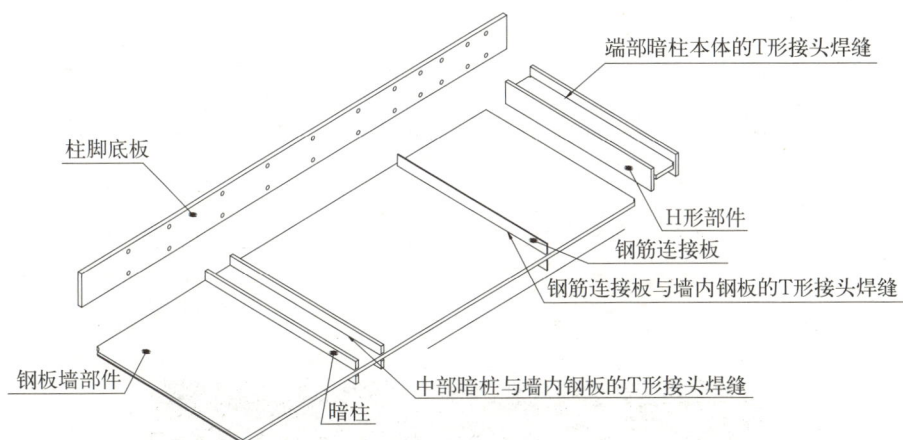

图 7-5   组装单元拆分

图中标注：
- 端部暗柱本体的T形接头焊缝
- 柱脚底板
- H形部件
- 钢筋连接板
- 钢筋连接板与墙内钢板的T形接头焊缝
- 钢板墙部件
- 暗柱
- 中部暗柱与墙内钢板的T形接头焊缝

图 7-6   大组装焊接

图 7-7   焊前预热

1）选派优秀焊工从事本工程的焊接工作，并选用高性能的焊材及设备。

2）焊前进行预热，根据焊接工艺评定的要求控制焊区温度（图 7-7）。

3）施焊工艺参数严格按照焊接工艺评定参数执行，严格控制焊接线能量，避免了焊接电流过大引起焊缝强度相应下降的现象，防止了大电流所形成的焊缝熔深大、非金属夹杂物在焊缝表面集中的现象。

4）严格执行"多层多道焊，严禁摆宽道"

的工艺原则。

5）因厚板焊接需要较长时间，增加焊接过程的中间检查，如进行层间温度检测。

6）保证背面清根质量，避免了根部间隙过窄而产生裂纹的现象，在根部焊接前打磨清理坡口面的渗碳层。

7）控制焊缝金属在 500 ~ 800℃ 之间的冷却速度，做好焊后处理工作，防止冷裂纹的发生（图 7-8）。

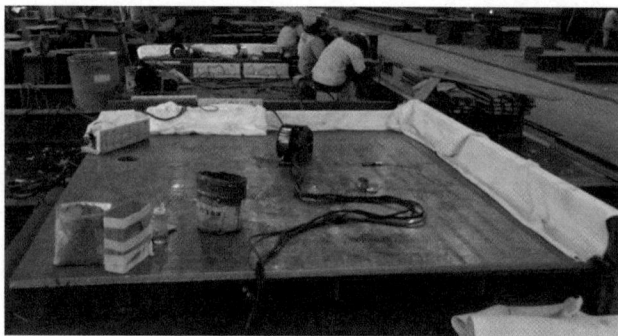

图 7-8　焊后保温处理

8）在焊接过程中，厚板的焊接变形主要是角变形，为减少焊接变形采取了以下措施：

① 大型构件拆分为小型组件，小型组件分别单独制作与矫正，合格后再进行总装焊接。

② 焊接时控制好焊接顺序，随时观察其角变形情况，注意随时准备翻身焊接，尽可能地减少焊接变形。

③ 针对本项目超厚板加劲型钢板墙端面、截面尺寸各异的特点制作了专用胎架夹具，使构件处于固定的状态下进行装配、定位和焊接，并取得了较好控制焊接变形的效果（图 7-9）。

（5）墙身栓钉及钢筋连接器焊接

在进行墙身栓钉及钢筋连接器焊接前，对钢板墙墙身母材表面上的铁锈、油污等进行清理（图 7-10）。正式焊接前，先在与构件同材质的试板上按照规定的工艺参数进行试验，待焊接部位冷却后进行打弯 30° 检查，确保焊接部位无缺陷后再按照试验合格的工艺参数进行实际焊接施工。需要注意的是每个栓钉焊接完成后焊枪

要保持在焊缝金属凝固之前不动。

图7-9　胎架夹具

图7-10　钢板墙表面清理

7.1.2　多腔体组合截面巨型钢柱制作

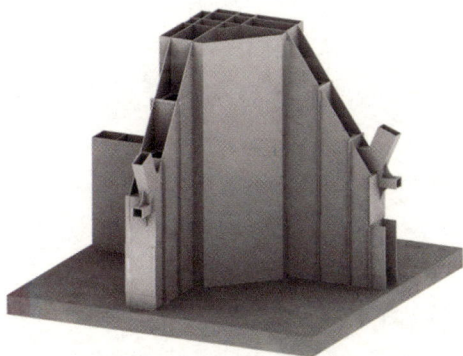

图7-11　地下室巨柱

1. 概况

多腔体超厚板组合形巨柱是在普通箱形 - 混凝土柱基础上发展起来的一种新型构件，目前已成功运用于国内超高层建筑天津高银117大厦工程。

巨型柱位于建筑物平面四角并贯通至结构顶部，其截面按照结构构造要求设计为多腔体形式，地下室巨柱示意如图7-11所示。

巨柱使用的板厚包括25mm、30mm、35mm、40mm、60mm、80mm和100mm等，加强层板厚达120mm，材质主要为Q345GJ、Q390GJ。

2. 多腔体组合形截面巨型钢柱制作关键问题

巨型多腔体钢柱截面尺寸大、壁厚厚、构造复杂，全部由钢板焊接而成。其焊缝数量多，且多为熔透焊缝，不仅焊缝截面大，而且焊缝交汇多，焊接时很容易形成较大焊接应力与焊接变形，甚至造成厚板的层状撕裂现象。为此，如何控制焊接应力与变形，防止层状撕裂现象，保证构件几何尺寸精度与焊接质量，是本工程构件制作的关键问题之一。

3. 多腔体组合形截面巨型钢柱制作流程

（1）下料

制作时，多腔体组合形截面巨型钢柱柱段所分组件较多，且形状各异、体积巨大，如按常规方法（下料时预先附加部分余量，待到整体点焊拼装、矫正完成后再进行多余部分的切割）必将增加构件反复翻身等操作。为此，零部件在下料时应不附加余量或尽可能减少余量，使焊接和矫正后的尺寸正好在允许偏差范围之内。

取地下室一个柱段其中一个单元（图7-12）为例介绍其制作前的工艺余量加设，其他单元余量的加设与此类似。

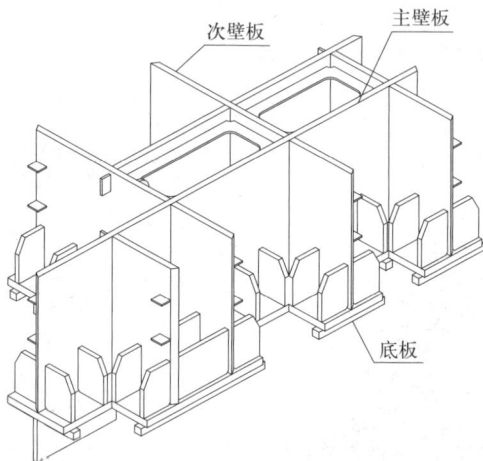

图7-12 单元体示意图

柱脚底板：长度方向工艺放样加设 6 ～ 8mm 余量，按每米 1mm 余量考虑；

柱段主壁板：长度方向工艺放样按每米 1mm 余量考虑；

柱段次壁板：长度方向不加设余量，下料公差按 0 ～ +2mm 执行；

柱段高度方向：不加设余量，下料公差按 ±2mm 执行。

（2）组装

1）在底板上画出壁板、隔板及加劲肋的组立定位线，并将定位线延伸至板厚度方向，画线允许偏差不大于 0.5mm（图7-13）。

2）依次组装巨柱段的主、次壁板，内隔板。组装时须注意坡口朝向，定位

时对齐安装位置线，同时控制其与底板间的垂直度在 ±1mm 内，壁板垂直度可通过花篮螺杆进行调节（图 7-14）。

3）整体组装完成后，在巨柱现场对接口处焊接钢管支撑，以防止构件焊接变形影响对接口现场对接精度（图 7-15）。

图 7-13　组立定位线

图 7-14　构件组立

（3）焊接

同 7.1.1 节。

图 7-15　对接处加支撑管

7.1.3　环带桁架制作

1. 概况

塔楼结构体系共布置 9 道环形带状桁架。环带桁架由箱形构件与组合节点构成，两端与巨柱相连。桁架长度随主体外立面的收缩，由 44m 逐渐减小为 35m。位于 L31～L32 层、L62～L63 层、L93～L94 层的桁架高度为 11m，其余桁架高度为 5～6m，如图 7-16 所示。

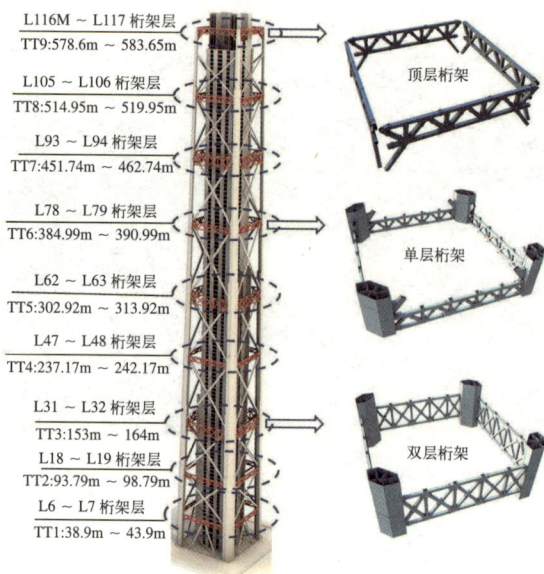

图 7-16 天津高银 117 大厦环带桁架布置图

以 L6～L7 层环带桁架为例，巨型柱与环带桁架端部连接节点由 2 个箱形、1 个"T"形、1 个"工"形组件组成，单个箱形组件重达 103t，如图 7-17 所示。

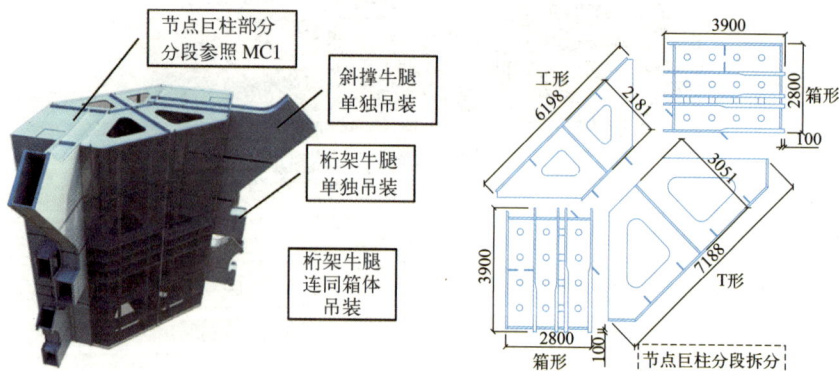

图 7-17 桁架节点示意图

24t

18.8t

20t

59t

18t

箱体总计 103t

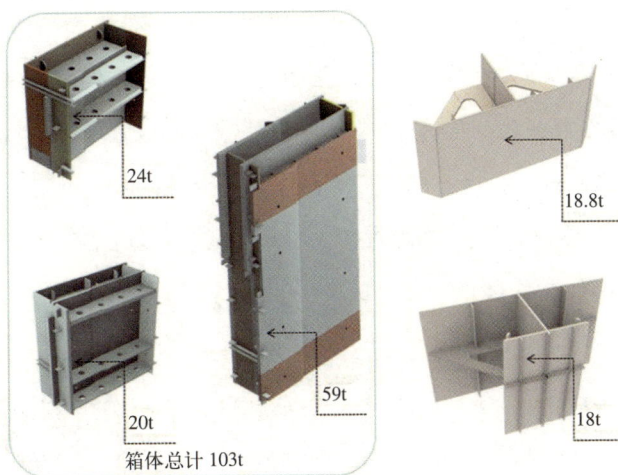

图 7-17　桁架节点示意图（续图）

该环带桁架长达 40m，重 374t，由上、下弦杆，支承牛腿和腹杆共 20 个构件组成，如图 7-18 所示。

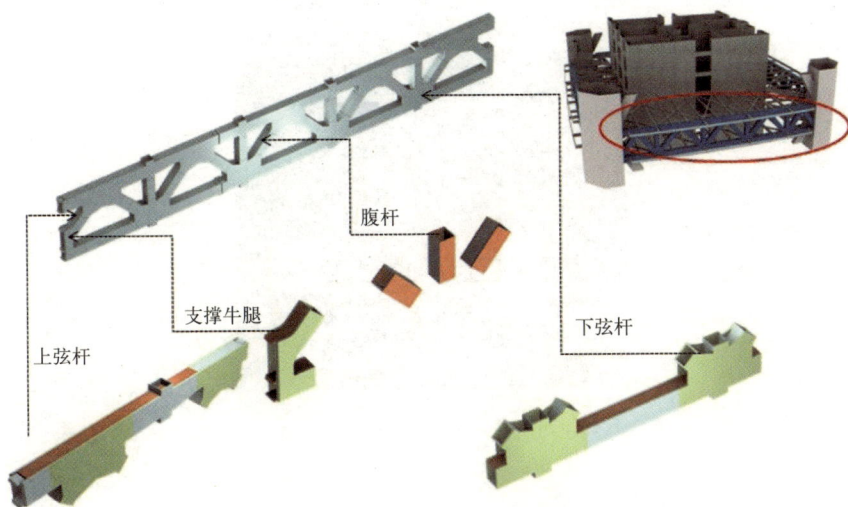

腹杆

支撑牛腿

上弦杆

下弦杆

图 7-18　L6 ~ L7 环带桁架构成图

2. 环带桁架加工制作关键问题

该环带桁架构件的弦杆和腹杆截面均为箱形截面，最大截面为 1200mm×800 mm×100 mm×100mm，板厚为 30 ~ 100mm，材质为 Q345GJC、Q390GJD，桁架的最大长度 44.19m，最大高度 11m，制作时被拆分为上弦杆、下弦杆、斜腹杆、竖腹杆与节点等组件。每个组件特别是带有节点的上、下弦组件构造复杂、板件厚、方向多，其焊缝条数众多且多为全熔透焊缝，内隔板还需采用电渣焊，焊接时焊材填充量大、焊接时间长、热输入量高。这些特点均给制作带来很大困难。针对上述特点制作前预先制定有效措施，以解决焊接应力和焊接变形、热裂纹、冷裂纹、层状撕裂等问题。

3. 环带桁架组件制作技术

（1）焊接变形控制

1）环带桁架组件的板件 T 形连接时开设非对称坡口（图 7-19），焊接时宜先在深坡口一侧进行一部分焊缝的焊接，然后再完成浅坡口一侧的焊缝焊接，最后返回到深坡口一侧完成剩余焊缝焊接。

图 7-19　环带桁架非对称坡口

2）在组装时搭设临时支撑进行刚性固定，防止焊接变形。

3）下料阶段将壁板端头过焊孔段保留，既可起到焊缝引、熄弧板的作用，又可防止截面部分短缺引起的不均匀整体收缩变形（图 7-20）。

（2）防止焊接裂纹措施

采用以下工艺措施，防止焊接裂纹的产生。

1）消除淬硬层

采取了焊前铣边或手工打磨出金属光泽的方式去除淬硬层（图 7-21）的补充措施，达到防止裂纹发生的目的。

图 7-20　下料阶段保留过焊孔段

图 7-21　消除淬硬层

2）焊前预热

采用电器加热和火焰加热的方式，对焊缝附近的金属进行加热，如图 7-22、图 7-23 所示。

图 7-22　电加热器焊前预热

图 7-23　火焰焊缝预热

3）层间温度控制

采用边焊接边电加热法来确保层间温度，如图 7-24 所示。

4）焊后加热与保温

对于环带桁架的厚板，焊后立即采用电加热法加热至 250～300℃，然后采用保温棉覆盖保温 4h 上，如图 7-25 所示。

图 7-24 层间温度控制

图 7-25 后热及保温

（3）防止层状撕裂措施

采取了以下防止层状撕裂的工艺措施：

1）严格控制材料质量

对于厚板选用满足 Z 向性能要求的钢板，进行严格检查（图 7-26），杜绝有裂纹、夹层及分层等缺陷的母材流入加工工序。

2）选用合理的节点和坡口形式

采用防层状撕裂的坡口形式（图 7-27），由此达到减小母材厚度方向承受的拉应力的目的。

图 7-26 材料检测

图 7-27 合理的坡口形式

3）采用合适的焊接方法

对于环带桁架组件的焊接尽量使用气体保护电弧焊的方法施焊，其焊接材料选

用低强组配的焊丝；必须采用手工电弧焊时，其焊材选用低氢型、超低氢型低强组配焊条；具体焊接时，采用分层多道、对称焊接方式。对Ⅰ、Ⅱ级焊缝质量要求的箱形角接接头，当板厚≥80mm时，侧板边火焰切割面宜用机械方法去除淬硬层，以防止层状撕裂起源于板端表面的硬化组织。

4）附加磁粉探伤检测

对于超厚板焊缝，工厂在超声波探伤合格后，额外对主焊缝、过焊孔周围焊缝增加磁粉探伤，核查其有无层状撕裂现象。

（4）桁架厚板箱形构件翼缘开孔电渣焊

1）桁架厚板箱形构件内隔板密集，且无人孔，焊工无法进入箱体内部施焊。为此，采用箱形构件翼缘开孔（图7-28）的电渣焊方式进行内隔板的熔透焊接。

图7-28　翼缘开孔

2）电渣焊夹板（图7-29）应进行机加工（铣边），以保证电渣焊时与腹板的间隙不大于0.5mm，组装时密贴，防止漏渣。

3）采用楔块封堵缺口位置，代替传统的腹板留台阶。电渣焊结束、主焊缝打底完成再将其气刨清除、封底。

4）将焊接过程质量控制要点直接标注在每个构件表面，注明预热温度、层温、后热等工艺参数，并实时全过程跟踪检查（图7-30）。

图 7-29　电渣焊夹板

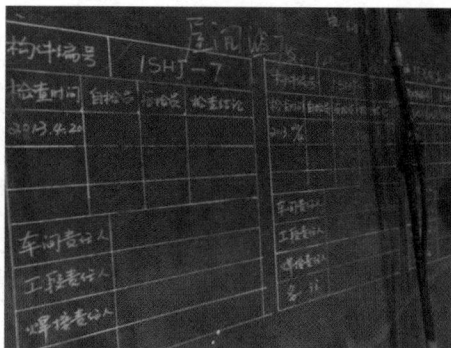

图 7-30　构件表面标注工艺参数

7.2　广州周大福中心典型构件制作

7.2.1　巨型"田字柱"制作

1. 巨型柱概况

塔楼外框 8 根巨柱采用矩形钢管混凝土柱形式，最大截 5600mm×3500mm×50mm×5mm，巨柱截面由下至上逐渐缩小，其中 76 层以下为田字形截面（图 7-31、图 7-32）。

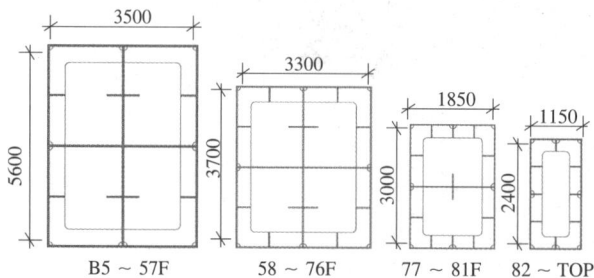

图 7-31　典型结构巨型截面变化示意图

图 7-32　田字形巨型钢柱

2. 加工前准备工作

（1）加工制作方案

为保证构件在质量及进度方面都达到要求，采用先将巨型柱段拆分为板单元组件（图7-33），然后再将板单元组件进行组装的制作流程。这样可以将大量的焊接工作消化在板单元制作阶段，使总装时的焊接工作量减少到最小。

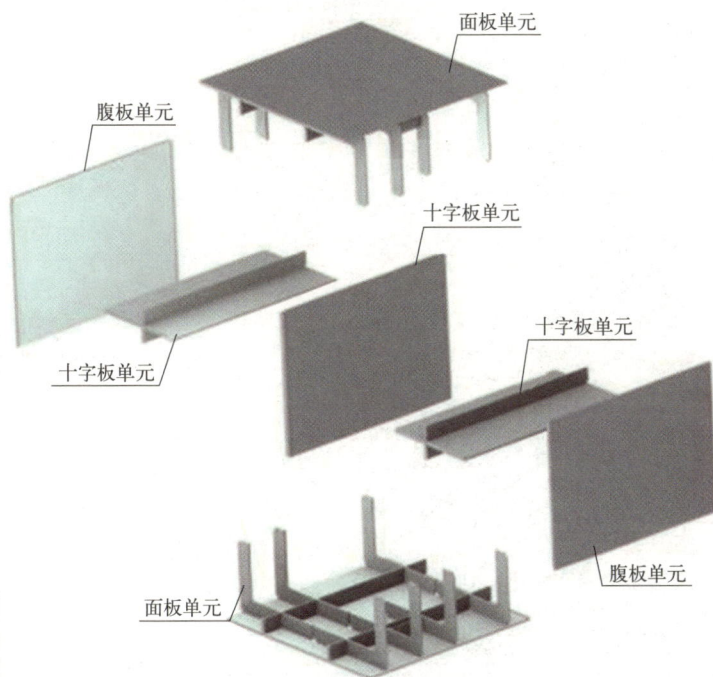

图7-33 巨型钢柱板单元划分

（2）设置胎架

为保证构件制作精度达到要求，对巨柱胎架模板（图7-34a）端面进行铣平（图7-34b），以确保其胎架模板水平度控制在公差范围之内。

　　　　　（a）　　　　　　　　　　　　　　　　　（b）

图7-34 巨柱胎架模板

（3）编制焊接工艺卡片

对构件中每个连接部位的焊缝等级、坡口形式、焊接方法、焊接顺序、焊接材料等编制图文并茂的工艺卡片（图 7-35），并标注在构件表面，便于操作人员按卡片要求进行焊接，车间管理人员按卡片要求进行检查。

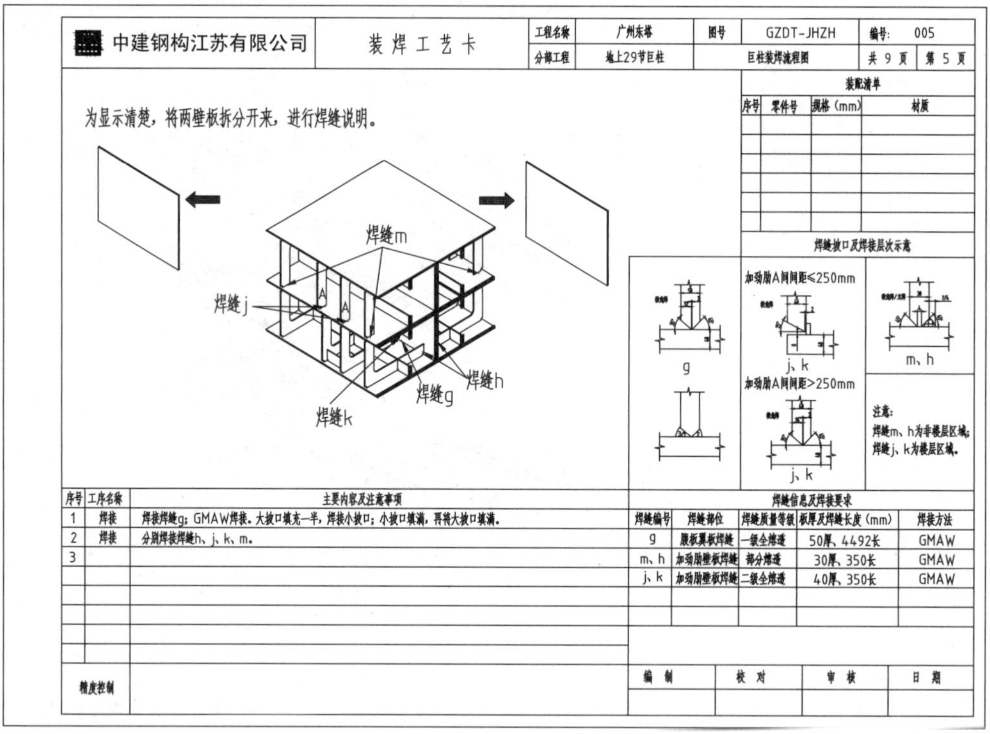

图 7-35　巨型钢柱焊接作业工艺卡

3. 巨柱制作流程

（1）板单元组件制作流程

面板单元组件制作流程为：下料→衬垫与面板、纵肋焊接→端铣→装焊纵肋、横肋→待组装。

十字板单元组件制作流程为：下料→衬垫与各板焊接→端铣→十字组立→待组装。

（2）构件制作流程

1）基准板定位

将巨柱腹板单元吊上胎架定位，定位时将腹板的中心线及外边线对齐地面位置线，同时控制其顶部与地样位置的吻合度，定位正确后与胎架点焊牢固，如图7-36所示。

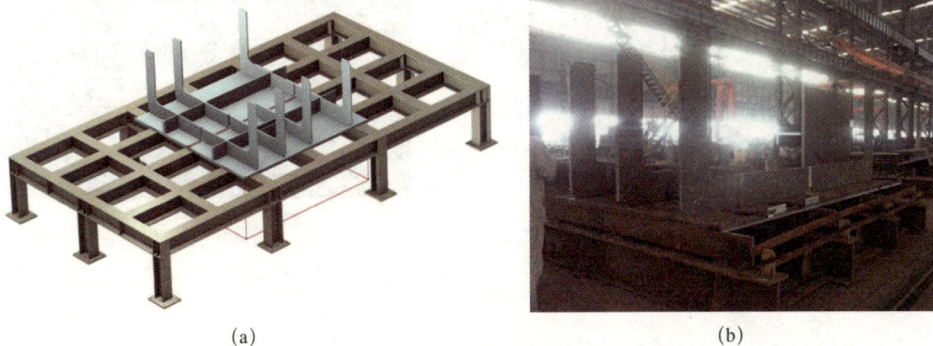

(a)   (b)

图 7-36 基准板定位

2）装焊中板单元

将十字中板单元吊上组装胎架上定位，以柱顶端铣面为基准，定位时将其对准竖向中板上的安装位置线，注意与竖向中板之间的垂直度，定位正确后与腹板点焊牢固，如图7-37所示。

(a)   (b)

图 7-37 装焊中板单元

3）装焊腹板与横向加劲板组合单元

将腹板与横、纵向加劲板组合单元吊于组装胎架上定位，以柱顶端铣面为基准，定位时将其对准竖向中板上的安装位置线，注意与竖向中板之间的垂直度，定位正确后与腹板点焊牢固，如图 7-38 所示。

(a)   (b)

图 7-38　装焊腹板与横向加劲板组合单元

4）装焊左侧面板

将巨柱左侧板吊于组装胎架上定位，以柱顶端铣面为基准，注意与上、下腹板之间的垂直度及焊缝间隙，定位正确后与腹板点焊牢固，如图 7-39 所示。

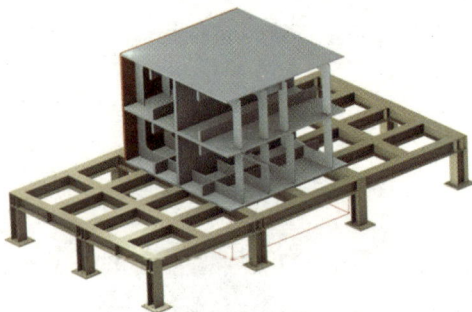

(a)   (b)

图 7-39　装焊左侧面板

5）装焊右侧面板

将巨柱右侧板吊于组装胎架上定位，以柱顶端铣面为基准，注意与上、下腹板之间的垂直度及焊缝间隙，定位正确后与腹板点焊牢固，如图 7-40 所示。

6）装焊托板、连接板

待巨柱整体焊接完成后，以柱顶端铣面为基准装焊外侧托板、连接板、吊装耳板以及连接耳板等附属零件，如图 7-41 所示。

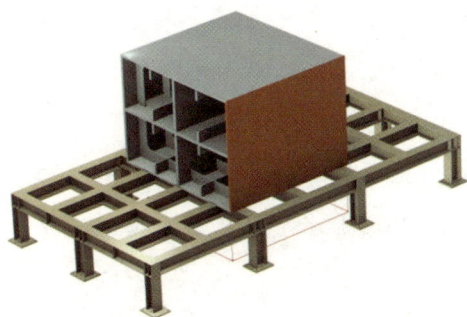

(a)

(b)

图 7-40　装焊右侧面板

(a)

(b)

图 7-41　装焊托板、连接板

7）装焊拉结钢筋与栓钉

根据要求装焊巨柱内侧拉结钢筋，待完成后对构件进行整体性验收，验收必须经自检、互检合格后提交质检员进行验收，最后提交驻厂监理验收，合格后方可进入涂装工序作业流程，如图 7-42 所示。

(a)

(b)

图 7-42　装焊拉结钢筋、栓钉、整体验收

7.2.2 异形组合钢板墙制作

1. 概况

本工程在核心筒 33 层以下设置钢板墙（见章节 2.2.2 中表 2-3），其中 25 ~ 32 层共设置了 4 节超长异形组合钢板墙（单箱体和箱体），最大板厚 35mm，如图 7-43 所示。

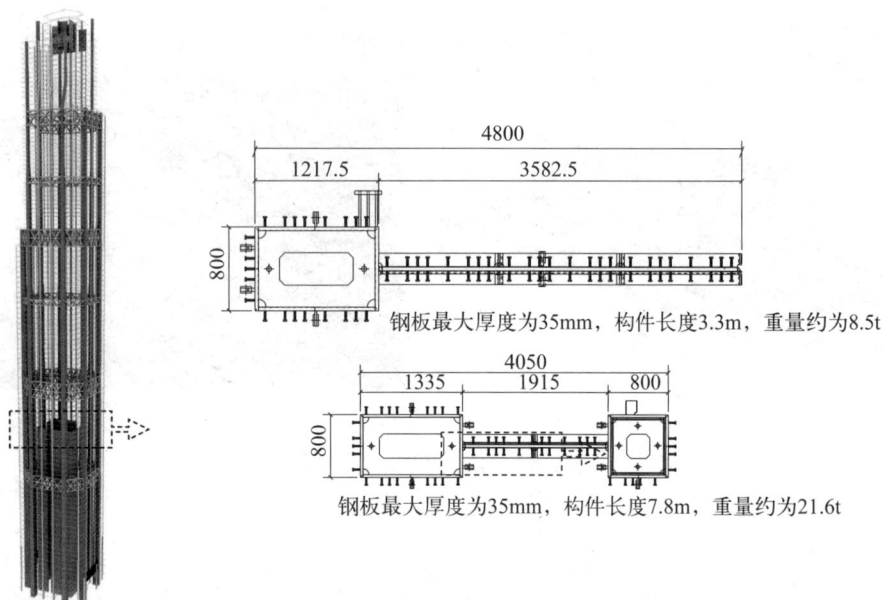

钢板最大厚度为35mm，构件长度3.3m，重量约为8.5t

钢板最大厚度为35mm，构件长度7.8m，重量约为21.6t

图 7-43 塔楼钢板墙示意图

2. 钢板墙组装流程

该超长箱体组合钢板墙划分为箱形柱与钢板墙两种组件。待箱形柱、钢板墙组件分别制作完成后，再将其整体组装成哑铃形箱体与墙板组合体。焊接方法采用 CO_2 气体保护焊打底、埋弧焊填充与盖面的方式。

3. 制作流程

（1）下料

1）钢板下料切割前用矫平机进行矫平及表面清理。切割设备主要采用数控等离子、火焰多头直条切割机等。所有零件板切割均采用自动或半自动切割机或剪板机进行，严禁手工切割。

2）制作超长单板箱体组合钢板墙，钢柱的翼、腹板长度及腹板宽度方向在下料时需加放一定余量及焊接收缩量。

（2）组装

1）超长单板箱体组合钢板墙箱形柱的翼板和腹板下料后应标出翼缘板宽度中心线和与腹板组装的定位线，并以此为基准进行钢板部件的拼装。

2）超长单板箱体组合钢板墙箱形柱的制作在箱形生产流水线上进行（图7-44），拼装定位焊所采用的焊接材料须与正式焊缝的要求相同。箱形组立、拼装好后进行焊接，焊接时按规定的焊接顺序及焊接规范参数进行施焊。对于钢板较厚的构件焊前要求预热，预热采用电加热器进行，预热温度按对应的要求确定。

3）箱形柱组装、焊接完成并经检验合格后采用端铣机进行端部加工，钢板单元采用铣边机进行端部加工，部件的端部铣平加工应符合《钢结构工程施工规范》GB 50755—2012中相关规定。

4）组装用的平台和胎架（图7-45）符合构件装配的精度要求，即工装胎架水平度必须不大于3mm，经验算具有足够的强度和刚度。

图7-44　箱形柱组装

图7-45　组装胎架

5）组装前应对钢板墙墙身布置的栓钉、加劲肋等进行画线（图7-46），栓钉、钢筋连接器画线必须用不同颜色的油漆记号笔、钢印号标识。

6）为有效减少钢板部件与箱形柱焊接变形，采取反变形法及设置防变形工装法（图7-47）进行控制焊接变形。

图 7-46　画线标记

图 7-47　防变形工装

7）组立后进行检查，合格后转入下道工序。

8）构件翻身

①起重作业前，起重工先目测构件的形状，了解构件的重量，根据构件形状、重量找出构件的重心，再根据构件的重心选择合适的吊具等。

②钢板墙翻身时应采用慢慢起勾，使所有钢丝绳处于撑紧状态的起吊方式（图 7-48）。起吊过程中，如摆动幅度过大，应待其平稳后再继续升高，并保持起升速度不能过快。

(a)　　　　　　　　　　　　　　(b)

图 7-48　构件翻身

③钢板墙翻身起重作业时，起重班长现场指挥，安全监督部派人旁站，一个起重工统一指挥，应避免由几个起重工同时指挥。

（3）焊接工艺要点

该钢板墙焊缝等级要求高，焊接残余应力较大，焊接变形不易控制，易发生焊缝裂纹和母材层状撕裂。为此，必须采取有效措施进行控制，具体采取的焊接工艺措施参见 7.1.3 节。

7.3　中国尊典型构件制作

7.3.1　多腔体组合巨柱制作

1. 概况

多腔体巨型柱，位于塔楼平面四角，底部柱截面约 $63.9m^2$，顶部柱截面约 $2.56m^2$，钢板厚度最大为 60mm，材质主要为 Q390GJC、Q345C。巨型柱在 F001 ~ F007 层（标高：−0.200 ~ 43.350m）为 4 根六边形异形多腔体柱；巨型柱在 F007 层开始分叉，由 4 根转换为 8 根，柱外形由六边形渐变为五边形、四边形，且柱截面逐渐变小。F007 ~ F017 层（标高：43.350 ~ 90.250m）为六边形田字型巨柱；F017 ~ F019 层（标高：90.250 ~ 98.850m）为五边形田字型巨柱，F019 ~ F092 层（标高：98.850 ~ 433.850m）为四边形田字型巨柱，F092 ~ F106 层（标高：98.850 ~ 502.200m）为四边形箱形柱，见图 7-49。

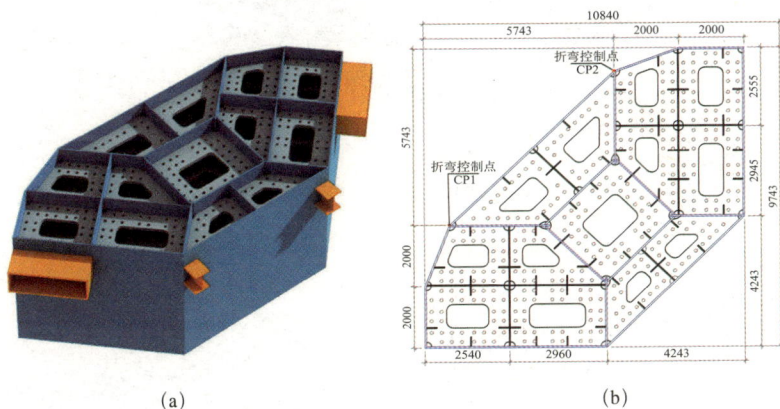

(a)　　　　　　　　　　(b)

图 7-49　多腔体组合巨柱

2. 多腔体组合巨柱制作思路

本工程多腔体组合型巨柱分布于外框四角，由 13 个封闭箱体组成，其特点为具有多个腔体，四个方向连接有翼墙，由下至上截面逐段变小，向建筑内侧倾斜，板厚主要为 50mm、120mm，材质为 Q345GJC，Q390GJC 等。巨型柱段截面较大，根据现场安装构件起吊条件及运输条件限制，将巨型柱进行分段制作和运输，对每个巨型柱分段，在制作过程中需要采取合适的胎架和支撑，对称焊接以保证截面尺寸不变形或变形最小，见图 7-50。

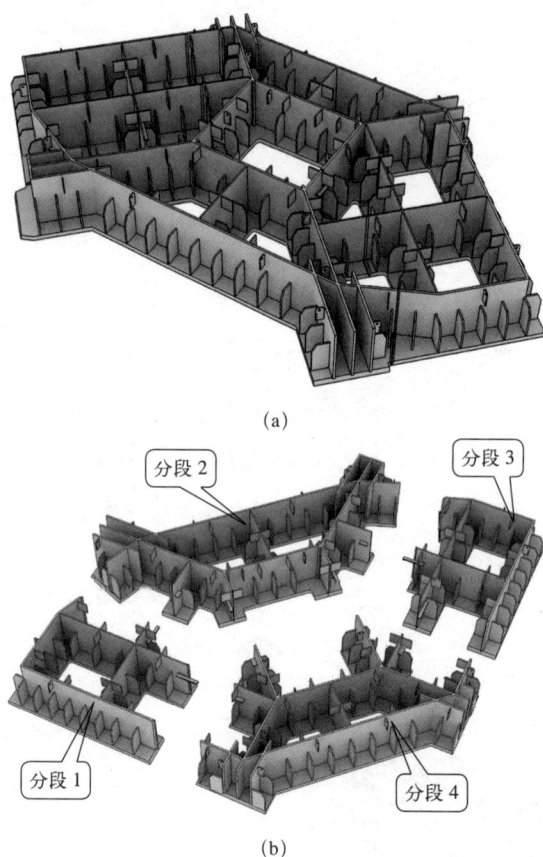

(a)

(b)

图 7-50　多腔体制作分段

3. 多腔体组合巨柱制作流程

巨柱制作以"先小拼装后整体组装"的思路进行，具体流程见表 7-1。

单节巨柱分段单元制作流程　　　　　　　　　　　　　　表 7-1

一节巨柱　（柱脚）　分段 1　（3 类同）　单元制作流程	
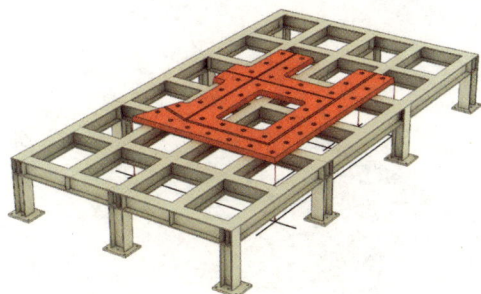 1. 胎架设置、底板定位	·组装胎架应有足够的强度和刚度； ·底板定位时对准地面基准线； ·在底板上画出各零件安装位置线
·按底板上的安装定位线安装壁板； ·构件组装间隙应符合设计、规范及工艺文件要求； ·T 形接头和十字接头采用双面对称焊接以减少焊接变形	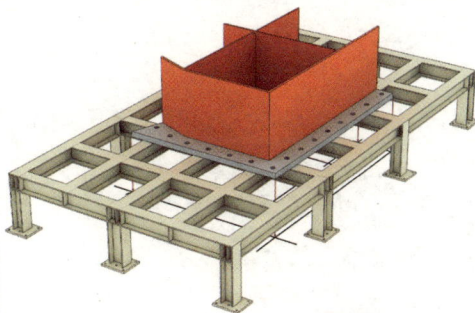 2. 壁板就位
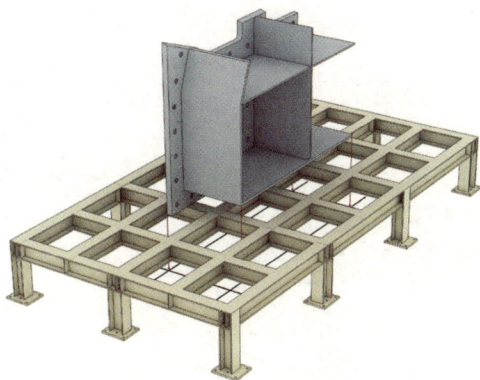 3. 翻身施焊	·构件顺时针翻转 90°，胎架上加设支撑，保持构件稳固，焊接壁板与底板、壁板与壁板间的"T"形、"十"形焊缝； ·施焊前应加设端口截面保持板（工艺隔板）、防变形支撑等工艺措施控制焊接变形

• 逆时针翻转 180°，胎架上加设支撑，保持构件稳固，焊接壁板与底板、壁板与壁板间的"T"形、"十"形焊缝，焊后 UT 检测； • 施焊前应加设端口截面保持板（工艺隔板）、防变形支撑等工艺措施控制焊接变形	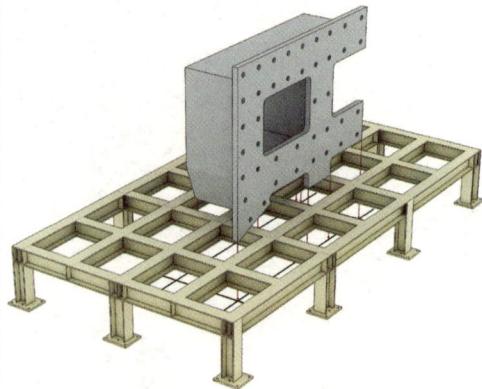 4. 翻身施焊
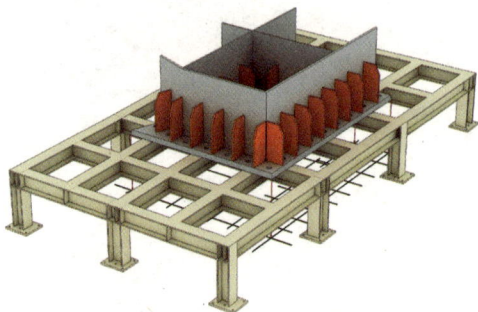 5. 画线装、焊柱底劲板	• 在底板、壁板相应位置画出柱脚加劲板装配线，装、焊柱脚加劲板； • 加劲板焊后 UT 检测
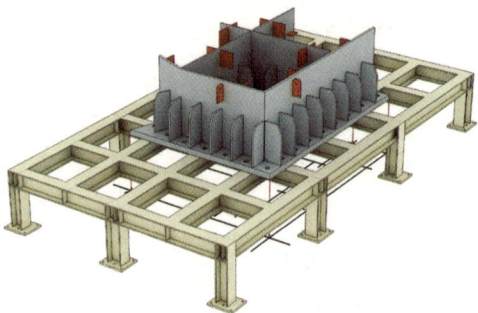 6. 装、焊临时连接板	• 画线装、焊柱身临时连接板； • 采用地样结合全站仪整体性验收

一节巨柱 （柱脚） 分段2 （4类同） 单元制作流程

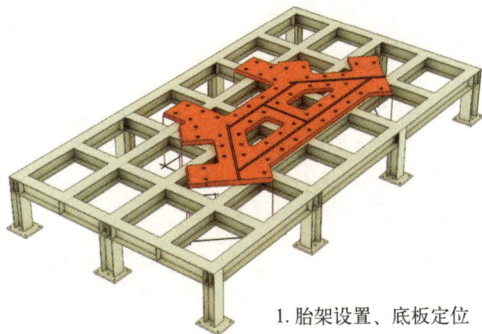

· 组装胎架应有足够的强度和刚度；
· 底板定位时对准地面基准线；
· 在底板上画出各零件安装位置线

1. 胎架设置、底板定位

· 按底板上的安装定位线安装壁板；
· 壁板装配前应先将壁身栓钉焊接完毕（影响焊缝两侧栓钉暂缓焊接）；
· 构件组装间隙应符合设计、规范及工艺文件要求；
· T形接头和十字接头采用双面对称焊接以减少焊接变形

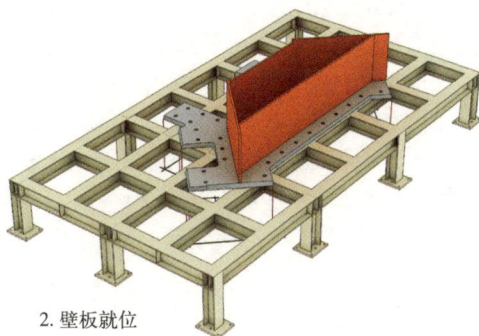

2. 壁板就位

· 构件顺时针翻转90°，胎架上加设支撑，保持构件稳固，焊接壁板与底板、壁板与壁板间的"T"形焊缝，采用二氧化碳气体保护焊在大坡口侧打底至1/3位置；
· 施焊前应加设端口截面保持板（工艺隔板）、防变形支撑等工艺措施控制焊接变形

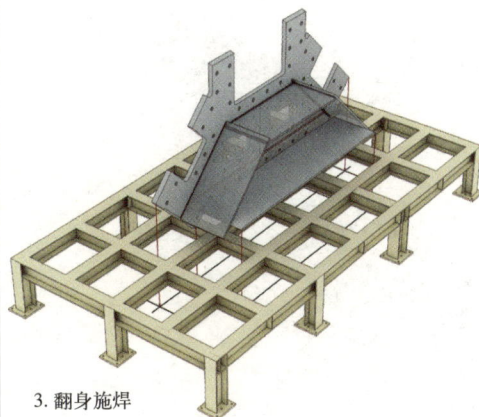

3. 翻身施焊

4. 翻身施焊

- 逆时针翻转180°，胎架上加设支撑，保持构件稳固，碳弧气刨小坡口侧清根、焊接，焊后UT检测；
- 施焊前应加设端口截面保持板（工艺隔板）、防变形支撑等工艺措施控制焊接变形

- 在底板、壁板相应位置画出柱脚加劲板、连接耳板，装配线，装、焊柱脚加劲板、连接耳板；
- 加劲板、连接耳板焊后UT检测

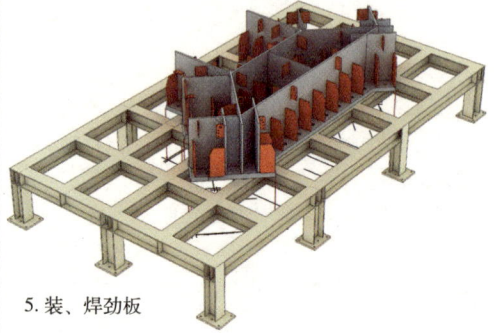

5. 装、焊劲板

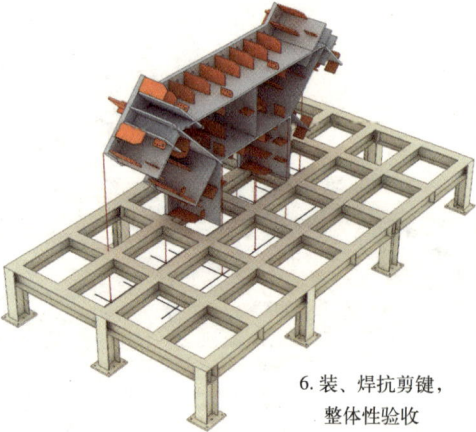

6. 装、焊抗剪键，整体性验收

- 将构件逆时针翻转90°，胎架上加设支撑，保持构件稳固，在柱底板反侧按深化图画出柱底抗剪键装配线，装、焊柱底抗剪键；
- 采用地样结合全站仪整体性验收

4. 单节巨柱（柱脚）加工制作工艺

（1）数控切割下料

钢板切割前对钢板进行矫正，对存在局部下绕、弯曲等变形的钢材，切割前采用机械冷矫正，钢板切割，结合工厂设备，运用全排版超厚板精密切割技术对钢板进行切割，见图7-51。

(a)

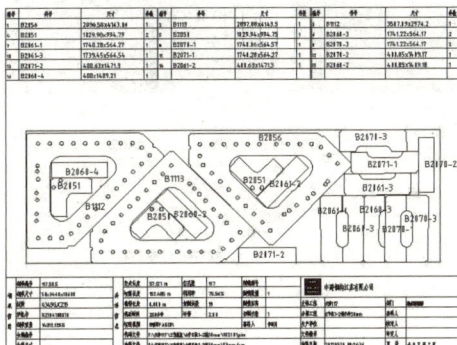

(b)

图7-51 板材下料切割

（2）画出装配基准线、栓钉线

在巨柱底板上画出壁板装配基准线，壁板上画出栓钉线，按深化图纸要求在相关壁板上焊接栓钉，注意焊缝两侧两排栓钉暂不焊接，见图7-52。

(a)

(b)

图7-52 零件装配基准线

（3）壁板装配

按深化图纸要求装配巨柱壁板、工艺隔板，采用辅助工装进行微调装配，注意过程检验，确保现场对接口精度，见图7-53。

(a)　　　　　　　　　　　　　(b)

图7-53　壁板装配临时措施

（4）焊接

严格按《装焊工艺卡》相关工艺参数要求进行施焊，做好焊前预热、层温控制、后热保温等关键工艺措施，采取双数焊工同时对称施焊法、勤翻身焊接，控制焊接变形法保证巨柱焊接质量，见图7-54。

(a)　　　　　　　　　　　　　(b)

图7-54　装配焊接成型

7.3.2　钢板剪力墙制作

1. 概况

本工程地下室的核心筒钢板剪力墙位于B7～B1，构件板厚为20mm、25mm、35mm、50mm、60mm、100mm。钢板剪力墙由十字形、H形暗柱和剪力墙钢板组成，见图7-55～图7-58。

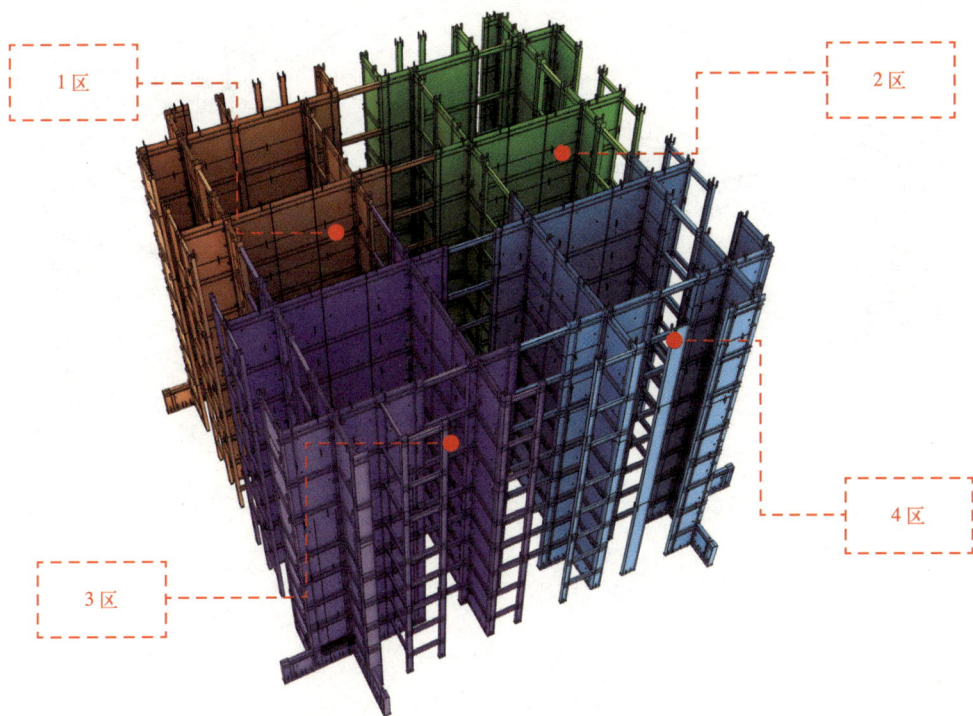

图 7-55　地下室钢板剪力墙轴测示意

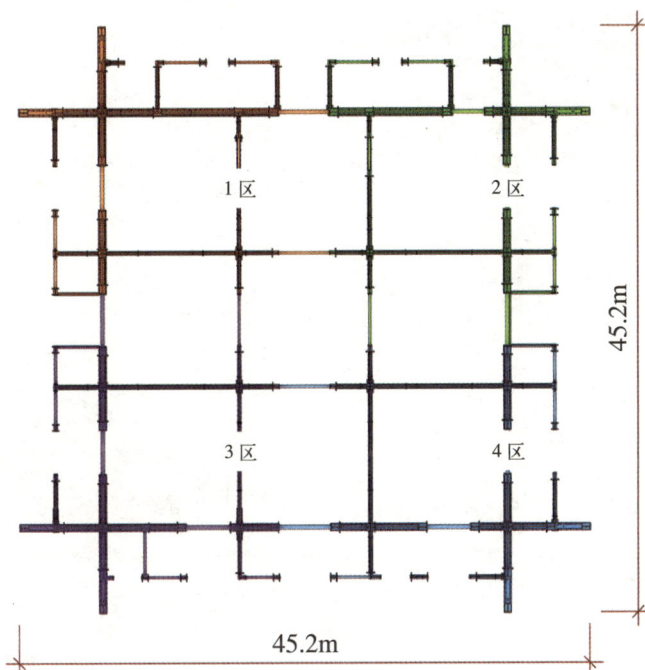

图 7-56　地下室钢板剪力墙俯视示意

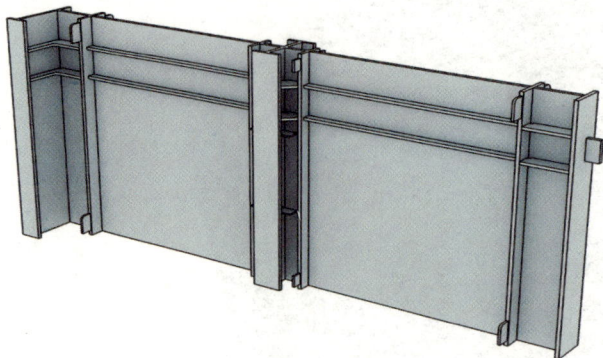

图7-57　横向片式钢板剪力墙

图7-58　竖向片式钢板剪力墙

2. 钢板剪力墙制作流程（表7-2）

钢板剪力墙制作流程　　　　　　　　　　　　　　　表7-2

竖向片式钢板剪力墙制作流程	
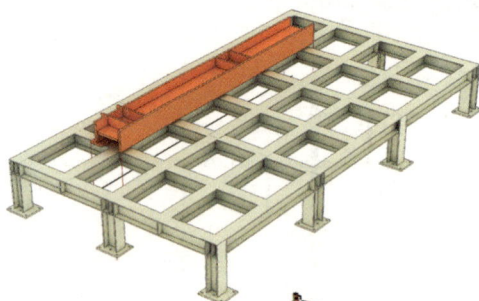 1. 胎架设置、组装暗柱	• 组装胎架应有足够的强度和刚度； • 暗柱定位时对准地面基准线； • 按照H型钢制作工艺进行H型钢（钢板剪力墙暗柱）的组立、焊接、校正、二次装配焊接
• 将钢板墙部件置于水平胎架上，按图纸要求定位加劲板、暗梁等零件； • 首先焊接墙体和暗梁主焊缝，其次焊接其上筋板	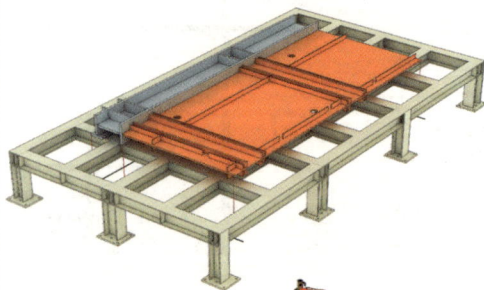 2. 墙身部件装焊

- 按图纸要求装配底板和加劲板，检查无误后装配抗剪件；
- 首先焊接底板与墙体焊缝，其次焊接底板上筋板的焊缝，最后焊接抗剪件

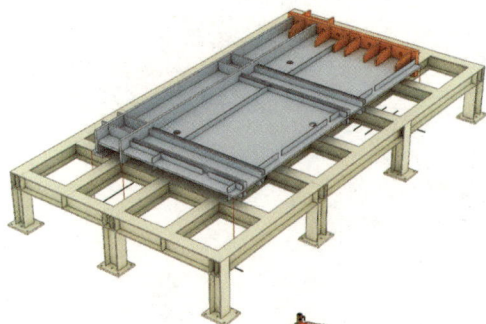

3. 底板、抗剪件装焊

- 按图纸要求装配连接板，检查无误后按图纸要求进行焊接；
- 检验整体尺寸合格后装焊栓钉和连接器；
- 采用地样结合全站仪整体性验收

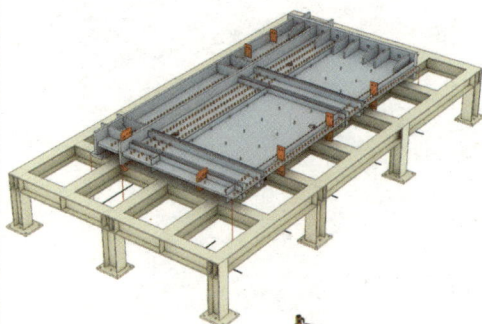

4. 连接板装配、检查

横向片式钢板剪力墙制作流程

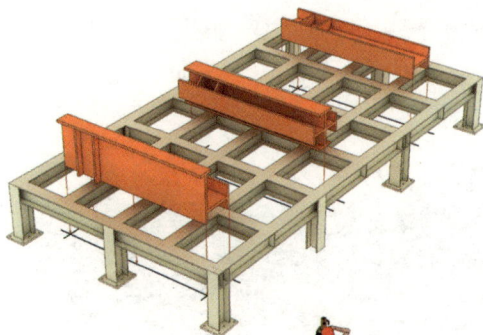

- 组装胎架应有足够的强度和刚度；
- 暗柱定位时对准地面基准线；
- 按照 H 型钢、十字柱制作工艺进行 H 型钢、十字柱、T 形柱（钢板剪力墙暗柱）的组立、焊接、校正、二次装配焊接

1. 胎架设置、组装暗柱

续表

• 将钢板墙部件置于水平胎架上，按图纸要求定位加劲板、暗梁等零件； • 首先焊接墙体和暗梁主焊缝，其次焊接其上筋板	 2. 墙身部件装焊
   3. 连接板装配、检查	• 按图纸要求装配连接板，检查无误后按图纸要求进行焊接； • 检验整体尺寸合格后装焊栓钉和连接器； • 采用地样结合全站仪整体性验收

3. 钢板剪力墙加工制作工艺

（1）数控下料，流淌孔开设

钢板切割前对钢板进行矫正，对存在局部下绕、弯曲等变形的钢材，切割前采用机械冷矫正，钢板切割，结合工厂设备，采取数控火焰切割，见图7-59。

（a）

（b）

图7-59　数控下料

（2）暗柱与墙板组焊

将 H 型钢钢骨与剪力墙组合构件进行拼装焊接。焊接长焊缝的时候采用从中间往两边分段退焊法及二氧化碳气体保护焊等减小剪力墙变形，见图 7-60。

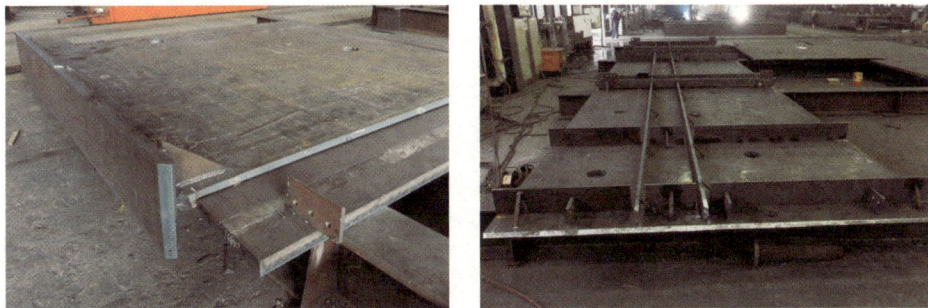

(a)　　　　　　　　　　　　　　(b)

图 7-60　组焊

（3）临时连接措施装焊、栓钉焊接、整体性验收

对构件整体尺寸及焊缝质量进行测量，合格后进行栓钉、钢筋连接器焊接，构件连接部位焊接连接板，对剪力墙对接部位采用专门的靠板进行螺栓孔钻制，见图 7-61。

(a)　　　　　　　　　　　　　　(b)

图 7-61　组焊成型及验收

第8章 钢结构预拼装技术

8.1 预拼装的目的

工厂预拼装目的在于检验构件加工精度能否保证现场拼装、安装的质量要求，确保下道工序的正常运转和安装质量达到规范、设计要求，确保现场一次拼装和吊装成功率，以减少现场拼装和安装误差。

8.2 实体预拼装

8.2.1 实体预拼装通用规定

（1）预拼装前，单个构件应检查合格；当同一类型构件较多时，可选择一定数量的代表性构件进行预拼装。

（2）构件可采用整体预拼装或累积连续预拼装。当采用累积连续预拼装时，两相邻单元连接的构件应分别参与两个单元的预拼装。

（3）除有特殊规定外，构件预拼装应按设计文件和现行国家标准《钢结构工程施工质量验收标准》GB 50205 的有关规定进行验收。预拼装验收时，应避开日照的影响。

（4）预拼装场地应平整、坚实；预拼装所用的临时支承架、支承凳或平台应经测量准确定位，并应符合工艺文件要求。重型构件预拼装所用的临时支承结构应进行结构安全验算。

（5）预拼装单元可根据场地条件、起重设备等选择合适的几何形态进行预拼装。

（6）构件应在自由状态下进行预拼装。

（7）构件预拼装应按设计图的控制尺寸定位，对有预起拱、焊接收缩等的预拼装构件，应按预起拱值或收缩量的大小对尺寸定位进行调整。

（8）采用螺栓连接的节点连接件，必要时可在预拼装定位后进行钻孔。

（9）当多层板叠采用高强度螺栓或普通螺栓连接时，宜先使用不少于螺栓孔总数 10% 的冲钉定位，再采用临时螺栓紧固。临时螺栓在一组孔内不得少于螺栓孔数量的 20%，且不应少于 2 个；预拼装时应使板层密贴。螺栓孔应采用试孔器进行检查，并应符合下列规定：

1）当采用比孔公称直径小 1.0mm 的试孔器检查时，每组孔的通过率不应小于 85%；

2）当采用比螺栓公称直径大 0.3mm 的试孔器检查时，通过率应为 100%。

（10）预拼装检查合格后，宜在构件上标注中心线、控制基准线等标记，必要时可设置定位器。

8.2.2　实体预拼装案例

实体预拼装案例见表 8-1。

实体预拼装案例　　　　　　　　　　　　　　表 8-1

北京中国尊环带桁架预拼装

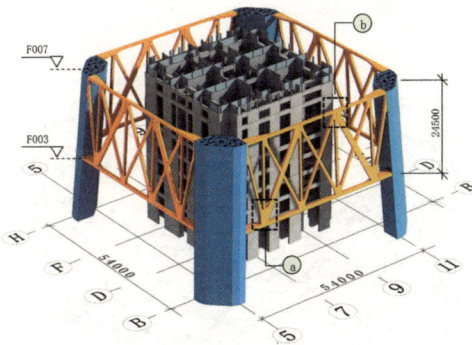

项目名称：北京中国尊
建筑面积：42 万 m²
建筑高度：528m，地上 108 层
钢结构重量：12 万 t
最大钢板厚度：120mm
主构件：多腔体巨柱、箱形构件、H 形构件
材质：Q345GJC、Q390GJC

本项目共布置八道环带桁架，属于巨型外框结构系统，用以抵抗侧向荷载的作用。环带桁架由箱形截面梁和组合节点构成，钢板厚度最大为 60mm，主要材质为 Q390GJC。环带桁架长度随主体外立面的收缩、放大，由 51.73m 逐渐减小为 25.62m，然后又放大为 37.47m

深圳平安环带桁架预拼装

项目名称：深圳平安金融中心
建筑面积：46 万 m²
建筑高度：555.5m，地上 118 层
钢结构重量：10 万 t
最大钢板厚度：100mm
主构件：组合巨柱、钢板剪力墙、箱形构件、H 形构件
材质：Q345B、Q345GJC、Q390GJC、Q460GJC

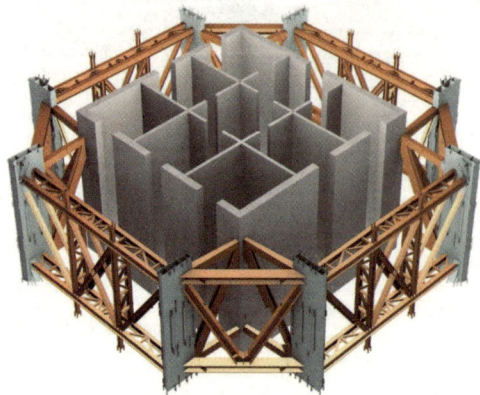

本工程共设 7 道环带桁架，环带桁架杆件均为双 H 形构件，最大截面 BH1000×600×80×80，钢材材质 Q390GJC，环带桁架一榀重量达 185t

天津 117 环带桁架预拼

项目名称：天津高银 117 大厦

建筑面积：37 万 m²

建筑高度：597m，地上 117 层

钢结构重量：12.1 万 t

最大钢板厚度：120mm

主构件：多腔体巨柱、钢板剪力墙、箱形构件、H 形构件

材质：Q345GJC、Q390GJD

该项目四根巨型柱之间设置环带桁架，环带桁架的弦杆和腹杆截面均为箱形截面，最大截面为 □ 1200×800×100×100，板厚为 30～100mm，材质为 Q345GJC、Q390GJD，单片桁架的最大长度44.190m，最大高度 11m

8.3 模拟预拼装

8.3.1 模拟预拼装概述

构件除可采用实体预拼装外，还可采用计算机辅助模拟预拼装方法。3D 扫描模拟预拼装是一种较为先进的模拟预拼装方法，该方法与实体预拼装检验精度相当，且能够明显提升预拼装工效。

3D 扫描模拟预拼装方法主要采用三维激光扫描仪及配套分析软件进行操作。模拟预拼装分为外业扫描与数据处理。外业扫描是通过三维激光扫描仪对制作完成的钢构件进行逐件扫描，获取点云数据，并利用点云数据进行逆向建模，扫描前，需要确定构件受控制的关键点，如现场连接部位的截面控制点等，利用标靶将关键控制点标记为特征点。数据处理时，首先在设计模型中确定关键点坐标，利用软件，依次将参与预拼装构件的数字模型按照关键点坐标依次导入软件中，并对构件进行局部调整，这样就实现了模拟预拼装，见图 8-1、图 8-2。

图 8-1　三维激光扫描仪

图 8-2　Cyclone 数据处理软件

3D 扫描模拟预拼装工艺流程如图 8-3 所示。

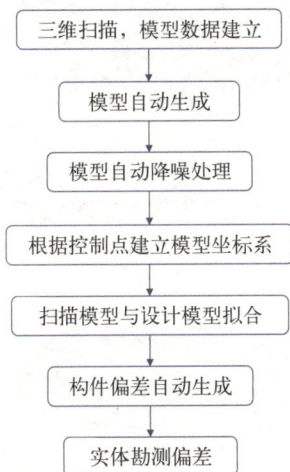

三维扫描，模型数据建立

↓

模型自动生成

↓

模型自动降噪处理

↓

根据控制点建立模型坐标系

↓

扫描模型与设计模型拟合

↓

构件偏差自动生成

↓

实体勘测偏差

图 8-3　3D 扫描模拟预拼装工艺流程

在完成的模拟预拼装模型中，依次对比分析各个构件连接部位数字模型与设计模型间的偏差，并记录模拟预拼装结果。

8.3.2　模拟预拼装方法

（1）数据采集

根据桁架层构件加工计划切实合理安排三维激光扫描工作，安排合适的场地，做到扫描工作与构件制作同步开展，构件制作完成的同时，扫描数据采集工作也同时完成，节约预拼装工期。

三维激光扫描仪工作设站根据现场实际情况进行调整，设站距离控制在15m以内，每站相同靶球不低于3个，尽量避免阴雨大风等恶劣天气。若数据不满足要求则重新扫描。

三维激光扫描如图8-4、图8-5所示。

图8-4　弯扭构件扫描数据采集

图8-5　双曲桁架构件扫描数据采集

（2）数据处理

待同一桁架层的构件全部扫描完成后，进行数据转换，在软件中对实测构件形成的点云模型与理论设计模型进行拟合，依次对比分析各个构件连接部位的偏差，并记录模拟预拼装结果。环带桁架和伸臂桁架应重点检查整体尺寸、对角线尺寸、各对接口处的接口错边等偏差情况。

模拟预拼装检查出构件尺寸偏差超过设计及规范要求时，必须采取校正措施，校正后经检查合格方可进入下道工序，见图 8-6~ 图 8-8。

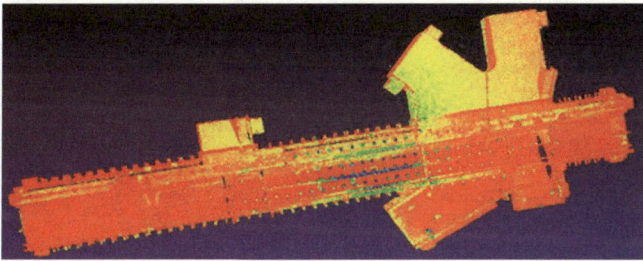

图 8-6　单根构件扫描后检测偏差

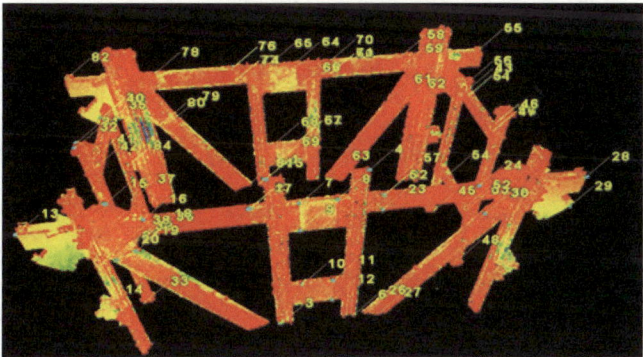

图 8-7　模拟预拼装

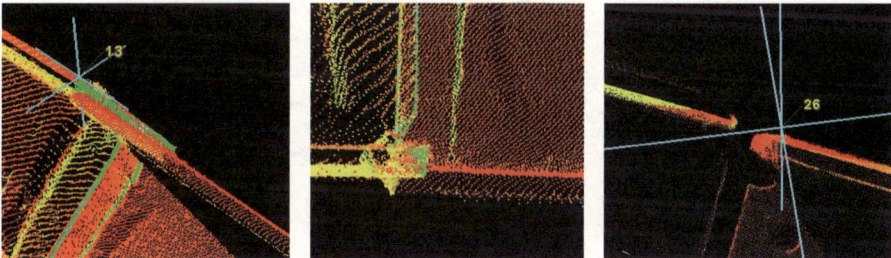

图 8-8　节点及对接口误差分析

8.4 预拼装质量验收标准

构件预拼装应按设计文件和现行国家标准《钢结构工程施工质量验收标准》GB 50205 的有关规定进行验收，当检验偏差超出规定要求时，应进行调整、校正或修改，直至符合要求。钢构件预拼装的允许偏差应符合表 8-2 的规定。

钢构件预拼装的允许偏差 表 8-2

构件类型	项目		允许偏差（mm）	检验方法
多节柱	预拼装单元总长		±5.0	用钢尺检查
	预拼装单元弯曲失高		$l/1500$，且不应大于 10.0	用拉线和钢尺检查
	接口错边		2.0	用焊缝量规检查
	预拼装单元柱身扭曲		$h/200$，且不应大于 5.0	用拉线、吊线和钢尺检查
	顶紧面至任一牛腿距离		±2.0	
梁、桁架	跨度最外两端安装孔或两端支承面最外侧距离		+5.0 −10.0	用钢尺检查
	接口截面错位		2.0	用焊缝量规检查
	拱度	设计要求起拱	±$l/5000$	用拉线和钢尺检查
		设计未要求起拱	$l/2000$ 0	
	节点处杆件轴线错位		4.0	画线后用钢尺检查
管构件	预拼装单元总长		±5.0	用钢尺检查
	预拼装单元弯曲失高		$l/1500$，且不应大于 10.0	用拉线和钢尺检查
	对口错边		$t/10$，且不应大于 3.0	用焊缝量规检查
	坡口间隙		+2.0 −1.0	
构件平面总体预拼装	各楼层柱距		±4.0	用钢尺检查
	相邻楼层梁与梁之间距离		±3.0	
	各层间框架两对角线之差		$H/2000$，且不应大于 5.0	
	任意两对角线之差		$\sum H/2000$，且不应大于 8.0	

第三部分

超高层钢结构安装技术

近年来，随着国内超高层建筑的大量建设，钢结构施工时，在设备选择、安装方法、测量校正、连接施工、质量控制等方面均有大量创新和突破，对缩短施工工期、确保工程质量方面起到了积极的作用。本部分将重点介绍超高层钢结构现场设备应用技术、吊装技术、测量技术、现场连接施工技术、悬挂结构施工技术、高空提升施工技术、铜与混凝土组合结构应用技术、结构临时加固技术、逆作法施工技术、钢柱无缆风施工技术、施工安全防护等内容。

第9章 吊装设备应用技术

钢结构现场运输与钢筋混凝土施工现场运输不同。对于后者，在绑扎和支模过程中，钢筋、模板等施工材料和机具可采取人工方式进行现场搬运；但在钢构件吊装时由于构件重量重、体积大，需使用塔吊、汽车吊、履带吊等起重设备。其中，最常用的起重设备为塔吊。当塔吊性能、覆盖范围不能全部满足构件吊装需求时，可选用汽车吊、履带吊或专门设计桅杆式起重机具等辅助施工。本章主要内容包括吊装设备选型，塔吊安装、拆除、爬升以及群塔协同作业等。

9.1 垂直运输任务与设备配备原则

垂直运输是超高层建筑施工中的一大难点。超高层垂直运输运输主要有以下两大特点：

1. 垂直运输压力大

（1）超高建筑规模庞大，将建筑材料及时运送到所需部门是一项庞大的任务。

（2）超高层建筑施工现场作业量大，所需人员多，对垂直运输体系是严峻考验。

（3）超高层施工过程中产生较多的建筑垃圾，垂直运输可以及时运出。

2. 超高层建筑施工垂直运输产生效益高

超高层建筑施工投入大，加快施工速度能显著提高建设单位的投资效益。所以，垂直运输体系的合理配置对加快超高层建筑施工速度，降低施工成本具有非常重要的作用。高效的垂直运输体系是超高层建筑顺利施工的先决条件。

9.1.1 垂直运输任务

施工期间垂直运输任务，按照施工要素可分为人员、设备和材料运输三个方面。

施工人员与小型工具的运输由专门设置的人货电梯完成。

钢结构专用施工设备的运输包括工具房、电焊机等，当其重量较重或体积较大时，直接由塔吊完成。

钢结构材料包括钢构件及辅助材料等，垂直运输设备可根据其重量与体积的大小选用。当钢构件体积大，重量重时选用塔吊等起重设备来完成现场运输；对数量多、重量轻、体积小的辅助材料包括预埋件、高强度螺栓、栓钉、防火涂料、油漆、焊材、氧气、乙炔、安全网、安全绳等，可根据实际情况分类，通过人货电梯或塔吊进行运输。

9.1.2 设备配备原则

超高层建筑钢结构施工垂直运输设备通常有塔吊、施工电梯、汽车吊、履带吊、高空作业车、桅杆式起重设备、捯链、卷扬机等类型。其中塔吊为最重要的起重设备。为此，如何制定以塔吊为中心、以其他设备为阶段性辅助起重设备的垂直运输体系成为高层钢结构吊装顺利进行的关键问题。

垂直运输体系的配套应当遵循"技术可行、经济合理"的配置原则。

（1）垂直运输设备的起重能力必须能满足所有钢构件顺利安装的要求。在选定设备时，应根据构件的重量、其在结构中位置分布特征及起吊位置确定垂直运输设备规格，设备应优先保证大型构件的顺利安装。

（2）垂直运输设备配备数量应满足钢结构安装进度的要求，减少或杜绝吊装盲区。

（3）垂直运输设备的配套在满足施工要求的同时，兼顾成本投入。超高层钢结构施工中，设备使用费占措施费比例较大，配置时应权衡设备投入、劳动力成本和施工进度等多种因素优化施工吊装方案，实现成本最优化。

9.2 常用起重设备分类

9.2.1 塔式起重机

塔式起重机简称为塔吊，是现代超高层钢结构施工中最重要的施工设备。该设备

起源于西欧。据记载，第一项有关建筑用塔吊专利颁布于 1900 年；1905 年出现了塔身固定的装有臂架的塔吊；1923 年制成了近代塔吊的原型样机，同年出现了第一台比较完整的近代塔吊；1930 年，德国开始批量生产塔吊，并用于建筑施工；1941 年，有关塔吊的德国工业标准 DIN8770 公布。经过一百多年的发展，塔吊的性能日臻完善。

塔吊由钢构架、工作机构、电气设备、基础及安全装置组成。钢构架包括塔身（塔架）、起重臂（吊臂）、平衡臂、塔尖、回转盘架等部分。

塔吊根据结构特点、工作原理、工作性能等可按以下几种方式进行分类。

1. 按结构形式分类

（1）附着式塔吊，如图 9-1 所示。该类塔吊通过连接件将塔身基架固定在地基基础和结构物上进行作业。

（2）行走式塔吊，如图 9-2 所示。该类塔吊具有运行装置，可以行走。

图 9-1　附着式塔吊　　　　　　　　图 9-2　行走式塔吊

2. 按回转形式分类

（1）上回转式塔吊，如图 9-3 所示。该类塔吊的回转装置设置在塔身上部，比较常用。

（2）下回转式塔吊，如图 9-4 所示。该类塔吊的回转装置置于塔身底部，塔身相对于底架转动，一般用于码头、海洋平台等。

图 9-3　上回转式塔吊

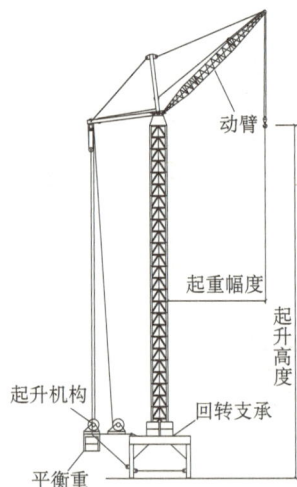

图 9-4　下回转式塔吊

3. 按架设方式分类

（1）非自行架设塔吊：依靠其他起重机械进行组装架设成整体的塔吊。

（2）自行架设塔吊：依靠自身的动力装置和机构能够实现运输状态和工作状态相互转换的塔吊。

4. 按变幅方式分类

（1）小车变幅式塔吊，如图 9-5 所示。其起重小车沿起重臂运行进行变幅调节。

（2）动臂变幅塔吊，如图 9-6 所示。其臂架做俯仰运动进行变幅调节。

图 9-5　小车变幅塔吊

图 9-6　动臂变幅塔吊

5. 按起重能力分类

起重量 0.5 ~ 3t 之间为轻型塔吊；起重量在 3 ~ 20t 之间为中型塔吊；起重量在 20 ~ 40t 之间为重型塔吊；起重量在 40t 以上为特重型塔吊。

9.2.2　汽车吊

汽车吊是汽车式起重机的简称。起重臂的构造形式有桁架臂和伸缩臂两种。其行驶的驾驶室与起重机操纵室是分开的。汽车起重机的种类很多，其分类方法也各不相同，主要有：

1. 按起重量分类

可分为轻型汽车起重机（起重量在 16t 以下），中型汽车起重机（起重量在 20 ~ 40t），重型汽车起重机（起重量在 50 ~ 125t），超重型汽车起重机（起重量在 150t 以上）。

2. 按支腿形式分类

可分为蛙式支腿、X 形支腿和 H 形支腿。蛙式支腿跨距较小，仅适用于较小 t 位的起重机；X 形支腿容易产生滑移，较少采用；H 形支腿可实现较大跨距，对整机的稳定有明显的优越性，国内目前生产的液压汽车起重机多采用 H 形支腿。

3. 按传动装置的传动方式分类

可分为机械传动、电传动、液压传动三类。

4. 按起重装置回转范围分类

可分为全回转式汽车起重机（转台可任意旋转 360°）和非全回转汽车起重机（转台回转角小于 270°）两种。

5. 按吊臂的结构形式分类

可分为折叠式吊臂、伸缩式吊臂和桁架式吊臂汽车起重机三种。

在超高层钢结构施工中，汽车吊作为钢结构垂直运输的辅助设备，配合塔吊进行钢构件的安装。在地下室施工阶段，汽车吊可用于塔吊盲区的施工作业；在地上施工阶段可辅助塔吊抬吊或完成部分构件的转运作业；另塔吊的安装与拆除，一般也由汽车吊来完成。

9.2.3 履带吊

履带吊是履带起重机的简称。履带吊由动力装置、工作机构以及动臂、转台、底盘等组成。超高层施工中履带吊可配合塔吊完成钢构件的吊装，通常应用于地下室施工阶段和构件卸车、转运。

9.2.4 其他辅助设备

1. 高空作业车

高空作业车是指由液压或电动系统支配多支液压油缸，能够上下举升进行作业的一种车辆。

高空作业车按照结构的类型可以分为伸缩臂式、折臂式、混合式、升降式、自行式和剪叉式等。在超高层钢结构施工中，高空作业车主要用于门厅等大空间的防腐及防火涂料施工。常用的类型主要有伸缩臂式和剪叉式两种，分别如图9-7和图9-8所示。

图 9-7　伸缩臂式　　　　图 9-8　剪叉式

2. 桅杆式起重设备

桅杆式起重设备能在比较狭窄的场地使用，制作简单、装拆方便。当塔吊等起重设备不满足吊装要求时，可采用该类设备。但这类起重设备起重半径小，施工时需要拉设较多的缆风绳，保证其稳定性和安全性。

常用的桅杆式起重设备有：独脚桅杆、人字桅杆、悬臂桅杆和索缆式桅杆。在

超高层钢结构施工中,主要使用独脚桅杆(图9-9)和人字桅杆(图9-10)两种形式,主要用于施工阶段塔吊盲区的作业。

图9-9 独脚桅杆

图9-10 人字桅杆

3. 捯链

捯链(图9-11),又称手拉葫芦,是一种使用简单、携带方便的手动起重机械。它适用于小型设备和货物的短距离吊运。捯链的外壳材质是优质合金钢,坚固耐磨,安全性能高。

图9-11 捯链

捯链是建筑施工较为常用的起重设备,在钢结构施工中的应用广泛。在超高层钢结构施工中,捯链主要用于调整构件的吊装姿态,收紧缆风绳等工作。

4. 卷扬机

卷扬机（又叫绞车）是由人力或机械动力驱动卷筒、卷绕绳索来完成牵引工作的装置。可以垂直提升、水平或倾斜牵引重物。卷扬机分为手动卷扬机和电动卷扬机两种，分别如图 9-12 和图 9-13 所示。电动卷扬机由电动机、联轴节、制动器、齿轮箱和卷筒组成，共同安装在机架上。卷扬机在超高层钢结构施工中也被灵活应用，主要用于无法采用常规起重设备完成安装的构件吊装以及塔吊拆除后的构件补装等。

图 9-12　手动卷扬机　　　　　　　图 9-13　电动卷扬机

9.3　起重设备选型

9.3.1　参数确定

选用塔吊进行超高层钢结构施工时，首先应根据钢构件的重量和安装高度确定所需求的参数，然后根据塔吊技术性能选定塔吊的型号，最后根据工期要求确定塔吊的布置数量及位置。应尽可能多做一些选择方案，以便进行对比分析，从中选取最佳可行方案。

（1）幅度：又称回转半径或者工作半径，是从塔吊回转中心线至吊钩中心线的水平距离，它包括最大幅度和最小幅度两个参数。对于小车变幅塔式起重机，其最大幅度是指小车在起重臂端头时，自塔吊回转中心线至吊钩中心线的水平距离；其最小幅度是指当小车处于起重臂根部时，自塔吊回转中心线至吊钩中心线的水平距离。

（2）起重量：包括最大幅度时的起重量和小幅度时的最大起重量两个参数。起重量计算应包括吊索、吊具及吊重物（钢构件）的重量。确定塔吊起重量时应考虑的因

素很多，如塔吊主体结构的承载能力、起升机构的功率和吊钩滑轮绳数的多少等。

（3）起重力矩：幅度和与之相对应的起重量的乘积，称为起重力矩。塔吊的额定起重力矩是反映塔吊起重能力的一项重要指标。在进行塔吊选型时，初步确定起重量和幅度参数后，还应根据塔吊起重性能表核查是否超过额定起重力矩。

（4）吊钩高度：塔吊轨道表面或混凝土基础表面至吊钩中心的垂直距离，其大小与塔身高度及吊臂的形式有关。选用时，应根据建筑物高度确定。

9.3.2 附着式塔吊的选型

附着式布置的塔吊是指与已完工部分的结构发生支撑的塔吊。根据支承方式不同，又分为外附式和内爬式两种形式。外附式塔吊是塔座固定在地面基础上，塔身支撑于结构已完成部分，并可进行顶升的塔吊，如图 9-14 所示。内爬式塔吊布置在核心筒壁的内表面或外表面，借助支承于筒壁的托架和提升系统进行固定和爬升，如图 9-15 所示。外附式和内爬式各有优缺点，分别适用于不同特点的工程和作业环境。

图 9-14 外附式塔吊　　　　图 9-15 内爬式塔吊

1. 外附式塔吊

（1）外附式塔吊的优点

1）使用安全性高。安装、拆除作业相对简单，作业机械化程度高，风险小。

2）结构施工影响小。塔吊布置在超高层建筑物外侧，对施工影响较小，不存在结构延迟施工的问题。

3）结构影响小。塔吊自重直接传递至基础，对结构的作用较小。

（2）外附式塔吊的缺点

1）材料消耗大。外附式塔吊需要采用大量的塔身标准节，其数量随工作高度增加而增加。

2）设备性能不能充分发挥。外附式塔吊常布置于结构外围，有效工作范围受限。

3）对外装工程施工的影响大。由于塔吊布置在建筑物的外侧，靠近塔身部分的幕墙无法提前施工，需待塔吊拆除后方可进行。

2. 内爬式塔吊

（1）内爬式塔吊的优点

1）材料消耗小。塔吊通过爬行与结构同步升高，不需要大量的塔身。

2）设备性能可得到充分发挥。内爬式塔吊布置于结构内部，覆盖范围大，工作能效发挥充分。

3）不影响外装施工。由于塔吊布置在建筑物的核心筒壁上，对建筑的外装施工没有影响。

（2）内爬式塔吊的缺点

1）使用安全风险较大。安装、拆除作业相对复杂，高空作业多，爬升时风险较大。

2）对结构施工影响较大。由于塔吊布置在建筑物内部，塔吊站位处的结构需延迟施工。

3）对已完工混凝土核心筒的安全性有影响。塔吊的所有负荷都集中作用在附着处，该荷载一般不在设计规定的荷载组合范围内，需进行补充验算，并采取针对性加固措施。

3. 廻转塔机

（1）廻转塔机的优点

1）吊机廻转，合理配置，大小搭配，可节省30%～35%的费用支出。

2）简化爬升等施工工艺，每层节省约20%的工期。

（2）廻转塔机的缺点

由钢平台系统、廻转系统、支承顶升系统三大部分组成，现场安装及拆除比较复杂。廻转塔机相关图片见图9-16、图9-17。

图 9-16　廻转式多吊机三维模型图

图 9-17　廻转式多吊机实体图

9.4　塔吊的安装、爬升与拆除

9.4.1　塔吊的安装

1. 塔吊安装流程

塔吊根据其结构特点、工作性能可划分多种形式，但工作原理基本相同，均由基础、塔身、回转、主臂、辅臂、动力装置等部分组成，其安装流程如图 9-18 所示。

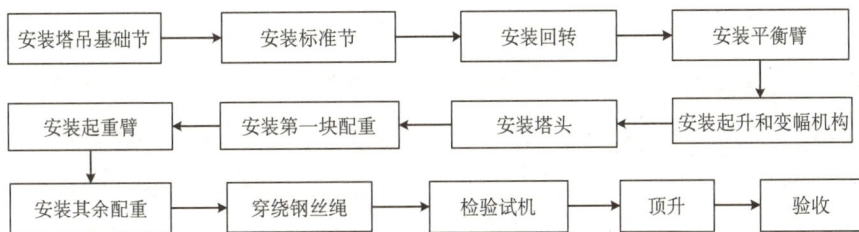

图 9-18　塔吊安装流程

2. 塔吊安装步骤

根据塔吊的安装流程，其具体安装步骤如下。

第一步：安装塔吊基础。对于外附式塔吊首先安装塔吊基础节，对于爬升式塔吊，首先安装塔吊基座梁和爬升框。

第二步：安装塔吊标准节和套架。

第三步：安装回转下支座、回转支承、回转上支座和回转平台等部件。

第四步：在地面将平衡臂组装好，并安装好平台、栏杆、电控柜等附属部件，将平衡臂整体吊装，并与回转体进行连接固定。

第五步：将起升和变幅机构安装到平衡臂上的预留安装位置，用销轴进行连接固定。

第六步：在地面进行塔头组装。包括前、后撑杆，滑轮组，爬梯，防倾翻装置等。组装好后吊起塔头总成，将前后撑杆用销轴与平衡臂连接固定。

第七步：安装第一块配重，接通回转、起升、变幅三大机构的电源，旋转平衡臂，使起重臂的位置处于汽车吊作业范围。

第八步：在地面组装起重臂，检查合格后安装起重臂。起重臂采用两根绷绳进行临时固定。

第九步：安装其余配重并穿绕钢丝绳，检查设备是否正常工作。确认系统正常运转后开始塔吊的顶升作业，直至将塔吊顶升至塔吊的自由高度位置，验收合格后即可拆除塔吊套架。

3. 塔吊安装注意事项

安装操作必须保证安全，禁止超负荷工作，根据吊装部件重量选用吊具，准确选择吊点，按照规定程序安装塔吊。安装时，要保证起重臂、起升吊架、爬梯在同一方向。在完成安装电源断路器，安装平衡重，塔吊投入使用前，禁止一切操作。底架基础节在塔吊基础钢筋网上安装好后，用测量仪器找正，固定好后，浇筑混凝土，待完全干硬后方可继续安装。在基础节上安装第一节塔身后，用测量仪器检查塔身两个方向的垂直度，控制在 1‰ 以内。在地面将回转部分（包括回转支撑、回转机构）司机室电控柜组装成一个整体，然后吊起与下塔身连接，安装主电源。在地面安装好梯子、平台、护栏等，然后吊起与回转塔身连接。在地面拼装好平衡臂，将起升机构安装在平衡臂上，将平衡臂吊起，用销轴与旋转塔架连接并固定好平衡臂拉索。起重臂在地面按要求长度进行组装，并将载重小车、变幅机构、起重臂拉杆及起重臂上所有零部件连接好，起重臂准备吊装之前，应先吊装一块平衡重块，该平衡重块应与起重臂长度相适应。穿绕变幅钢丝绳完毕后，将起重臂吊起，使臂根铰点与旋转塔架支撑点用销轴连接，然后将臂架另一端稍

抬高，将起重臂架上已安装上的拉杆用销轴与旋转塔架连接。

9.4.2 塔吊的爬升

1. 外附式塔吊爬升

（1）附着框的设置

当塔吊施工高度超过其自由高度时，即需设置附着框。塔吊附着框是指每隔一定高度，将塔身与已建结构连接起来的连接臂，如图 9-19 与图 9-20 所示。它的作用主要是给塔身提供侧向支撑，防止其倾覆。

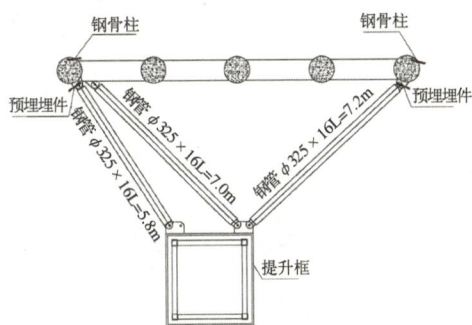

图 9-19 某工程塔吊附着平面

图 9-20 外附塔吊实景照

（2）塔吊的顶升

第一步：移动平衡配重，使塔身不受不平衡力矩，起重臂就位，朝向与安装方位相同并加以锁定，吊运一个塔身标准节安放在摆渡小车上，找到平衡点；

第二步：液压缸加压顶升；

第三步：定位销就位并锁定，提起活塞杆，在套架中形成引进空间；

第四步：引进标准节（引进梁或引进平台）；

第五步：提起标准节，推出摆渡小车；

第六步：使标准节就位，安装连接螺栓；

第七步：向上顶升，拔出定位锁使过渡节与已接高的塔身联固成一体。

2. 内爬式塔吊爬升

（1）爬升概述

塔吊爬升主要通过布置在其标准节间下端的千斤顶和固定在上下爬升主梁之间

的顶升横梁的相对运动来实现。为达到爬升的目的，需另外在上方安装第三套爬升框，内爬式塔吊的爬升过程如图 9-21 所示。

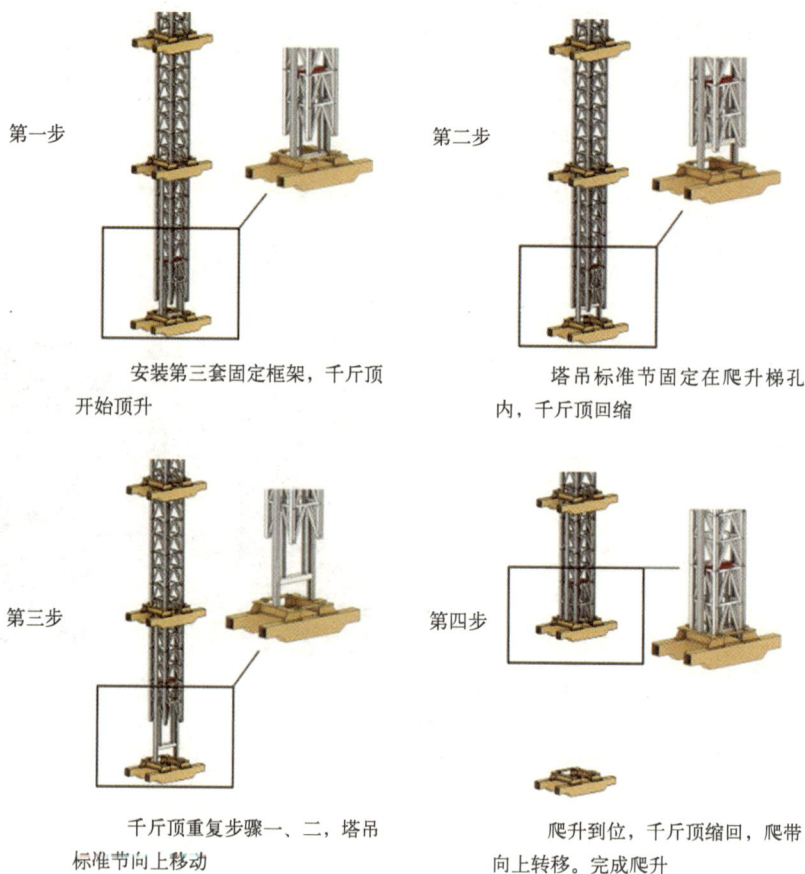

第一步

安装第三套固定框架，千斤顶开始顶升

第二步

塔吊标准节固定在爬升梯孔内，千斤顶回缩

第三步

千斤顶重复步骤一、二，塔吊标准节向上移动

第四步

爬升到位，千斤顶缩回，爬带向上转移。完成爬升

图 9-21　爬升式塔吊的爬升过程

由此可见，塔吊支撑系统（即爬升框）的设计是塔吊顺利爬升的先决条件。国内典型超高层施工塔吊应用情况如表 9-1。

（2）支撑系统设计

从支撑系统结构体系上可以分为两种（图 9-22）：第一种为简支式，这种支撑结构主要用于在核心筒内部爬升的塔吊，如深圳京基 100、广州周大福中心项目；第二种为悬挂式，主要用于外挂塔吊，如广州国际金融中心、天津高银 117 大厦、深圳平安金融中心项目等。

国内典型超高层施工塔吊应用情况 表 9-1

项目名称	结构高度	塔吊一	数量	塔吊二	数量	爬升形式
央视新台址	234	M1280D	2	M600D	2	内爬
广州周大福	530	M1280D	2	M900D	1	
深圳京基 100	439	M900D	2	—	—	
武汉中心	438	M900D	2	ZSL1250	1	
重庆嘉陵帆影	468	M1280D	2	M440D	1	内爬＋外爬
广州西塔	432	M900D	3	—	—	外爬
深圳平安	660	M1280D	2	ZSL2700	2	
天津 117	597	ZSL2700	2	ZSL1250	2	
上海中心	632	M1280D	2	ZSL2700	1	

（a）核心筒内爬式塔吊支撑系统

（b）悬挂式塔吊支撑系统

图 9-22　塔吊支撑系统

简支式支撑系统由 5 大部分组成：主梁、次梁、水平支撑、C 形框、牛腿预埋件；悬挂式支撑系统，由 7 大部分组成：主梁、次梁、上拉杆、下压杆、水平支撑、C 形框、牛腿预埋件。

对于核心筒内爬升塔吊，可采用简支式支撑系统设计（图 9-23），主梁宜设计为鱼腹梁，当鱼腹梁侧向刚度不满足

图 9-23　央视新址 M1280D 支撑系统设计

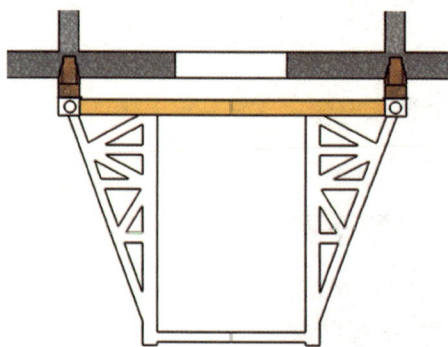

要求时，可在支撑系统外侧加设支撑杆，仍不满足要求时，在两根主梁之间加设连接杆。

对于悬挂塔吊，支撑平台通常设计成桁架式结构（图 9-24a），支撑系统设置拉杆的结构更为合理（图 9-24b），而且由于超高层核心筒墙体厚度往往随高度而减小，通常考虑塔吊空中移位，使施工更为经济合理。

（a）支撑系统设计为桁架形式　　　　　　　（b）支撑系统设置拉杆

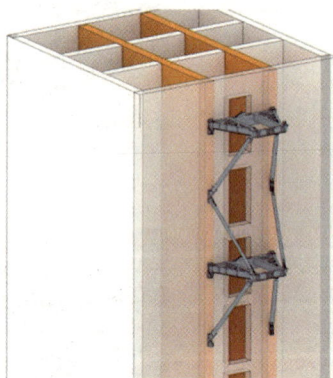

图 9-24　悬挂塔吊支撑设计

9.4.3　塔吊的拆除

塔吊一般在主体结构施工完毕后随即就进行拆除。对于外附式塔吊，由于其通常布置在构筑物的外侧，塔吊可自降至地面，然后由汽车吊拆除。但爬升式塔吊一般布置在建筑物的内部，结构封顶后塔吊无法自降至地面，故需在屋面另外安装塔吊进行拆除，拆除的思路是"大塔互拆、以小拆大、化大为小、

化整为零"（图 9-25）。

（a）安装人字臂起重机　　　　　　　　（b）人字臂拆除塔吊大臂

（c）采用小人字臂起重机拆除大人字臂起重机　　　（d）人工拆除小人字臂起重机

图 9-25　内爬塔吊拆除

9.5　群塔施工

9.5.1　塔吊布置

超高层建筑由于其平面尺寸大、构件数量、重量大等原因，往往需布置多台大型塔吊才能满足吊装要求。针对超高层建筑结构形式的多样性，塔吊应根据实际情况灵活布置，通常应遵循以下原则：

（1）吊装能力应满足吊重及进度要求，尽量不产生吊装盲区；

（2）尽量不影响结构施工；

（3）具备塔吊安装与拆除条件。

附着式塔吊因受塔身高度不能过长的限制，一般用于高度不超过 250m 的超高层建筑。对超过 250m 以上的超高层建筑一般改用爬升式塔吊，如平安金融中心、天津高银 117 大厦、广州西塔等均在核心筒体四周布置了爬升式塔吊。天津高银

117 大厦爬升式塔吊的布置如图 9-26 所示。

9.5.2　群塔爬升原则

塔吊爬升既要考虑结构立面施工安排，同时要考虑平面内施工区域的划分。

塔吊爬升不应影响立面施工正常流水作业，避免多台塔吊同时爬升。当塔吊间有高差时，应先爬升上部塔吊，后爬升下部塔吊。塔吊爬升应进行详细的流程分析，找出塔吊爬升与结构施工之间的关系，避免出现塔吊爬升与结构施工相互牵制的情况。多台塔吊施工时应明确划分平面施工区域，塔吊的爬升顺序与平面结构施工顺序相一致，按照平面结构施工先后顺序确定塔吊爬升顺序。

图 9-26　天津 117 工程塔吊布置

9.5.3　塔吊防碰撞措施

群塔吊装施工，必须制定有效措施防止塔吊发生相互碰撞事故，影响安全生产。在制定具体措施时应重点考虑以下几点。

（1）设置警示标志：为解决晚上司机视线不明的问题，在塔吊臂上安装霓虹灯。司机及指挥应密切注意相邻塔吊大臂的方位，并做出正确判断。

（2）配备防碰装置：即在回转齿盘上安装挡铁及行程开关并接线至驾驶室。该装置会预先设定好两台塔吊的回转危险区域，当塔机回转至危险角度范围内时会触碰到行程开关，并自动接通驾驶室系统，系统会随即发出"滴、滴"的警示音，提醒司机谨慎操作。

（3）配备塔吊司机互联系统：即在两台塔机驾驶室内配备只供塔吊司机间相互联系的通信设备，方便司机之间的相互提醒和警示。

（4）建立群塔操作协调原则：即培训群塔司机操作时应遵循以下基本原则：

1）低塔让高塔原则：一般高塔均安装在主要位置，工作繁忙，低塔运转时，应先观察高塔运行情况后再运行；

2）后塔让先塔原则：塔机在重叠覆盖区运行时，后进入该区域的塔机要避让先

进入该区域的塔机；

3）动塔让静塔原则：塔机在进入重叠覆盖区运行时，运行塔机应避让该区静止塔机；行走式塔机应避让固定式塔机；

4）轻车让重车原则：在两塔同时运行时，无载荷塔机应避让有载荷塔机。

9.5.4　群塔管理措施

为保证群塔安全施工，除在技术上采取必要的防碰撞措施外，还必须建立科学的管理体系和制度。在建立管理体系时，应重点考虑以下几个方面。

1. 建立统一协调机制

建立群塔作业统一管理组织和管理网络，配备足够的人员。明确领导、施工组织及驾驶、指挥和维护保养人员职责，对现场使用和管理进行统一安排。完善群塔作业操作规程，对相关人员进行培训，做到持证上岗，所有人员按程序进行操作指挥。

2. 制定作业预案措施

塔机安装前应编制作业指导书，对塔机的安装、使用和管理进行统一策划，对群塔作业可能出现的各种危险因素进行分析，确定危险等级，并针对不同危险因素制定各项预案措施，确保各项技术措施经批准后实施。

3. 合理进行施工组织

根据现场生产需求和风向气候情况以及每台塔机的维修保养情况，合理安排塔机的使用，尽可能减少同步作业，并及时向操作和指挥人员下达《协调作业通知单》。

4. 健全报告检查制度

对施工中存在的各类问题和隐患及时报告、及时检查、及时通报，并合理安排维修保养，确保所有塔机处于完好状态。

5. 加强联络、通信管理

群塔作业应对每台单机进行统一编号，确定每台单机组操作及信号指挥人员，并保持固定。现场应为塔机组操作及相关指挥人员配备数字化对讲设备，每台机组对讲频率必须单独锁定，未经批准任何人不得改变人员组合，不得擅自改变对讲机频率，不得擅自指挥。

6. 加强指挥管理

信号指挥人员发出动作指令时，应先呼叫被指挥塔机编号，待塔机操作人员应答后方可发出塔机动作指令。同时，信号指挥人员必须时刻目视塔机吊钩及吊物，塔机运行过程中指挥人员应环顾相近塔机及其他设施，及时指令，安全指令应明确、简短、完整、清晰。塔机长时间暂停时，吊钩应起升到最高和最近位置，起重臂按顺风位置停置。

9.5.5 群塔施工注意事项

各个塔吊之间的安全距离不满足规定的要求时，通过限制高塔旋转角度或利用塔吊高差来解决；各塔的升塔应按固定的次序进行，塔吊顶升应遵循安全距离要求，每次升塔后可能相交的各塔应留有与相邻各塔均不小于 5m 的安全高差。如平面位置不能错开，则应在竖向进行错开；尽管塔机臂竖向已错开一定的距离，但是，如果两台相邻塔机的塔机臂同时处在同一平面位置，仍然会相互妨碍并产生安全隐患，因此，在塔机使用过程中，必须注意相邻塔机的动态。信号员在发出启动信号之前要观察相邻塔机臂是否在离自己的塔机臂较近的地方或正向自己的塔机臂方向移动，根据情况决定发出启动信号的时间；在塔机臂移动的过程中，塔机司机也要密切注意相邻塔机臂的移动情况，一旦发现两个塔机臂向一个方向靠近，应立即停止移动或向反方向移动塔机臂；下班后吊钩应起到最高处，小车拉到最近点，大臂按顺风向停置；单个塔吊须在界定的施工区域内规范运行，保证塔机运动部分任何部件距离现场内及周边建筑物、施工设施之间具有安全的操作距离；所有塔机应根据具体施工情况在规定时间内升降，以满足群塔立体施工协调方案的要求。塔吊在顶升过程中严禁回转起重臂，并在使用过程中严防塔吊间及塔吊与建筑物之间发生碰撞；塔臂前端设置明显标志，塔吊在使用过程中塔与塔之间回转方向必须错开；从施工流水段上考虑两塔作业时间尽量错开，避免在同一时间、同一地点两塔同时使用时发生碰撞。禁止相邻塔吊同时向同一方向吊运作业，严防吊运物体及吊绳相碰，确保交叉作业安全；塔吊在起吊过程中尽量使小车回位，当塔吊运转到施工需要地点时，再将材料运到施工点位。

第10章 施工测量技术

超高层建筑每个分部分项工程施工前，都需要进行基准定位测量。该工序将贯穿超高层建筑施工的全过程，是衔接各分部分项工程的关键工序之一。超高层钢结构测量具有如下特点：

1. 技术难度大、精度要求高

超高层建筑的平面和高程控制网垂直传递距离长，测站转换多，易形成测量累积误差。当测量累积误差大时会影响建筑功能的正常发挥，如会影响电梯的正常运行等，严重时甚至会加大荷载效应、影响结构受力。

2. 影响因素多

超高层钢结构施工测量的精度，除受测量仪器精度和测量人员技术水平影响外，还受到建筑特征和施工环境的综合影响。当建筑体型复杂、高宽比大、侧向刚度小、地基条件差、不均匀沉降大时都会间接或直接对测量精度产生不利影响；施工现场的气候条件如日照时间与强度、风向与风速等也会严重影响测量的精度。

10.1 常用测量仪器

常用测量仪器主要有：经纬仪、水准仪、测距仪、全站仪。

1. 经纬仪

经纬仪是测量最常用设备，如图 10-1（a）所示，主要用于测量水平角、竖直角或控制垂直度。经纬仪按精度分为精密经纬仪和普通经纬仪；按读数方法可分为光学经纬仪和游标经纬仪。

2. 水准仪

水准仪主要原理是建立水平视线测定地面两点间高差。主要部件有望远镜、管水准器（或补偿器）、垂直轴、基座、脚螺旋，如图 10-1（b）所示。按结构分为微倾水准仪、自动安平水准仪、激光水准仪和数字水准仪（又称电子水准仪）。按精度分为精密水准仪和普通水准仪。

3. 测距仪

测距仪主要用于距离测量，根据光学、声学和电磁波学原理设计而成，如图 10-1（c）所示。按测距原理可分为三类：超声波测距、激光测距和红外测距，其中激光测距应用最广。

4. 全站仪

即全站型电子速测仪，如图 10-1（d）所示，是一种集光、机、电为一体的高技术测量仪器，集水平角、垂直角、距离（斜距、平距）、高差测量功能于一体。因其一次安置仪器就可完成该测站全部测量工作，所以称之为全站仪。广泛用于建筑、隧道工程测量或变形监测。

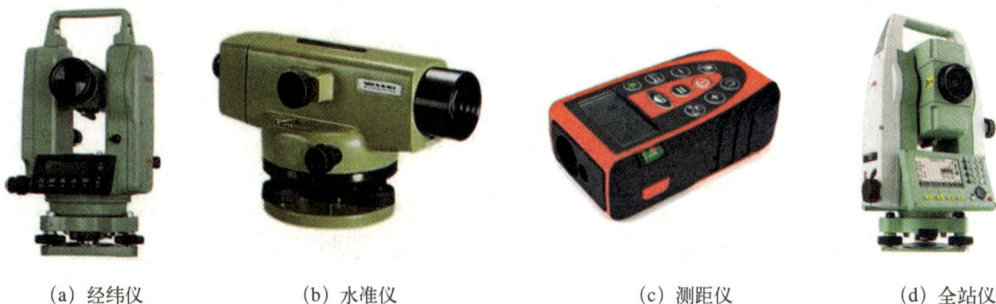

| (a) 经纬仪 | (b) 水准仪 | (c) 测距仪 | (d) 全站仪 |

图 10-1　施工测量设备

10.2　施工测量原则及内容

超高层施工测量应遵循"先整体后局部"，"由高等级向低等级精度扩展"的原则。其主要工作内容如表 10-1 所示。

主要测量内容　　　　　　　　　　　　　　　　　　表 10-1

序号	主要测量内容
1	城市大地坐标与建筑坐标转换统一
2	首级控制网的移交与复测
3	平面和高程二级控制网"外控法"布置
4	平面和高程二级控制网"内控法"垂直引测，同步控制内外筒轴线、标高
5	平面和高程三级控制网测量，控制柱、梁、剪力墙、门、洞口的轴线、标高
6	基础底板平面钢柱底预埋件、墙立面预埋件安装前的定位测量
7	钢柱三维坐标位置的定位校正测量，并分析气候条件对测量结果的影响
8	主楼核心筒内外墙垂直度及轴线、标高测量控制

10.3　施工测量控制网建立及引测

10.3.1　控制网的建立

平面控制一般布设三级控制网，由高到低逐级控制。

1. 首级平面控制网

首级平面控制网是其他各级控制网建立和复核的依据，并可作为钢结构吊装等测量定位的空中导线网，一般由建设单位提供，控制点布设在视野开阔、远离施工现场、地基基础稳定可靠的地方。

2. 二级平面控制网

二级平面控制网在首级平面控制网基础上加密，并作为三级平面控制网建立和校核的基准，同时也可作为重要部位定位放样的基准。二级平面控制网紧邻施工现场，受施工作业影响较大，点位稳定性较差，必须利用首级网定期复测校核。二级施工控制网多采用环绕施工现场的闭合导线或为十字形轴线网。

3. 三级平面控制网

三级平面控制网主要用于定位放样建筑细部，起始一般布置在基础底板。当结构施工至地面以上时，为便于设站，应及时将三级平面控制网转换到 ±0.000 楼板面，并和二级平面控制网连测校核，作为随后上部结构施工测量控制的基准。三级平面控制网一般布设于超高层建筑内部，受施工作业和建筑沉降的影响大，因此必须定期复核校验。

10.3.2 控制点的向上引测

1. 主楼平面控制网点引测

（1）一般情况下，地下室施工阶段的定位放线采用"外控法"，即在基坑周边的二级测量控制点上架设全站仪，用极坐标法或直角坐标法进行平面控制网点引测。

（2）当施工至 ±0.000m 楼板时，在基坑周边的二级测量控制点上重新架设全站仪，将该层控制网点（即三级平面控制网）测设在塔楼核心筒外周。由于在 ±0.000m 层楼板上人员走动频繁，控制点测放到楼面后需进行特殊的保护。具体的做法是在 ±0.000m 层混凝土楼面预埋铁件，待楼板混凝土浇筑完成且具有强度后，再次测设该楼层平面控制网点并进行多边形闭合复测、点位误差平差处理，确定坐标数据后打上十字样冲眼，如图 10-2。

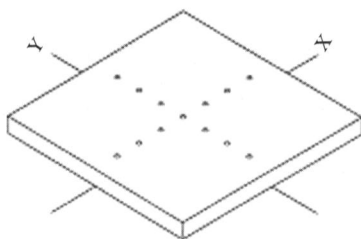

图 10-2　十字样冲眼示意图　　　图 10-3　垂直传递控制点图

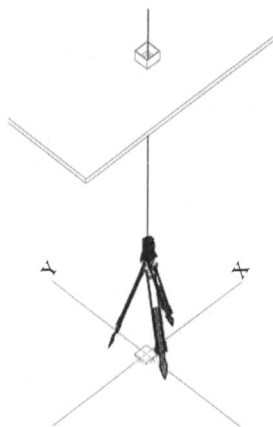

（3）引测上部各楼层平面轴线控制点时，在 ±0.000m 层混凝土楼面平面控制网点上架设激光铅直仪，垂直向上投递平面轴线控制点，如图 10-3 所示。为方便引测工作，沿垂直方向直接进行，通常在每层楼板上首层控制网点对应位置预留 200mm×200mm 的孔洞。在保证塔楼控制网点投测精度的基础上，最大限度地减少测量难度和加快测量速度，尽量使测量基准平台接近上部施工部位，通常需要进行测量基准平台转换，一般相隔约 20 层设一个测量基准平台。为消除累积误差，理论上测量基准平台的平面控制网点均应直接从首层引测，并在该层进行复测闭合控

制网、点位平差处理，然而，实际施工过程中，由于施工装修等因素，预留洞口无法长期保留，故引测工作通常只由两个相邻基准平台引测，再通过 GPS 进行复测，其精度应满足角度偏差不大于 5″，相对距离误差不大于 1/20000 的要求。如点位误差较大，应重新投测平面控制网点。

测量基准平台之间的楼层，以该平台为基准，在该平台上架设激光铅直仪，通过楼层预留测量孔，垂直向上引测。

在引测过程中，为提高激光点位的捕捉精度，减少分段引测误差的积累，通常采用激光捕捉靶辅助进行，如表 10-2 所示。

激光靶点测量　　　　　　　　　　　　　　　　　表 10-2

透明塑料薄片，雕刻环形刻度	第一次接收激光点	蒙上薄片使环形刻度与光斑吻合
通过塑料薄片中间空洞捕捉第一个激光点在接收靶上	旋转铅直仪，在 0°、90°、180°、270° 四个位置捕捉点	4 个激光点组成四边形，取中心点为本次投测的点位

（4）由于钢结构施工在楼板之前，平面控制网点所在位置的上部楼层尚未浇筑混凝土楼板，故需在主楼核心筒外墙搭设吊装测量钢平台，并把平面控制点投测到该平台上同时做好标记。

2. 主楼高程控制点引测

将地下室施工阶段的高程基点与基坑外围二级平面控制网点合二为一，点位布置在基础沉降及大型施工机械行走影响的区域之外。点位之间要求相互通视，便于联测。

图10-4　标高标识线

（1）地下室高程基准点引测

在基坑外周选择 3 ～ 4 个点位，用水准仪配合塔尺和钢卷尺顺着基坑围护桩往下量测至地下室基础。基坑内 3 ～ 4 个标高点组成水准环路，复测计算闭合差。当闭合差超限时重新引测。

（2）首层 +1.000m 标高基准点引测

用水准仪按二等水准要求，在首层核心筒外墙易于向上传递标高的位置分别布设 4 个高程基准点，经与场区高程控制点联测后，用红色油漆画"▼"标高标识线，如图 10-4 所示。

（3）首层以上各楼层 +1.000m 高程基准点引测

首层以上每约 50m 引测一次楼层高程基准点，引测起始基准点均为首层 +1.000m 高程基准点，50m 之间各楼层的标高可用钢卷尺顺主楼核芯筒外墙面往上量测，每 50m 引测时常用全站仪，其工作流程如下：

1）在 ±0.000m 层的混凝土楼面架设全站仪，对气温、气压、仪器常数等进行设置。

2）全站仪后视核心筒墙面 +1.000m 标高基准线，测得高差，计算仪器高度值。

3）采用反射棱镜配合全站仪进行远距离测量，按表 10-3 放置反射棱镜。

反射棱镜放置方法　　　　　　　　　　　　　　　表 10-3

反射镜镜头	反射镜定位板	放置完成

4）全站仪望远镜垂直向上，顺着楼层控制点的预留测量洞口测量垂直距离，得出顶点高程。顶部反射棱镜放在需要测量标高楼层的钢平台或土建提模架上，镜头向下对准全站仪。

5）调整全站仪视准轴至仰角 90°竖直，照准上部楼层反射棱镜测距，得出测量高度。

6）测量高度 + 仪器高度 +1.000m，即为所测楼层 +1.000m 高程位置。

7）按前述同样方法，分别在本楼层的不同位置测量 3 ～ 4 个楼层标高控制点，组成闭合网并复测、平差。

8）将平差后的 +1.000m 标高控制点在核心筒外墙面弹墨线标示。

3. 外围控制网建立

通常用外控网复核、校准内控网的精度。一般由 3 ～ 4 个外控点组成外控网，点位应布设在周围建筑或其他永久基础上。根据外围控制网，可对每层引测的内控网进行复核。

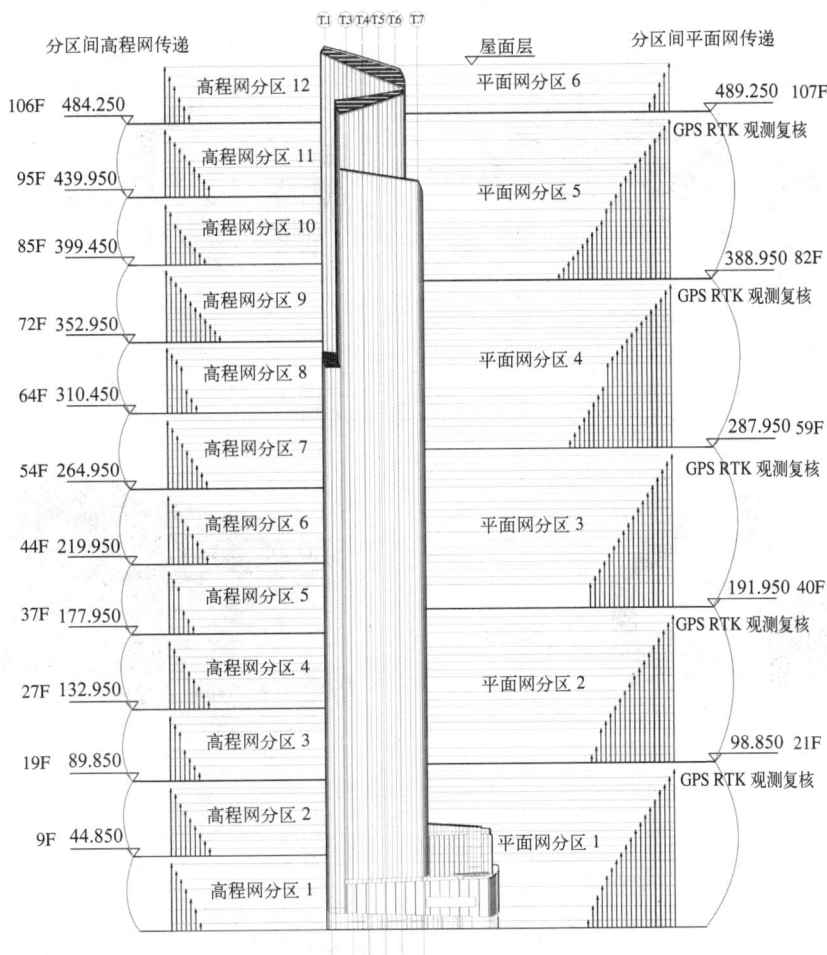

图 10-5　某工程轴线、标高基准点垂直传递途径示意图（单位：m）

10.4　施工过程控制测量

10.4.1　构件拼装测控

超高层建筑结构形式复杂多样，受到运输条件限制，经常将超宽、超高、超重钢构件分成几部分在工厂制作；制作完成后，直接将散件运输到施工现场；在施工现场，再按塔吊的起重能力，将散件拼装成整体，最后进行吊装。表 10-4 为广州周大福中心巨型钢柱地面拼接。

巨型钢柱拼接顺序　　　　　　　　　　　　　　　　　表 10-4

整平拼装场地，铺设拼装胎架，用水准仪找平	两段钢柱放于拼装胎架并用临时连接板固定，用水平尺控制钢柱对接平整度
用全站仪测放牛腿控制线，现场拼装焊接牛腿	柱对接后，安装操作平台，做好起吊前的准备

拼装过程中该巨型柱的质量主控项目为：钢柱垂直度、柱端平整度及牛腿拼装精度。用全站仪测放牛腿位置线，并用钢卷尺沿柱控制线复测牛腿位置。吊装牛腿时，

注意将腹板、翼缘对齐定位线。对于直牛腿拼装测控，通常用角尺检查牛腿与钢柱在两个面上的垂直度，合格后点焊定位板与柱身连接，移交焊接工序。对于斜牛腿拼装测控，一般用水平尺检查牛腿安装的水平度，计算牛腿的平面转角，制作楔铁并校正平面角度，合格后点焊定位板与柱身连接，移交焊接工序。

10.4.2　外框钢柱测量校正

1. 钢柱定位测量

超高层外筒钢柱安装时通常采用全站仪三维坐标空间定位测量。测量定位流程如图 10-6。

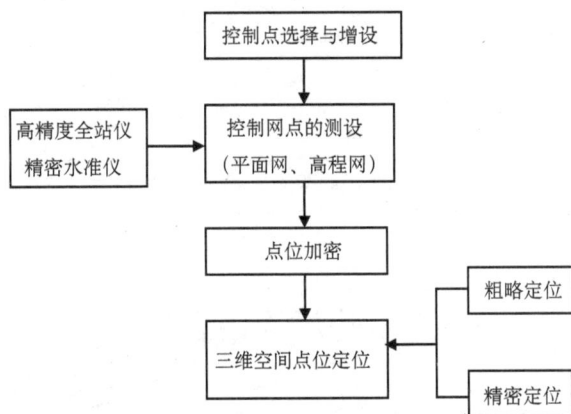

图 10-6　钢柱定位测量流程

2. 吊装过程测量

在钢柱吊装过程中，测量工作应贯穿始终，多次进行，其工作流程如图 10-7 所示。

3. 钢柱校正测量方法

钢柱的校正测量一般采用全站仪直接观测柱顶轴线、标高，获得偏差值，根据偏差值对其进行校正。对于横平竖直构件可采用经纬仪测量垂直度进行校正，并采用水准仪进行标高校正。

（1）全站仪校正测量步骤

高层施工现场作业面较小，可制作专用连接件将全站仪、反射棱镜固定在钢柱顶部（图 10-8），然后进行测量，测量步骤如下：

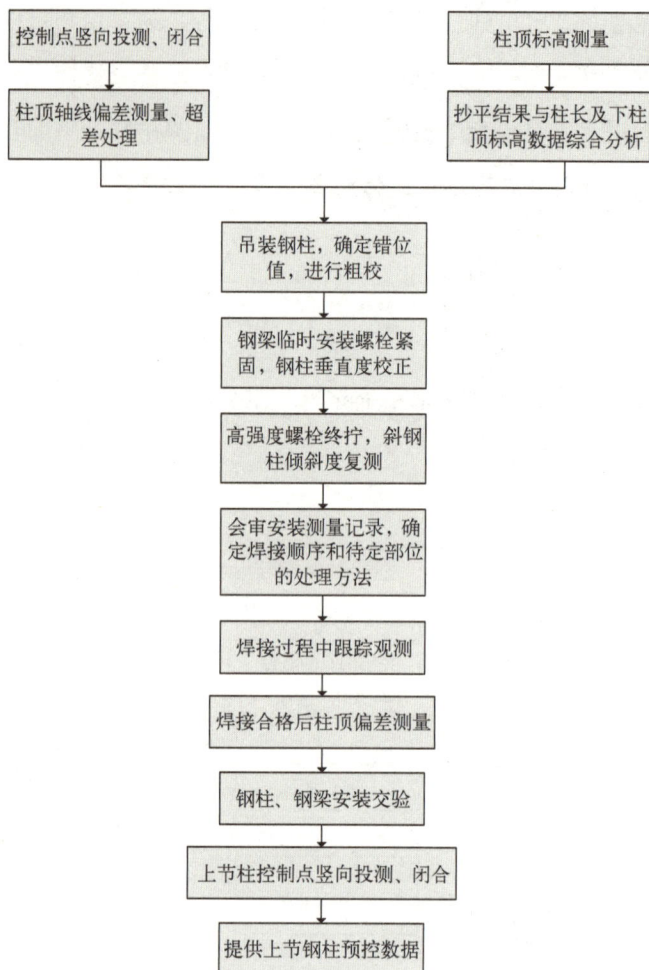

图10-7 钢柱吊装测量流程

图10-8 全站仪临时固定

1）计算得出将要吊装的钢柱顶中心及各角点的三维坐标。

2）将平面和高程控制网点投递到柱顶位置楼层并复测校核。

3）吊装前复核下节钢柱顶中心及角点的三维坐标，为上节柱的垂直度、标高预调提供依据。

4）对测量标高超过或低于设计标高的钢柱，可采取切割柱顶垫板（3mm 内）或加高垫板（5mm 内）进行调整，如差值更大应由制作厂直接调整钢柱长度。

5）用全站仪对外围各个柱顶中心及角点进行坐标测量。首先架设全站仪在投递引测上来的测量控制点上，照准一个或几个后视点；其次输入后视点、测站点坐标值、仪高值、棱镜常数、棱镜高度值，建立本测站坐标系统；配合小棱镜测量各柱顶中心及角点的三维坐标。

6）向监理报验钢柱顶的实际坐标，焊前验收通过后开始焊接。

7）焊接完成后引测控制点，再次测量柱顶及角点三维坐标，为上节钢柱安装提供测量校正的依据，如此循环。

（2）采用经纬仪进行垂直度校正测量

将检定过的两台经纬仪分别置于相互垂直的轴线上，精确对中整平，后视前方同一轴线方向，固定照准部件，然后纵转望远镜，照准钢柱顶上的标尺并读数，与设计控制值相比后，判断偏差大小和方向，指挥操作人员对钢柱位置进行校正，直到两个正交方向移动到设计位置，详见章节 11.3.1。

（3）采用水准仪进行标高校正测量

钢柱标高除可用全站仪测量外，也可用水准仪进行测量校正，如图 10-9 所示。

10.4.3 核心筒钢骨柱的测量校正

核心筒钢骨柱测量时，在钢骨柱顶两翼缘中心做好标记，按控制网计算该中心点的坐标。

钢骨柱校正时，应先调整标高、再调整扭转，最后调校垂直度。其中标高

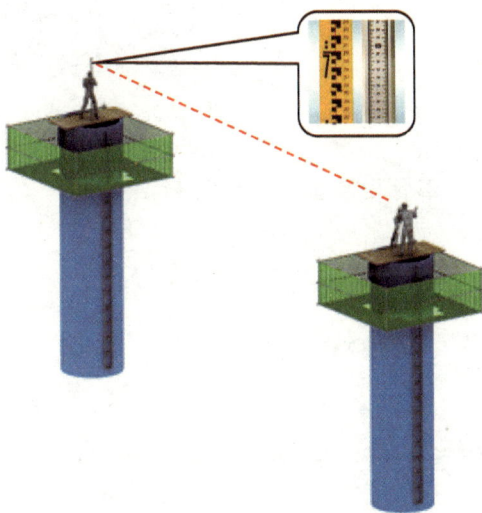

图 10-9 水准仪测量标高

校正测量直接通过测量柱顶控制点的高差进行；扭转校正测量通过测量柱底与柱顶对应两点的坐标判断钢柱的扭曲值；垂直度校正通过 2 台置于相互垂直轴线上的经纬仪进行。

10.4.4　核心筒预埋件的定位测量

在本楼层核心筒施工前，将埋件控制轴线和标高引测到下一施工完毕的楼层。在核心筒竖向钢筋绑扎完、水平钢筋绑扎前将预埋件初步就位，等水平钢筋绑扎完成后，利用土建钢管脚手架，对预埋件进行校正和固定，如竖向或水平钢筋阻碍预埋件的设置，应及时调整钢筋绑扎位置。预埋件标高满足要求后可并排焊接两根钢筋作为埋件托筋，同时将预埋件与核心筒钢筋之间焊接牢固。定位完成后用十字线做好标注，如图 10-10 所示。

图 10-10　埋件定位完成

具体做法可详见章节 11.1.3。

10.4.5　钢板剪力墙测量校正

1. 单层钢板剪力墙的校正测量

单层钢板剪力墙底部截面小，易发生侧斜。吊装时，局部依靠钢柱稳定，及时安装临时连接板，在垂直墙体方向每间隔 2m 拉设双向缆风绳，初步固定后才能松钩，如表 10-5 所示。

单层钢板剪力墙缆风绳示意图　　　　　　　　　　　表 10-5

单板墙缆风绳正立面	单板墙拉设缆风绳侧立面
	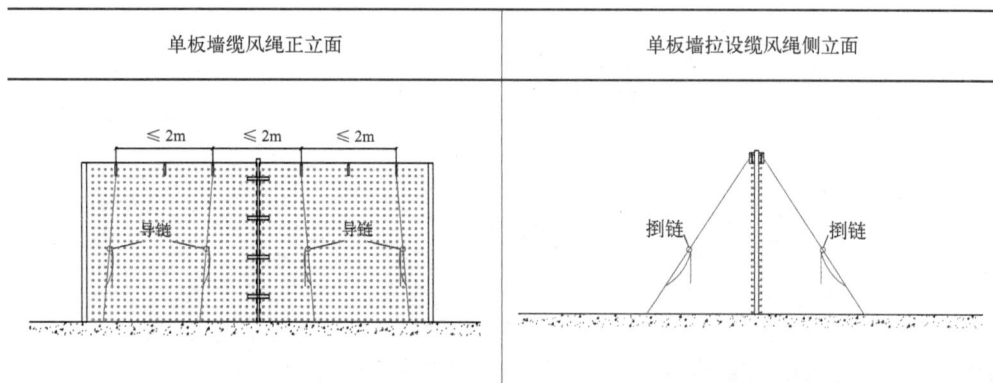

第一段单层钢板墙安装时由锚栓固定，为保证锚栓预埋精度，须在混凝土浇筑前埋入锚栓并采取固位措施。基础混凝土浇筑完成后，及时检查锚栓位置。单层钢板墙的主控项目主要为立面垂直度。一般通过在轴线侧向架设的全站仪，利用其望远镜镜头内竖向观测线观测钢板墙端部与劲性钢柱相交的立边或对接接头处的立边进行校正测量。发现不直时，拉动导链校正垂直度。也可简单通过吊线垂测法进行垂直度校正测量。

2. 双层钢板剪力墙的校正测量

双层钢板剪力墙安装过程质量主控项目包括：垂直度、同层构件整体直线度、顶面整体平整度。在双层钢板剪力墙吊装就位时，应首先将焊接衬板伸入接口，在相邻墙段之间用安装螺栓穿夹板和耳板进行临时连接固定，然后再进行垂直度校正。对于直线型或独立柱型钢板剪力墙，一般通过全站仪在相互垂直的方向上进行剪力墙垂直度校正测量；L 形钢板墙应同时进行两个方向的垂直度校正测量。进行垂直度校正后，还应对剪力墙整体直线度进行测量，测量的方法通常采用拉线法，即通过在墙体两端中点拉线或对角拉线测量墙体的直线度。

最后采用水准仪进行钢板墙墙顶平整度的测量，当测量结果不满足要求时，应进行校正。双层钢板剪力墙的主要校正方式如表 10-6 所示。

双层钢板剪力墙的主要校正方式　　　　　　　　　　表 10-6

水平对接校正	竖向对接校正	标高校正

10.5　GPS 测控技术

GPS 作为一种全新的测量手段，在工程测控中逐渐得到应用。GPS 定位技术的优点主要体现在精度高、速度快、全天候、点位不受通视限制，并可同时提供平面和高程的三维位置信息等。

GPS 定位系统由空间卫星、地面控制站和用户终端设备三部分组成。

（1）空间卫星：GPS 系统由空间卫星组成，其主要作用是根据地面控制指令接收和存储由地面控制站发来的导航信息，调整卫星姿态，启用备用卫星；向 GPS 用户播放导航电文，提供导航和定位信息；通过高精度卫星钟向用户提供精密的时间标准；

（2）地面控制站：主要功能是对空间卫星系统进行监测和控制，并向每个卫星注入更新的导航电文；

（3）用户终端设备：由 GPS 接收机硬件和相应的数据处理及微处理机组成，其主要功能是接受 GPS 卫星发射的信号，获得必要的导航和定位信息以及观测测量，并经简单的数据处理实现实时导航和定位，用后处理软件包对观测数据进行处理，以获取精密定位结果。

10.5.1　工作原理

GPS 系统运用测距后方交会原理定位与导航，利用三个以上卫星的已知空间位置交汇出地面未知点（接收机）的位置。因此利用 GPS 卫星导航定位时，必须同时跟踪至少三颗以上的卫星。

GPS 定位系统根据接收天线运动状态可分为静态定位和动态定位，根据工作方式可分为绝对定位和相对定位。

GPS 绝对定位也叫单点定位，即利用 GPS 卫星和用户接收机之间的距离观测值直接确定用户接收机天线在 WGS-84 坐标系中相对于坐标原点（地球质心）的绝对位置。GPS 相对定位也叫差分 GPS 定位，即至少用 2 台 GPS 接收机，同步观测相同的 GPS 卫星，确定 2 台接收机天线之间的相对位置，它是目前 GPS 定位中精度最高的一种方法，广泛应用于大地测量、精密工程测量、地球动力学的研究和精密导航。目前又发展了一种叫载波相位动态实时差分 -RTK（Real-time kinematic）技术，其实质也是相对定位的延伸和扩展，只不过它能快速完成搜索求解，其基本过程是基准站（已知点）通过数据链将其采集的观测数据和测站信息一起传递给流动站，流动站利用同步采集到的 GPS 观测数据，在系统内组成差分观测值进行实时处理，同时给出厘米级定位结果。经过几十年的发展，GPS 定位技术的测量精度基本能够满足施工控制网布设要求，实用性大大增强。

10.5.2　GPS 特点

1. 全球全天候定位

GPS 卫星的数目较多，且分布均匀，保证了地球上任何地方任何时间至少可以同时观测到 4 颗，确保实现全球全天候连续的导航定位服务（除雷雨天气不宜观测外）。

2. 定位精度高

单机定位精度优于 10m，采用差分定位，精度可达厘米级和毫米级。应用实践已经证明，GPS 相对定位精度在 50km 以内可达 10^{-6}，100 ～ 500km 可达 10^{-7}，1000km 可达 10^{-9}。在 300 ～ 1500m 工程精密定位中，1h 以上观测的解其平面其平面位置误差小于 1mm，与 ME-5000 电磁波测距仪测定得边长比较，其边长较差最大为 0.5mm，校差中误差为 0.3mm。

3. 观测时间短

随着 GPS 系统的不断完善，软件的不断更新，目前，20km 以内相对静态定位，仅需 15 ～ 20min；快速静态相对定位测量时，当每个流动站与基准站相距在 15km 以内时，流动站观测时间只需 1 ～ 2min；采取实时动态定位模式时，每站观测仅需几秒钟。使用 GPS 技术建立控制网，可以大大提高作业效率。

4. 测站间无须通视

GPS 测量只要求测站上空开阔，不要求测站之间互相通视，因而不再需要建造觇标。这一优点既可大大减少测量工作的经费和时间，同时也使选点工作变得非常灵活，也可省去经典测量中的传算点、过渡点的测量工作。

5. 仪器操作简便

随着 GPS 接收机的不断改进，其体积越来越小，相应的重量越来越轻，极大地降低了测量工作者的劳动强度。GPS 测量的自动化程度越来越高，有的已趋于"傻瓜化"。在观测中测量员只需安置仪器，连接电缆线，量取天线高，监视仪器的工作状态，其他工作如卫星的捕获，跟踪观测和记录等均由仪器自动完成。结束测量时，仅需关闭电源，收好接收机，便完成了野外数据的采集。如果在一个测站上需作长时间的连续观测，可通过数据通信方式，将采集的数据自动传送到数据处理中心作处理。

6. 可提供全球统一的三维地心坐标

GPS 测量可同时精确测定测站平面位置和大地高程。目前 GPS 水准可满足四等水准测量的精度要求。GPS 定位统一使用全球 WGS-84 坐标系统，因此全球不同地点的测量成果相互关联。

10.5.3　工程案例

上海环球金融中心施工过程中，为掌握大楼定位轴线偏差和顶部晃动情况，专门进行了 5 次 GPS 观测，前 4 次对不同施工高度的轴线定位基准点进行复测，以监控测量精度；第 5 次对顶部结构晃动进行动态观测。

下面以其中 3 次典型的测量为例进行说明。

（1）第 2 次轴线定位基准点复测（2007 年 4 月 18 日）

1）观测点布置

采用 3 台 GPS 接收机按静态相对测量模式同步观测，其中 2 台架在地面一级控制点 G1、G2 上（图 10-11），另一台设置在施工层 88 层（+384.691m）钢柱顶部的特征点上，共施测 R1、R2、R3 3 点，每一点观测时间约 60min，数据采样间隔为15s，卫星高度角限值为 15°。天气晴朗，无风，观测数据采集状况正常。

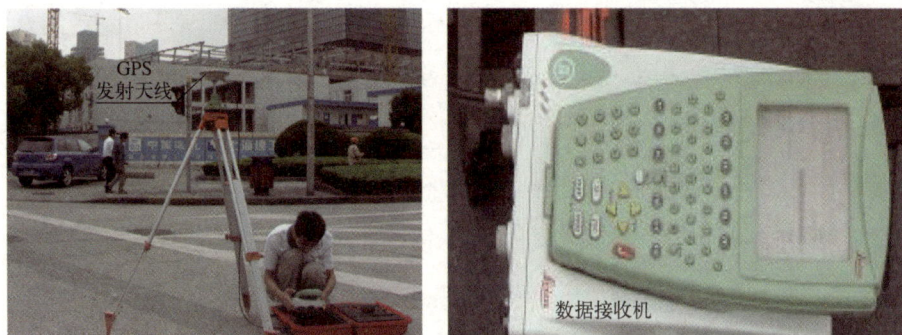

图 10-11　GPS 测控仪器

采集的数据用 Trimble TGO1.6 专业软件分析，以 G1、G2 点二维强制约束，经基线处理、网平差、坐标转换，得到 R1、R2、R3 点建筑施工平面坐标。GPS 观测成果见表 10-7。

GPS 观测结果列表　　　　　　　　　　　　　　　　表 10-7

点名	X (m)	Y (m)	H (m)	备注
G2	3.553	3579.769	−1.591	已知点
G1	174.029	3565.391	—	
R1	147.146	3411.869	384.581	检测点
R2	134.236	3401.404	384.471	
R3	112.672	3428.963	384.452	

2）GPS 观测数据分析

现场使用全站仪常规测量方法同样观测的 R1、R2、R3 各点施工坐标，与 GPS 测量坐标成果进行比较，比较结果见表 10-8。

GPS 测量与常规测量结果对比　　　　　　　　　　表 10-8

观测点	X 坐标（m）			Y 坐标（m）			H 标高（m）		
	GPS 法	常规法	差值（mm）	GPS 法	常规法	差值（mm）	GPS 法	常规法	差值（mm）
R1	147.146	147.156	10	3411.869	3411.876	7	384.581	384.893	312
R2	134.236	134.249	13	3401.404	3401.418	14	384.471	384.786	315
R3	112.672	112.690	18	3428.963	3428.981	18	384.452	384.778	326

注：差值＝常规法测量坐标−GPS 复测坐标。

由表 10-8 可见，两种测量方法平面坐标吻合较好，最大偏差 18mm，偏差数据还存在系统性的影响。误差原因主要有起算点误差、GPS 与全站仪测量时段不同步受光照和温差影响造成的误差。

3）结构垂直度偏差分析

假定表中坐标之差为设计坐标的真实偏差，按静力矩法计算其实际形心与设计形心的坐标差为：

$$\Delta x = \sum \mathrm{d}x_i / n = +13.7\text{mm（南北方向）}$$
$$\Delta y = \sum \mathrm{d}y_i / n = +13.0\text{mm（东西方向）}$$
$$e = \sqrt{\Delta x^2 + \Delta y^2} = 18.9\text{mm}$$

其垂直度为：$K=e/H=18.9/384691=1/20354$，可见构件垂直度测量的精度达到了很高的标准。

4）标高偏差分析

GPS 法检测的标高与常规测量法测量的标高平均偏差为 318mm；而设计计算值为 ≤ 200mm，实测结果为 150mm 左右。从数据表面分析，存在约 170mm 的常数误差。

（2）第 4 次轴线定位基准点复测（2007 年 7 月 26 日）

1）观测点布置

本次在结构 96 层上观测，高度为 434m，选定 T1、T2 两个构件特征点进行复核（图 10-12），观测方法与前 3 次基本相同，晴天、无风，两台塔吊在工作。

图 10-12　观测点布置图

2）GPS 观测数据分析

使用全站仪常规测量法观测 T1、T2 点的施工坐标，与 GPS 测量坐标进行比较，如表 10-9 所示。

GPS 测量与常规测量坐标对比 表 10-9

观测点	X 坐标（m）			Y 坐标（m）			H 标高（m）		
	GPS 法	常规法	差值（mm）	GPS 法	常规法	差值（mm）	GPS 法	常规法	差值（mm）
T1	114.088	114.097	9	3418.099	3418.135	36	433.945	434.265	320
T2	135.800	135.825	25	3435.135	3435.155	20	433.947	434.252	305

注：差值=常规法测量坐标–GPS 复测坐标

3）结构垂直度偏差分析

平面坐标与位置计算如下：

$\Delta x = \sum \mathrm{d}x_i / n = +17\mathrm{mm}$（南北方向）

$\Delta y = \sum \mathrm{d}y_i / n = +28\mathrm{mm}$（东西方向）

$e = \sqrt{\Delta x^2 + \Delta y^2} = 32.8\mathrm{mm}$

其垂直度为：$K = 32.8/434000 = 1/13232$

为检出测量的稳定性，对两次测量结果进行了对比，其结果如表 10-10 所示。

两次定位轴线复测结果对比 表 10-10

次数	点号	X 坐标（m）			Y 坐标（m）			Z 坐标（m）		
		GPS 法	常规法	差值	GPS 法	常规法	差值	GPS 法	常规法	差值
2	R1	147.146	147.156	0.010	3411.869	3411.876	0.007	384.893	384.581	0.312
	R2	134.236	134.249	0.013	3401.404	3401.418	0.014	384.786	384.471	0.315
	R3	112.672	112.690	0.018	3428.963	3428.981	0.018	384.778	384.452	0.326
4	T1	114.088	114.097	0.009	3418.099	3418.135	0.036	434.265	433.945	0.320
	T2	135.800	135.825	0.025	3435.135	3435.155	0.020	434.252	433.947	0.305

由表 10-10 可见，两次观测数据偏差方向一致，X 轴偏差 9 ～ 25mm，Y 轴偏差 7 ～ 36mm，包括标高偏差，具有一定的系统性。Y 轴向偏差数据稍大，这和顶部结

构形式的刚度有关。大楼整体轴线、垂直度控制较为理想，满足超高层钢结构施工精度要求。

第 2、4 两次的标高偏差平均值分别为 318mm、318mm，减常数误差 170mm，分别为 148mm、148mm ，比较接近设计计算的沉降、压缩理论值之和（200mm）。

（3）主体结构顶面晃动动态观测

1）观测点布置

观测时间 2007 年 9 月 6 ～ 8 日，9 月 6 日，微风、天气晴，两台塔吊正常工作。地面固定点设 GPS 1 台，大楼结构顶部架设 1 台 GPS 进行动态观测，作业实景见图 10-13。

（a）基站天线　　　　　　　　　　　（b）无线通信天线

图 10-13　GPS 动态观测作业实景

2）GPS 实时动态监测数据分析

GPS 实时动态监测中心通过三维点云图、三维坐标数据列表、时程曲线图、平面点位离散图实时察看监测点的变化。如有风荷载作用，监测数据变化的显著响应，可借助频谱分析法来分析监测点的动态变化特征。

由于连续 3 日采集的数据量庞大，取 2007 年 9 月 6 日 17：54 ～ 18：23 的典型数据（图 10-14），反映监测点的平面变化情况。

由图 10-14 知，监测点的平面坐标值总体集中在一个小椭圆区域内，但存在一些明显的离散线，即在东西方向上存在明显的晃动，究其原因主要为塔吊施工影响所致。

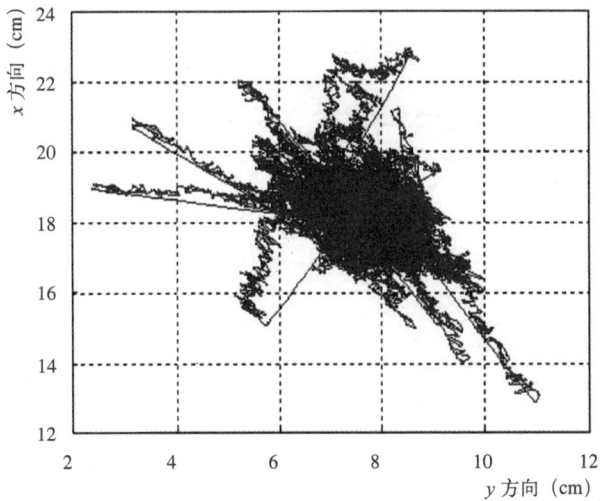

图 10-14　典型数据点云图

3）动态观测结果分析

连续 3 日动态监测，采集了大量数据。按一整天的不同时段进行详细分析，分析中考虑了不同风力、气温、日照气象条件的影响。结果表明，监测点平面位置在略呈椭圆形的范围内摆动，摆幅在 40mm 内；微风条件下主体结构顶点晃动特征不明显。受施工塔吊干扰，最大摆幅扩大到 100mm。

第 11 章 钢构件吊装

11.1 吊装前准备

11.1.1 构件进场

钢构件由工厂制作完成后，一般通过公路运输至施工现场。到场后应首先派专人按随车货运清单对构件数量及编号进行核对，如发现问题，应及时通知制作厂更换或补全所需构件。核对完成后，利用现场起重设备进行卸车作业。

卸车后，组织技术人员进行构件质量和资料现场验收与交接。验收交接的主要内容包括焊缝质量、构件外观、尺寸以及验收资料等。对缺陷超出允许范围的构件，必须进行修补。常用构件现场验收与修补方法如表 11-1 所示。

构件进场验收及常用修补方法   表 11-1

序号	验收项目	验收工具、验收方法	拟采用修补方法
1	焊角高度尺寸	量测	补焊
2	焊缝错边、气孔、夹渣	目测检查	焊接修补
3	构件表面外观	目测检查	焊接修补
4	多余外露的焊接衬垫板	目测检查	去除
5	节点焊缝封闭	目测检查	补焊
6	相贯节点夹角	专用仪器量测	制作厂重点控制
7	现场焊接剖口方向角度	对照设计图纸	现场修正
8	构件截面尺寸	卷尺	制作厂重点控制

序号	验收项目	验收工具、验收方法	拟采用修补方法
9	构件长度	卷尺	制作厂重点控制
10	构件表面平直度	水准仪	制作厂重点控制
11	加工面垂直度	靠尺	制作厂重点控制
12	铸钢节点	全站仪	制作厂重点控制
13	构件运输过程变形	经纬仪	变形修正
14	预留孔大小、数量	卷尺、目测	补开孔
15	螺栓孔数量、间距	卷尺、目测	铰孔修正
16	连接摩擦面	目测检查	小型机械补除锈
17	构件吊耳	目测检查	补漏或变形修正
18	表面防腐油漆	目测、测厚仪检查	补刷油漆
19	表面污染	目测检查	清洁处理
20	质量保证资料与供货清单	按规定检查	补齐

11.1.2　构件现场存放

构件进场后，应根据施工组织设计规定的位置进行堆放。对大型重要构件可协调运输与吊装时间，进场后直接吊装至安装位置并进行临时连接。

构件堆场的设置应注意以下事项：

（1）构件堆场的布置应满足施工组织设计施工平面布置总图的要求。并尽量将构件堆场布置在起重设备工作范围之内或安装位置附近，以减少构件的二次转运。

（2）当施工现场平面布置较为紧张或满足不了构件堆放要求时，可在外部租赁其他场地进行构件的堆放，并采用平板车、汽车吊等设备进行构件的二次转运。

（3）构件可根据工程的结构特点，依照工程施工进度堆放于结构楼板上，但堆放前应进行结构施工阶段的验算，当结构本身不能承受构件堆放所产生的荷载时，应进行结构加固。

（4）可搭设专用钢平台进行构件的堆放（图 11-1），钢平台的设计应满足相应国家设计规范的要求。

图 11-1　沈阳恒隆广场钢平台堆场

（5）若堆场土质较差，需对堆场进行硬化处理，通常采用夯实或者铺设碎石的硬化方法。

（6）构件堆场应有良好的排水条件。

钢构件的堆放应注意以下事项：

（1）构件堆放应将钢柱、钢梁、节点、压型钢板等构件分类堆放，并按照便于安装的原则，将先安装的构件靠近吊机堆放，后安装的构件紧随其后堆放在方便吊装的地方。

（2）构件堆放层数不宜超过 2 层，构件与地面之间应设置木支垫或者工装措施（图 11-2），当构件堆放 2 层时，构件之间亦应垫设木支垫等构件保护措施。

图 11-2　钢构件现场堆放示意图

（3）构件堆放时应将构件的编号、标识外露，便于查看，如图 11-3 所示。

（4）雨雪天气时，构件周围应铺设彩条布等措施对构件进行保护。

图 11-3 构件标号清晰外露

11.1.3 钢构件与混凝土连接部件的施工

钢构件与混凝土连接部件的预埋质量直接影响整个钢结构工程的施工质量。预埋部件主要包括柱脚锚栓、混凝土柱或墙与钢梁连接预埋件、埋入式柱脚、柱段、梁段等。

1. 柱脚锚栓施工

柱脚锚栓进行施工时，应首先对测量基准进行核对；然后根据原始轴线控制点及标高控制点对现场轴线进行加密，再根据加密轴线测放出每一个埋件群的中心点和至少两个标高控制点；之后进行定位板与锚栓的就位，先找准定位板与锚栓的定位中心线（预先量定并刻画好），并使其与测放中心点基本吻合；然后将定位板与预先埋设的措施埋件（图 11-4）连接固定，或者将锚栓与土建钢筋点焊（图 11-5），防止后续土建钢筋绑扎及混凝土浇筑造成定位板与锚栓的移位；最后进行轴线网和标高复测，对部分误差较大者进行调整。

在混凝土浇灌前应再次复核埋件位置，复

图 11-4 措施埋件

图 11-5 柱脚锚栓埋设完毕

核无误后方可进行混凝土浇筑。混凝土浇灌前，螺纹上要涂黄油并包上油纸，外面再装上套管，浇灌过程中，要对其进行监控，防止螺杆损伤。对已安装就位但产生弯曲变形的柱脚锚栓，钢柱安装前应将已弯曲变形的螺杆调直、已损伤的螺牙修复。

当结构采用插入式柱脚时，通常在锚栓下方设置刚性较大的支撑架，作为锚栓安装的施工措施，如图 11-6 所示。

图 11-6　某工程插入式柱脚施工

巨型钢柱配置的柱脚锚栓直径大、数量多，如深圳京基 100 工程，每个柱脚的柱脚锚栓（图 11-7）由 84 根直径 85mm 的锚杆组成，重量达 22t；天津高银 117 大厦工程巨型柱柱脚锚栓采用 75mm 直径高强锚栓，埋入深度约 5.5m，数量多达 1348 根。

上定位板

锚杆

下定位板

图 11-7　深圳京基 100 项目柱脚锚栓

在巨型柱脚锚栓施工前，需预先设置锚栓支架（图 11-8）。锚栓支架通过预埋件固定在桩基承台上，以保证在锚栓安装过程中固定锚栓的位置并保证在后续钢筋混凝土施工过程中锚栓群不发生移动。

图 11-8 巨型柱脚锚栓支架

2. 钢梁预埋件施工

钢梁预埋件施工时，首先根据轴线控制点及标高基准点，引测作业面的轴线控制网及高程控制点，并将其与土建测放的轴线及高程控制点进行复核。测量放样完成后，在墙体竖向钢筋与水平钢筋能够形成稳定的钢筋网片时，将预埋件初步就位，等土建钢筋基本绑扎完，再对预埋件进行精确校正。此时除检查轴线定位、标高是否正确外，还应复核预埋件到各主要洞口、墙体等的尺寸是否与图纸一致，避免不同专业之间的尺寸标注错误。待混凝土工程浇筑、养护、拆除模板后，清理预埋件板面并复核其位置，最后再测量放线，精确定位钢梁连接板的位置。

钢梁预埋件安装流程如图 11-9 所示。

（a）测量放线，确定埋件中心线位置

图 11-9 钢梁预埋件安装流程图

(b) 埋件就位　　　　　　　　　　　　　(c) 埋件水平度测量

(d) 埋件垂直度测量　　　　　　　　　　(e) 校正后点焊固定

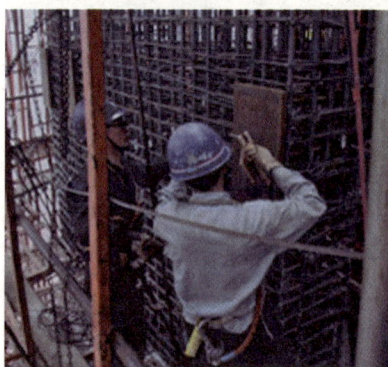

图 11-9　钢梁预埋件安装流程图（续图）

11.1.4　吊点设置

钢构件吊点的设置需综合考虑吊装简便，稳定可靠，避免构件变形等因素。钢柱、钢板墙的吊点设置在构件顶部，也有少部分设置在其他位置作为辅助吊点。钢梁等其他构件设置的吊点需保证钢梁在吊装过程中的平衡，故吊点通常对称设置。

11.2　吊装方式

钢结构吊装方式一般采用吊耳吊装、开孔吊装和捆绑吊装。

1. 吊耳吊装

设置吊耳是钢结构吊装最常用方法，根据吊装设计要求，在钢结构深化设计时，需在构件上设置吊装耳板，如图 11-10 所示。吊耳一般分为三种形式：专用吊耳、专用吊具和临时连接板。钢柱的吊装耳板通常为连接耳板或专用吊具，钢梁的吊装

耳板通常为专用吊耳，垂直设置于钢梁上翼缘，与腹板在同一竖向平面内。

专用吊耳

(a)

吊装夹具

(b)

临时连接耳板开设吊装孔

(c)

图 11-10　设置吊耳吊装

2. 开吊装孔

开吊装孔是钢梁吊装时常用方法之一。该方法是在钢梁翼缘长向中心线边缘开设小孔（图 11-11），小孔的大小满足吊环穿过即可。这种做法不仅可节约钢材，而且便于吊装、安全可靠。但对于重量较大、板厚较厚的构件不宜采取该方法，一般根据表 11-2 的条件确定采用哪种吊装方式。

钢梁吊装孔开设要求　　　　　　　　　　　　表 11-2

翼缘　　　　　重量	重量小于 4.0t	重量大于 4.0t
翼缘板厚 ≤ 16mm	开吊装孔	焊接吊耳
翼缘板厚 > 16mm	焊接吊耳	焊接吊耳

3. 捆绑吊装

捆绑吊装通常用于吊装钢梁及大型节点等，如图 11-12 所示。捆绑吊装实施方便，免去了焊接、割除耳板、开设孔洞的工序，但捆绑吊装对钢丝绳要求较高，绑扎必须认真仔细，需防止绑扎不牢导致构件滑落事故。绑扎吊装通常与"保护铁"联合使用，以防构件边缘处尖锐而导致钢丝绳受损，甚至出现被划断的现象发生。

图 11-11　钢梁设置吊装孔

图 11-12　钢梁捆绑吊装

11.3　构件吊装

11.3.1　钢柱吊装与校正

1. 钢柱吊装

（1）首节钢柱吊装

1）吊装准备

在土建单位浇筑完混凝土，并达到一定强度后，开始进行钢柱吊装。吊装前需进行以下施工准备：

①根据控制网测设细部轴线，并与土建测设的轴线相互对应，应保证轴线测控网统一；

②根据测设的轴线确定钢柱安装位置，并在混凝土表面上画出定位"十"字和标注钢柱外边缘线；

③对预埋的柱脚螺栓进行复核。剥去丝口保护油纸，对损坏的丝口进行修

复。当锚栓偏移较大时,可对柱底板锚栓孔进行适当调整。

2)作业流程

①根据钢柱的底标高调整锚栓杆下螺帽位置,并备好垫铁块;

②缓慢起吊钢柱,至钢柱处于垂直状态后缓慢下落;当钢柱底板接近锚栓顶部时,停机稳定;使锚栓孔对准锚栓,使钢柱轴线对准十字线;然后继续缓慢下落,下落中应避免磕碰柱脚锚栓丝扣,如图 11-13 (a) 所示;

③当下部锚栓插入柱底板后,核查钢柱四边中心线与安装位置混凝土表面"十字轴线"的对准情况(兼顾四边),当钢柱的就位偏差调整在3mm 以内后,再继续下落钢柱,并使之落在锚栓的定位螺帽之上。柱底偏差,包括柱底中心线的就位偏差可通过千斤顶移动柱底板位置来调节,如图 11-13 (b) 所示;

④通过缆风绳上的捯链进行钢柱垂直度调节,如图 11-13(c)所示。钢柱校正完毕后拧紧锚栓、收紧缆风绳,并将柱脚垫铁块与柱底板点焊,然后移交下道工序施工。

(a)

(b)

(c)

图 11-13 首节钢柱吊装示意

(2)首节以上钢柱吊装

1)吊装准备

①钢柱吊装前,在柱身上标注钢柱的安装方向,并将上端的操作平台与工作爬梯一并安装在钢柱上(图 11-14),爬梯一般采用圆钢制作,禁止使用螺纹钢制作;

②在已完成安装的楼层作业面满铺安全网,在临边和洞口处拉设安全绳。

2)作业流程

①吊装前,清除下节钢柱顶面和本节钢柱底面的渣土和浮锈。

②缓慢起吊钢柱至垂直状态;升高并移至吊装位置上空;下降与下段柱头对接;

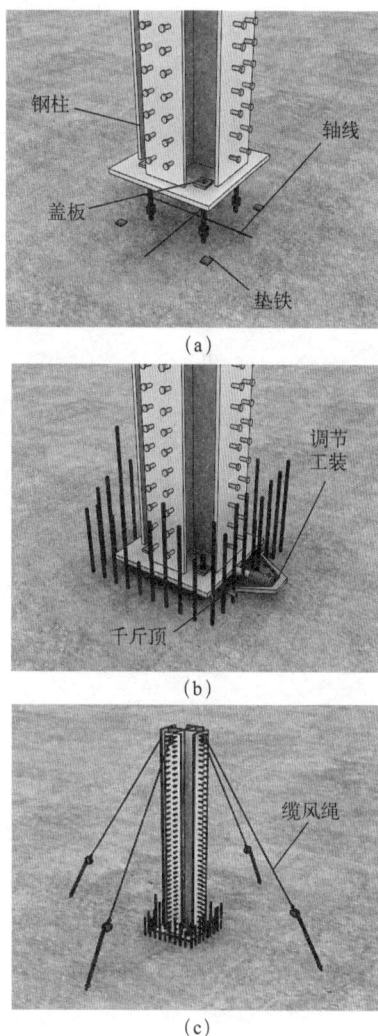

调整被吊柱段中心线与下段柱的中心线重合（四面兼顾）；将活动双夹板平稳插入下节柱对应的安装耳板上，穿好连接螺栓并形成临时连接。

③拉设缆风绳对钢柱进行稳固，通过缆风绳上的捯链进行钢柱垂直度初步调节（图 11-15）。钢柱校正完毕后拧紧连接耳板处的螺栓、收紧缆风绳，为钢梁安装提供条件。

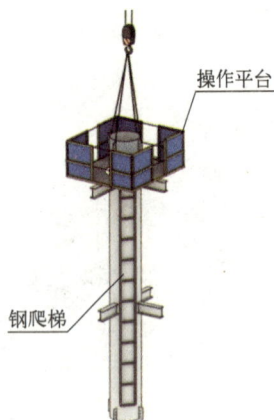

图 11-14　钢柱吊装示意图

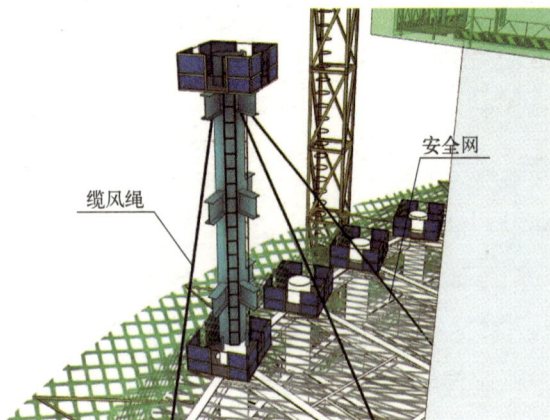

图 11-15　钢柱吊装就位

2. 钢柱的校正

（1）上部钢柱的柱顶标高及轴线定位可以利用全站仪进行测量（图 11-16）。高层施工现场作业面较小，可以制作专用工具将全站仪、激光反射棱镜固定在钢柱顶部进行操作。

图 11-16　钢柱标高水准测量

（2）钢柱测定标高低于设计值时，可在上、下节钢柱对接耳板处间隙打入斜铁，或在接缝间隙内塞入厚度不同的钢片或采用千斤顶进行调节（图 11-17）。需要注意的是衬垫板宜在现场进行焊接，否则钢柱因焊接衬板与柱头隔板冲突，无法向下调节柱顶标高。

图 11-17　千斤顶调节钢柱安装标高

（3）钢柱垂直度的测量采用两台经纬仪分别置于相互垂直的轴线控制线上（图 11-18a），精确对中整平后，后视前方的同一轴线控制线，并固定照准部，然后转动望远镜，照准钢柱头上的标尺并读数，与设计控制值对比后，判断校正方向并指挥测校人员对钢柱进行校正，直到两个正交方向上均校正到正确位置为止。钢柱垂直度的校正采用设有捯链的三个方向的缆风绳进行（图 11-18b）。

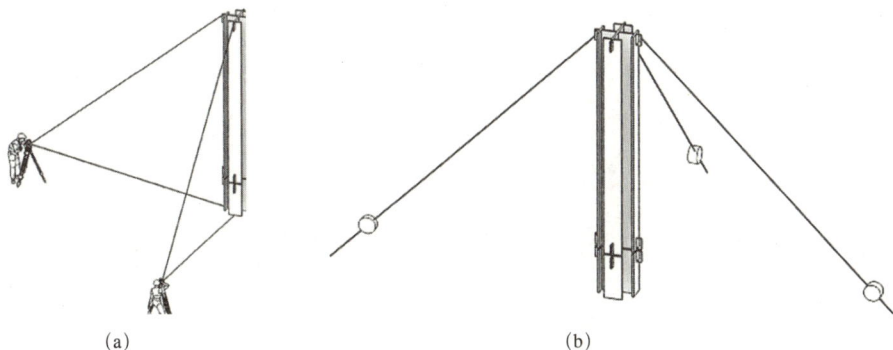

(a)　　　　　　　　　　　　　　　　(b)

图 11-18　钢柱校正示意图

（4）两节钢柱对接时，用直尺测量接口处错边量，其值不应大于3mm。当不满足要求时，在下面一节钢柱上焊接码板（图11-19），并用千斤顶校正上部钢柱接口。

图11-19　钢柱错边校正示意图

（5）当钢柱和环带桁架或伸臂桁架等相连时，为防止带状桁架焊接收缩对巨型柱垂直度的影响，可先对带状桁架弦杆拼接焊缝收缩值进行计算和经验预测，事先将巨型柱向反向预偏（如上海环球项目反向预偏值为15～20mm）。

3. 钢柱吊装注意事项

（1）钢柱吊装应按照各分区的安装顺序进行，并及时形成稳定的结构体系；

（2）起吊前，钢构件应横放在垫木上。起吊时不得使构件在地面上有拖拉现象。当钢柱分段重量较大、长度较长时，为了防止巨柱在地面上拖拉，可采用汽车吊等设备在另一端进行辅助起吊，将构件扶直（图11-20）。回转时需有一定的高度，起钩、旋转、移动三个动作应交替进行，就位时应缓慢下落；

（3）为了确保安装精度，避免累积误差影响，每节柱的定位轴线应以地面控制线为基准线上引，不得从下层柱的轴线上引；

（4）结构的楼层标高可按相对标高进行。安装第一节柱时从基准点引出控制标高并标在混凝土基础或钢柱上，以后每次上引标高均以此标高为基准，以确保每层结构标高符合设计要求；

（5）上、下节钢柱之间的连接耳板待全部焊接完成后进行割除。为不损伤母材，割除时预留约5mm，然后再打磨平滑，并涂上防锈漆，如图11-21所示；

图 11-20 汽车吊协助塔吊将巨柱空中扶直

图 11-21 连接板割除与打磨

（6）在形成空间稳定单元后，及时向下道工序移交工作面。

11.3.2 钢梁吊装

1. 吊装前准备

（1）对钢梁定位轴线、标高、标号、长度、截面尺寸、螺孔直径及位置、节点板表面质量等进行全面复核，符合要求后，才能进行安装；

（2）用钢丝刷清除摩擦面上的浮锈保证连接面平整，且无毛刺、飞边、油污、水和泥土等杂物；

（3）梁端节点采用栓 - 焊连接时，将腹板的连接板用安装螺栓连接在梁的腹板相应位置处，并与梁齐平，不能伸出梁端；

（4）节点连接用的螺栓，按所需数量装入帆布包内捆扎在梁端节点处。做到一个节点一个帆布包。

2. 吊装工作流程

当钢柱固定好后，即进行钢梁的安装工作，使之形成稳定的框架结构。钢梁的吊装操作顺序如下：

（1）将钢梁吊至安装位置上方，缓慢下降使梁平稳就位，等梁与牛腿对准后，将腹板连接板移至相对位置，穿入冲钉与安装螺栓进行临时固定，同时将梁两端打紧矫正。每个节点上使用的安装螺栓和冲钉总数不少于安装总孔数的 1/3，其中临时螺栓最少两套，冲钉不宜多于临时螺栓的 30%；

（2）调节梁两端的焊接坡口间隙，用水平尺校正钢梁与牛腿上翼缘的水平度，达到设计和规范规定后，拧紧安装螺栓，并将安全绳拴牢在梁两端的钢柱上；

图 11-22　钢梁串吊实例

（3）在框架梁安装后与两端柱形成稳定的框架单元时，同时对钢柱与钢梁的安装精度进行复校，复校合格后，将各节点上安装螺栓拧紧，使各节点处的连接板贴合好以保证后续更换高强度连接螺栓时对安装精度的要求；

（4）在完成一个独立单元柱与框架梁的安装后，即可进行本单元内次梁的安装。为了加快吊装速度，次梁吊装可采用串吊的方法进行，如图 11-22 所示。

3. 吊装注意事项

（1）框架梁柱的吊装顺序，尽可能尽早使已被吊装的梁柱形成稳定的框架体系，避免单柱长时间处于悬臂状态。形成的框架体系可为次梁的吊装提供稳定的工作平台。

（2）每节框架施工时，一般是先栓后焊，并按先顶层梁，其次底层梁，最后为中间层梁的焊接操作顺序，以保证框架安装质量达到设计要求。

（3）每节框架梁焊接前，应先对框架柱的垂直度偏差进行分析，选择偏差较大柱部位的梁先进行焊接，以减小焊接累积收缩变形对该柱垂直度偏差的影响。

（4）若钢梁长度较大或重量较重时，可分段吊装，并设置可靠支撑以保证其吊装阶段的稳定性。

（5）钢柱的焊接宜在钢梁吊装完成后进行。

11.3.3　钢支撑吊装

钢支撑的吊装类似于钢梁的吊装。当钢支撑两侧框架结构临时固定之后，即可进行钢支撑的吊装。

（1）将钢支撑吊至安装点后，缓慢下降使其平稳就位。由于钢支撑存在一定的倾斜度，安装时，在吊点的一端设置捯链，以调整钢支撑的倾斜角度，如图 11-23 所示。

（2）当支撑倾斜度较大，重量较重，且划分多段时，可采取以下两种方式吊装：

图 11-23 钢支撑吊装

1）搭设临时支撑胎架，确保钢支撑精确就位，如图 11-24 所示。

2）先安装周边钢梁、后吊装支撑，如图 11-25 所示。

图 11-24 搭设胎架安装法

图 11-25 先钢梁后支撑安装方法

（3）调节好两端节点的焊接坡口间隙，并用水平尺校正钢梁与牛腿翼缘的水平度达到设计规定后，拧紧临时螺栓，进行焊接作业。

（4）当支撑截面尺寸及重量均较大时，为防止安装时其重量压弯相邻构件或侧向失稳，可采取设置临时防倾支撑、反向固定缆风绳等措施。

（5）由于钢支撑通常与环带桁架、钢柱、钢梁等多种钢构件相连，其安装精度也易受各构件施工累积误差的影响，故在钢支撑施工时，宜将其高强度螺栓连接的圆孔改为长圆孔，且现场焊接其与其他构件（如钢梁）的连接板，以调节和消除其他相连构件传递的误差。

11.3.4 钢板墙吊装

图 11-26 钢板墙焊接变形

钢板墙吊装与钢柱吊装类似。钢板墙吊装就位后，当横向及竖向均采用焊接方式连接时，钢板墙易发生焊接变形，如图11-26所示。此时，可采用如下措施控制钢板墙的焊接变形。

（1）对于两边同时存在立焊缝的钢板，在焊接完成后容易出现S形的出平面扭曲变形。为防止该类焊接变形的产生，可在立焊缝处增设约束板的数量和加大约束板的尺寸（图11-27），或者将钢板焊缝位置设置在结构暗梁位置，以使暗梁翼缘帮助限制钢板的出平面焊接变形。

（2）在钢板墙"十字"形、"T"形交叉的部位还可以采用增加角撑的方法减小焊接残余变形，如图11-28所示。

图 11-27 焊缝残余变形约束板

图 11-28 焊接角撑

（3）为防止单层钢板墙的焊接变形过大，焊前可在钢板顶端平面内设置对撑加角撑的加固措施，如图11-29所示。焊接过程采取加热与保温措施，也可有效地减小钢板墙的焊接残余变形，如图11-30所示。采取措施后焊接的钢板墙如图11-31。

图 11-29 采用对撑加角撑支撑

图 11-30 电加热

图 11-31 采取措施后焊接的钢板墙

11.3.5 钢桁架吊装

超高层钢结构体系的钢桁架一般包括环带桁架和伸臂桁架。由于其具有重量重、体积大的特点，一般采用高空散装法进行安装。

1. 环带桁架吊装

环带桁架吊装可按两种顺序进行。第一种，下弦杆—竖腹杆—上弦杆—斜腹杆；第二种，下弦杆—竖腹杆—斜腹杆—上弦杆。当采用第一种吊装顺序时，斜腹杆需从侧向塞进安装位置，存在一定的安全隐患；当采用第二种吊装顺序时，竖腹杆与斜腹杆同时与上弦杆组拼，会给连接对中造成一定困难。综合比较两种顺序，第二种较为常用，如图 11-32 所示。

环带桁架安装时，首先安装下弦杆，装完后，随即对其进行校正；校正合格后，进行竖腹杆、斜腹杆、上弦杆的安装；全部安装后，进行整体校正；校正合格后，再按合理的焊接工艺完成焊接；最后换装高强度螺栓。

上弦杆

斜腹杆

图 11-32　环带桁架吊装示意图

位于结构层间的带状桁架，后续楼层施工会传来较大的竖向荷载，产生一定的挠度变形。为此，施工时，应进行一定的起拱，起拱值可根据计算确定。

2. 伸臂桁架吊装

由于核心筒施工会领先于外框筒钢结构施工，故连接核心筒与外框筒的伸臂桁架的安装，按施工流程被分为核心筒内部分和核心筒外部分。一般会先安装筒内部分，再后续安装筒外部分。在安装筒内部分时，将同时安装与筒外部分连接的大型复杂牛腿（通常采用铸钢牛腿）。该牛腿的精准安装是保证伸臂桁架筒外部分整体精度的基础，应专门制定有效工法确保其安装精度。

对于伸臂桁架核心筒内部分的安装校正，应根据其操作空间狭小、钢丝绳无处架设的条件制定专门施工措施，以确保其安装精度。当伸臂桁架跃层设置时，宜采取层层安装，层层校正，再整体校正，最后整体焊接的施工工艺。为保证桁架整体安装精度，应十分注重局部校正。局部精准的校正，由千斤顶与捯链完成，使用的楔形铁垫片，应现场量测，现场切割，现场制作。

对于核心筒外部分的安装，需重点考虑外钢框架与钢筋混凝土核心筒之间的竖向变形差对伸臂桁架的影响，国内有的超高层建筑施工采用了如下做法，可作为施工参考。

上海环球金融中心：安装时仅先完成桁架上下弦的焊缝焊接，而斜腹杆（设有竖杆时也包括竖杆）与弦杆的连接均采用连接耳板穿高强度螺栓的临时固定，连接耳板上的螺栓孔设计为双向长孔，以消化上述竖向变形差的不利影响；待伸臂桁

架两侧的压缩变形稳定后再完成斜腹杆（设有竖杆时也包括竖杆）与弦杆的焊接连接，如图 11-33 所示。

图 11-33 上海环球外框连接处伸臂桁架安装措施

南京紫峰大厦：外挑伸臂桁架节点形式采用直径为 39mm 的大六角高强度螺栓群与直径为 150mm 的销轴进行连接，安装间隙为 2mm，核心筒外伸臂桁架部分的支座节点采用了组合节点形式，使之能够产生微小转动而减少由于竖向变形差异引起的附加应力。

上海金茂大厦：核心筒外伸桁架部分的支座节点采用了高强度螺栓群和销轴组合式节点，初装时用直径为 38mm、长为 450mm 的高强度螺栓与直径为 200mm、长为 1130mm 的销子连接，终固时所有销接部位再补上高强度螺栓。

深圳京基 100：伸臂桁架核心筒外部分采用一端刚接，一端铰接的连接方式。即对伸臂桁架与外框柱的连接按设计要求进行焊接，对伸臂桁架与核心筒连接一侧的节点采用螺栓临时连接，该连接可使伸臂桁架与核心筒之间沿竖向移动，从而消除竖向变形差在伸臂桁架中产生的附加应力。

11.3.6 大型节点吊装

在超高层钢结构中，有时因结构体系庞大复杂而采用了非常复杂的大型连接节点，该类连接节点一般会单独拿出来进行制造和安装。通常该类节点外形复杂、分肢多、体积大、重量重，不易安装。因与其连接的构件方向多，其精度控制需要非常精准,且单独安装时其稳定性较差,需在吊装就位后及时与结构其他构件连接或者设置临时支撑确保其施工阶段的安全。

如上海环球中心 91 层的巨型铸钢节点就需要与 12 个不同标高的接驳口连接,如图 11-34 (a) 所示。为保证该节点的顺利安装,在其就位前首先通过临时支撑将与之相连的下方 3 根钢柱、1 根伸臂大梁、1 根桁架斜腹杆就位并临时固定在一起,然后再进行该节点的吊装就位。该节点吊装就位后,其下方 5 个分肢与对应连接构件连接牢固并形成稳定体系后,才将其与起重设备脱钩,如图 11-34 (b) 所示。该节点的调校工作采用全站仪、经纬仪、水准仪等测量仪器与捯链、千斤顶等工具进行校正,在上部 5 个牛腿设置观测点,确保 5 个点均满足精度要求。

(a)　　　　　　　　　　(b)

图 11-34　上海环球工程巨型节点安装

当巨型节点采用铸钢材料时,工厂可在制作好的铸钢节点分肢接头处焊接过渡段,过渡段的材质与节点相连杆件的材质相同。这样做,使不同材质的焊接留在工厂进行,相同材质的焊接放在高空现场进行,有利于保证全过程高质量的焊缝连接。

11.3.7　屋顶附属结构吊装

屋顶附属结构主要指屋顶塔桅结构,包括造型塔、无线讯号发射塔、气象观察塔、航空讯号塔等。该类结构体系通常为高耸钢结构体系,设计时水平荷载起控制作用。在超高层建筑屋顶进行塔桅结构的施工,难度大、危险高,必须针对其下列特点,采取可靠的技术措施、制定完善的吊装方案,确保吊装顺利进行。

（1）安装位置超高。屋顶塔桅是超高层建筑产生高耸入云建筑效果的重要手段，并具有无线电信号发射等多种功能。在几百米高空再架设几十甚至上百米的高耸塔桅结构将给吊装带来巨大困难。

（2）操作空间狭小。超高层建筑顶部面积本来就比较小，在较小面积上又要施工高度很高的塔桅结构，必然造成空间狭小、操作困难的局面。

（3）吊装稳定性差。塔桅的塔身往往很长，一般都在 50m 以上，有的甚至达到 200m 以上，而自身横截面面积小、刚度差，且无其他结构相撑，吊装时还会受大风和气温的影响，故其施工阶段的稳定性一般较差，必须认真应对。

屋顶塔桅结构的吊装通常采用以下几种方法进行。

（1）动臂塔吊原位吊装

动臂塔吊原位吊装是利用动臂塔吊起升高度高、起重量大的优势，将屋顶塔桅结构逐段吊装至设计位置的安装工艺，如图 11-35 所示。该工艺具有机械化程度高、速度快、拼装场地选择余地大的优点，但必须解决高空对接点施工操作空间小的问题。

当采用该种方法进行吊装时，应对塔身进行合理分段。由于塔桅在高空中受日照、风力影响较大，安装时塔桅易处在不断晃动的状态，故塔桅安装分段不宜过长，且在施工时每安装一段后，均应及时进行连接固定，加大测量频率，确保塔桅动态和静态工况下的稳定性均处于受控状态。塔桅施工时高空操作面小，需要搭设专门的操作平台确保人员施工安全，如图 11-36 所示。

图 11-35 常州传媒项目顶部塔桅安装

图 11-36 塔桅施工安全防护

D260动臂塔吊 / 高空操作平台 labels

（2）整体顶升法

整体顶升工艺是在地面或较低位置将塔桅组装成整体，然后利用电动卷扬机或液压千斤顶等动力设备将塔桅整体顶升到设计位置的安装工艺。该工艺具有高空作业少，施工专业化程度高，施工技术风险小等优点。

澳门观光塔（图11-37）顶部桅杆施工时即采用了整体顶升法，桅杆长度为50m，重量65t，施工时首先采用塔吊将桅杆逐节吊装至顶升机平台上进行组装，然后一次顶升到位。

图 11-37　澳门观光塔

第12章 现场连接施工技术

12.1 钢结构连接的主要方式

钢结构工程主要的连接方式有紧固件连接（包括普通紧固件连接、高强度螺栓连接）、焊接等，其优缺点和适用范围如表 12-1 所示。目前现场施工应用最多的是高强度螺栓连接和焊接，本章将主要对这两种施工技术进行介绍。

钢结构主要连接方式的优缺点和适用范围　　　　　　　　　　表 12-1

连接方式		优缺点	适用范围
焊接		1. 对构件几何形体适应性强，构造简单，易于自动化； 2. 不削弱构件截面，节约钢材； 3. 焊接程序严格，易产生焊接变形、残余应力、微裂纹等焊接缺陷，质检工作量大； 4. 对疲劳敏感性强	除少数直接承受动力荷载的结构的连接（如重级工作制吊车梁）与有关构件的连接在目前不宜使用焊接外，其他可广泛用于工业与民用建筑钢结构中
普通紧固件连接	A、B 级	1. 栓径与孔径间空隙小，制造与安装较复杂，费工费料； 2. 能承受拉力及剪力	用于有较大剪力的安装连接
	C 级	1. 栓径与孔径间有较大空隙，结构拆装方便； 2. 只能承受拉力； 3. 费料	1. 适用于安装连接和需要装拆的结构； 2. 用于承受拉力的连接，如有剪力作用，需另设支托
高强度螺栓连接		1. 连接紧密，受力好，耐疲劳； 2. 安装简单迅速，施工方便，可拆换，便于养护与加固； 3. 摩擦面处理略微复杂，造价略高	广泛用于工业与民用建筑钢结构中，也可用于直接承受动力荷载的钢结构

12.2 高强度螺栓连接

12.2.1 高强度螺栓类型

高强度螺栓的性能等级分为 8.8 级和 10.9 级，8.8 级高强度螺栓由 40B 钢、45 号钢和 35 号钢制成，抗拉强度不低于 $800N/mm^2$，10.9 级高强度螺栓由 20MnTiB 钢和 35VB 钢制成，抗拉强度不低于 $1000\ N/mm^2$。

按传力机制高强度螺栓可分为摩擦型和承压型两种。其中摩擦型高强度螺栓连接只靠接触面间的抗滑移力传力，并以剪力不超过接触面抗滑移力作为设计准则，其孔径比螺栓公称直径 d 大 1.5 ~ 2.0mm，该类连接剪切变形小，可用于承受动力荷载或重要的结构；另一种为承压型高强度螺栓连接，其允许接触面滑移，以连接达到材料破坏的极限承载力为设计准则，其孔径比螺栓公称直径 d 大 1.0 ~ 1.5mm，承载力高于摩擦型，但剪切变形大，故不用于承受动力荷载或重要的结构中。

按外形分，高强度螺栓又可分为大六角头型（图 12-1a）和扭剪型（图 12-1b）两种。虽然这两种高强度螺栓预拉力的具体控制方法各不相同，但对螺栓施加预拉力总的思路都是一样的。它们都是通过拧紧螺帽，使连接板件间产生压紧力。

对大六角头螺栓的预拉力控制方法有力矩法和转角法两种。其中力矩法一般采用指针式扭力（测力）扳手或预置式扭力（定力）扳手。拧紧力矩可由试验确定，使施工时控制的预拉力为设计预拉力的 1.1 倍。为了克服板件和垫圈等的变形，基本消除板件之间的间隙，提高施工控制预拉力值的准确度，在安装大六角头高强度螺栓时，应先按拧紧力矩的 60% ~ 80% 进行初拧，然后按 100% 拧紧力矩进行终拧。对于大型节点在初拧之后，还应按初拧力矩进行复拧，然后再进行终拧。转角法则先用普通扳手进行初拧，使被连接板件相互紧密贴合，再以初拧位置为起点，用长扳手或风动扳手旋转螺母，拧至终拧角度为止。

(a)　　　　　　　　　(b)

图 12-1　高强度螺栓的外形

扭剪型高强度螺栓与大六角型高强度螺栓不同，螺栓头为盘头，螺纹段端部有一个承受拧紧反力矩的十二角体和一个能在规定力矩下剪断的断颈槽。安装时用特制的电动扳手，有两个套头，一个套在螺母六角体上；另一个套在螺栓的十二角体上。拧紧时，对螺母施加顺时针力矩 M_1，对螺栓十二角体施加大小相等的逆时针力矩 M_1'，使螺栓断颈部分承受扭剪，其初拧力矩为拧紧力矩的 60% ～ 80%，复拧力矩等于初拧力矩，终拧至断颈剪断为止，安装结束，相应的安装力矩即为拧紧力矩，如图 12-2 所示。

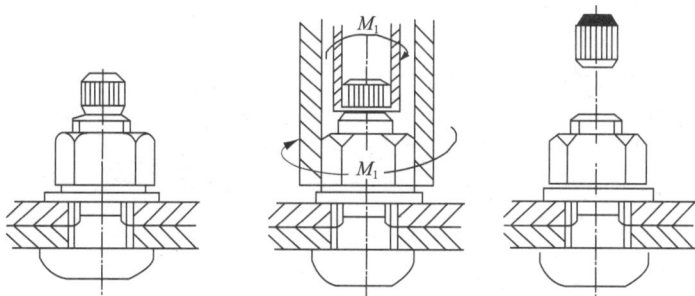

图 12-2　扭剪型高强度螺栓施工过程

12.2.2　施工准备

1. 保管贮存

所有螺栓均按照规格、型号分类储放，妥善保管，避免因受潮、生锈、污染而影响其质量，开箱后的螺栓不得混放、串用，做到按计划领用，施工未完的螺栓应及时回收。高强度螺栓贮存要求如表 12-2 所示。

	高强度螺栓贮存要求	表 12-2

序号	高强度螺栓保管要求
1	高强度螺栓连接副应由制造厂按批配套供应，每个包装箱内都必须配套装有螺栓、螺母及垫圈，包装箱应能满足储运的要求，并具备防水、密封的功能；包装箱内应带有产品合格证和质量保证书；包装箱外表面应注明批号、规格及数量
2	在运输、保管及使用过程中应轻装轻卸，防止损伤螺纹，发现螺纹损伤严重、雨淋过的螺栓不应使用；工地储存高强度螺栓时，应放在干燥、通风、防雨、防潮的仓库内，并不得损伤丝扣和沾染脏物
3	螺栓连接副应成箱在室内仓库保管，地面应有防潮措施，并按批号、规格分类堆放，保管、使用中不得混放；高强度螺栓连接副包装箱码放底层应架空，距地面高度大于 300mm，码高不宜超过三层
4	使用前尽可能不要开箱，以免破坏包装的密封性；开箱取出部分螺栓后也应原封再次包装好，以免沾染灰尘和锈蚀
5	高强度螺栓连接副在安装使用时，工地应按当天计划使用的规格和数量领取，安装剩余的螺栓装回干燥、洁净的容器内，妥善保管，不得乱放、乱扔
6	在安装过程中，应注意保护螺栓，不得沾染泥沙等脏物和碰伤螺纹；使用过程中如发现异常情况，应立即停止施工，经检查确认无误后再进行施工
7	高强度螺栓连接副的保管时间不应超过 6 个月；保管周期超过 6 个月时，若使用须按要求进行扭矩系数试验或紧固轴力试验，检验合格后方可使用

2. 性能检测

按《钢结构工程施工质量验收标准》GB 50205 的有关规定，施工前对高强度螺栓及连接件应进行以下三项检测。

(1) 高强度螺栓连接副扭矩系数、螺母和垫圈的硬度试验：该试验应在工厂进行；

(2) 高强度螺栓预拉力试验：包括连接副预拉力的平均值和变异系数，在工厂进行测定。其检测结果应满足表 12-3 与表 12-4 的要求；

(3) 滑移系数试验及复验：可由制造厂按规范提供试件后在工地进行。

大六角高强度螺栓预拉力　　　　　　　　　　表 12-3

螺栓等级		8.8S		10.9S	
螺栓预紧力（kN）		设计	施工	设计	施工
螺栓直径（mm）	M12	45	50	55	60
	M16	70	75	100	110
	M20	110	120	155	170
	M22	135	150	190	210
	M24	155	170	225	250
	M27	205	225	290	320
	M30	250	275	355	390

扭剪型高强度螺栓预拉力要求及变异系数　　　　　　表 12-4

螺栓直径（mm）		16	20	22	24
每批螺栓紧固轴力平均值（kN）	公称	109	170	211	245
	最大	120	186	231	270
	最小	99	154	191	222
预紧力变异系数		≤ 10%			

施工前除应进行上述 3 项性能检测外，还应对高强度螺栓的长度、螺栓孔的大小和间距进行检测。检测结果应符合表 12-5 ～表 12-9 的要求。

高强度螺栓的附加长度　　　　　　　　　　表 12-5

螺栓直径（mm）	12	16	20	22	24	27	30
大六角高强度螺栓（mm）	25	30	35	40	45	50	55
扭剪型高强度螺栓（mm）		25	30	35	40		

高强度螺栓孔径选配　　　　　　　　　　表 12-6

螺栓公称直径 d（mm）	12	16	20	22	24	27	30
螺栓孔径 d_0（mm）	13.5	17.5	22	24	26	30	33

高强度螺栓制孔允许偏差　　　　　　　　　　　　表 12-7

名称		直径及允许偏差（mm）						
螺栓	直径	12	16	20	22	24	27	30
	允许偏差	±0.43		±0.52			±0.84	
螺栓孔	直径	13.5	17.5	22	24	26	30	33
	允许偏差	0 ~ +0.43		0 ~ +0.52			0 ~ +0.84	
圆度（最大和最小直径差）		1.00		1.50				
中心线倾斜度		大于板厚的 3% 且单层板不得大于 2.0mm，多层板叠组合不得大于 3.0mm						

高强度螺栓的孔距和边距值　　　　　　　　　　表 12-8

名称	位置和方向		最大值（取小）	最小值
中心间距	外排		$8d_0$ 或 $12t$	$3d_0$
	中间排	构件受压力	$12d_0$ 或 $18t$	
		构件受拉力	$16d_0$ 或 $24t$	
中心至构件边缘的距离	顺内力方向		4d_0 或 $8t$	$2d_0$
	垂直内力方向	切割边		$1.5d_0$
		轧制边		$1.5d_0$
备注	d_0 为高强度螺栓的孔径，t 为外层较薄板件的厚度			

高强度螺栓连接构件的孔距允许偏差　　　　　　表 12-9

序号	项目		螺栓孔距（mm）			
			< 500	500 ~ 1200	1200 ~ 3000	> 3000
1	同一组内任意两孔间	允许偏差	±1.0	1.2	—	—
2	相邻两组的端孔间		±1.2	±1.5	±2.0	±3.0

3. 安装机具准备

高强度螺栓安装施工机具根据用途不同可分为电动机具和和手动机具，分别如表 12-10 和表 12-11 所示。

电动工具用途表　　　　　　　　　　　　　　　　　　表 12-10

	电动工具		
名称	扭矩型电动高强度螺栓扳手	扭剪型电动高强度螺栓扳手	角磨机
图例			
用途	1. 用于大六角高强度螺栓初拧； 2. 用于因构造原因扭剪型电动扳手无法终拧节点	用于高强度螺栓终拧	用于清除摩擦面上浮锈、油污等

手动工具用途表　　　　　　　　　　　　　　　　　　表 12-11

	名称	钢丝刷	手工扳手	棘轮扳手
名称	钢丝刷	手工扳手	棘轮扳手
图例			
用途	清除摩擦面上浮锈、油污等	用于普通螺栓及安装螺栓初、终拧	

4. 作业条件

高强度螺栓连接的施工质量经常受到施工作业条件的不利影响，在施工前必须做好充分的前期准备工作，为高强度螺栓安装提供良好的工作条件，常规作业条件如表 12-12 所示。

<table>
<tr><td colspan="3" style="text-align:center">高强度螺栓安装作业条件</td><td style="text-align:right">表 12-12</td></tr>
<tr><td>序号</td><td colspan="2" style="text-align:center">作业条件</td><td style="text-align:center">图例</td></tr>
<tr><td>1</td><td colspan="2">施工前根据工程特点，标准化设计爬梯和施工操作吊篮</td><td rowspan="6"></td></tr>
<tr><td>2</td><td colspan="2">高强度螺栓的有关技术参数已按有关规定进行复验合格</td></tr>
<tr><td>3</td><td colspan="2">电动扳手和手工扳手等已经过相关部门标定确认合格</td></tr>
<tr><td>4</td><td colspan="2">高强度螺栓施工的操作者已接受过培训和技术交底，熟悉高强度螺栓施工的工艺方法</td></tr>
<tr><td>5</td><td colspan="2">施工部位螺栓孔径尺寸、摩擦面清理、连接板间隙处理完毕，符合施工条件</td></tr>
<tr><td>6</td><td colspan="2">稳定单元内的框架构件已经吊装到位，校正合格后应及时进行高强度螺栓的施工</td></tr>
</table>

吊篮

12.2.3　高强度螺栓安装工艺

　　钢结构构件安装就位时会在高强度螺栓连接处先用冲钉和普通螺栓进行临时固定，并完成几何位置校正。在形成稳定的结构单元后，才能按一定顺序逐步安装高强度螺栓并换下临时固定螺栓，实际上高强度螺栓连接施工包含了临时固定螺栓安装和高强度螺栓安装两个施工阶段。

　　1. 临时固定螺栓安装

图 12-3　安装冲钉与临时螺栓

　　当构件吊装就位后，先用橄榄形冲钉对准孔位，在适当位置插入临时螺栓，然后用扳手拧紧，使连接面结合紧密，如图 12-3 所示。

　　临时螺栓安装时，注意不要使杂物进入连接面。临时螺栓的数量不得少于本节点螺栓安装总数的 30%，且不得少于 2 个。

　　临时螺栓紧固时，遵循从中间开始，对称向周围进行的顺序。不允许使用高强度螺栓兼作临时螺栓，以防损伤螺纹引起扭矩系数的变化。

　　一个安装段完成后，经检查确认符合要求方可安装高强度螺栓。

　　2. 高强度螺栓安装方法及注意事项

　　（1）当"吊装就位"完成部分形成稳定结构单元时，才能开始安装高强度螺栓。

（2）螺栓穿入方向以方便施工为准，每个节点应整齐一致；临时螺栓应边替换边卸下，一般是在周围高强度螺栓紧固后再卸下。

（3）扭剪型高强度螺栓安装时应注意施加扭矩的方向，螺栓垫圈安在螺母一侧，垫圈孔有倒角的一侧应和螺母接触。

（4）高强度螺栓的紧固，必须分两次进行。第一次为初拧，初拧紧固到螺栓标准轴力（即设计预拉力）的 60% ~ 80%；第二次紧固为终拧，扭剪型高强度螺栓终拧时以梅花卡头拧掉为准，全部拧掉尾部梅花卡头为终拧结束，不准遗漏。

（5）初拧完毕的螺栓，应做好标记以供确认（图 12-4）。为防止漏拧，当天安装的高强度螺栓，当天应终拧完毕。

图 12-4　高强度螺栓初拧后画线

（6）初拧、终拧都应从螺栓群中间向四周对称扩散方式进行紧固（图 12-5）。

图 12-5　高强度螺栓四周对称扩散终拧

（7）因空间狭窄，高强度螺栓扳手不宜操作部位，可采用加高套管或用手动扳手安装。

12.2.4 安装质量检查

高强度螺栓施工结束后，应按国家相关标准进行质量检查，主要检查内容与注意事项如下：

（1）指派专业质检员对高强度螺栓安装工作的完成情况进行检查，将检验结果记录在检验报告中。

（2）高强度螺栓连接施工质量应有原始检查验收记录，包括高强度螺栓连接副复验数据、抗滑移系数试验数据、初拧扭矩值、终拧扭矩值等。

（3）高强度螺栓连接副摩擦面的抗滑移系数检验按国家现行设计施工及验收规程进行。

（4）如果检验时发现螺栓紧固强度未达到要求，则需要检查紧固该螺栓所使用的扳手的紧固力矩（力矩的变化幅度在 10% 以下视为合格）。

（5）扭矩检查应在终拧 1h 以后进行，并且在 24h 以内检查完毕。

（6）高强度螺栓终拧后要保证有 2 ~ 3 丝扣的余丝露在螺母外圈。

12.2.5 施工质量保证措施

高强度螺栓施工程序多、质量要求高，为保证高强度螺栓施工的顺利进行，可采用如下措施：

（1）雨天不得进行高强度螺栓安装，安装时摩擦面上和螺栓上不得有水及其他污物。

（2）安装前应清除摩擦面处的飞边、毛刺、氧化铁皮、污垢等。已产生的浮锈等杂质，应用电动角磨机刷除。

（3）如雨后作业，应用氧气或乙炔火焰吹干作业区的连接摩擦面。

（4）高强度螺栓不能自由穿入螺栓孔时，不得硬性敲入，应用绞刀扩孔（严禁气割扩孔）后再插入，修扩后的螺栓孔最大直径不应大于 1.2 倍螺栓公称直径，扩孔数量应征得设计单位同意。

（5）高强度螺栓在孔内不得受剪，螺栓穿入后及时拧紧。

（6）扭剪型螺栓的初拧和终拧均由电动剪力扳手完成；因构造要求未能用专用扳手终拧的螺栓，可由亮灯式的扭矩扳手来控制，确保达到要求的最小力矩。

（7）制作厂制作时在节点部位不应涂装油漆。

（8）构件制作精度相差大，应现场测量孔位，更换连接板。

当发生操作故障时，发生原因和处理对策如表 12-13 所示。

高强度螺栓常见安装故障及对策　　　　　　　　　　表 12-13

序号	故障	发生原因	处理对策
1	紧固时，梅花头变成圆形	内套筒的磨损，梅花头嵌入不良，特别是边连续回转扳手边套入梅花头时容易发生此种情况	更换内套筒；正确使用扳手（确认梅花头是否埋入套筒的顶部，再回转扳手）
2	扭断后的梅花头无法从内套筒中拔出	内套筒的磨损、推出梅花头的弹簧疲劳失效	更换内套筒，更换弹簧
3	紧固机器回转慢或发热	额定电压的配线不良；碳刷的磨损；橡胶绝缘软线引起的电压下降	紧固机选用合适的电压；更换炭刷；选用合适的橡胶绝缘软体
4	螺栓转动时，垫圈跟着一起转动	构件上有油漆；忘记初拧；因螺栓孔错位，插入的螺栓是倾斜状态；构件生锈，构件潮湿	连接部位的螺栓紧固后，涂刷油漆；初拧后在螺帽上做标记，修正螺栓孔；构件除锈；雨天作业需多加注意
5	紧固时，螺栓延伸或断裂	螺栓和垫圈同时转	参照第 4 条
6	紧固后，螺栓的旋转角度偏差很大	初拧的偏差较大，螺栓回转，现场插入时，螺纹部位受损	从连接位的中间向外均匀初拧，注意螺栓的使用
7	紧固后的扭矩比检查表值小（10%以上）	基本上只需进行扭转确认；紧固顺序的影响；扭矩扳手的精度不良；扭矩扳手的回转速度；和螺栓或垫圈同时转；使用了手动扭剪扳手	紧固顺序应从中间向外进行；确认扭矩扳手的精度；虽然没有定量规定，一般旋转速度慢时扭矩小，旋转速度快时扭矩变大；使用扭矩扳手，增加终拧的扭矩

12.3　现场厚板焊接

常用的建筑钢结构焊接方法和设备等内容参见第 5 章，本节重点对现场厚板焊接施工技术进行介绍。超高层钢结构工程的不断涌现，一些厚板（25～100mm，甚至更大）在施工现场的焊接越来越多。厚板焊接存在较多的不确定性因素，对施工技术也提出更高的要求。

12.3.1 焊前准备及温度控制

除一般性的焊接准备要求外，还要做好防风、防雨措施，做好焊接保温、加热准备，如图 12-6 所示。

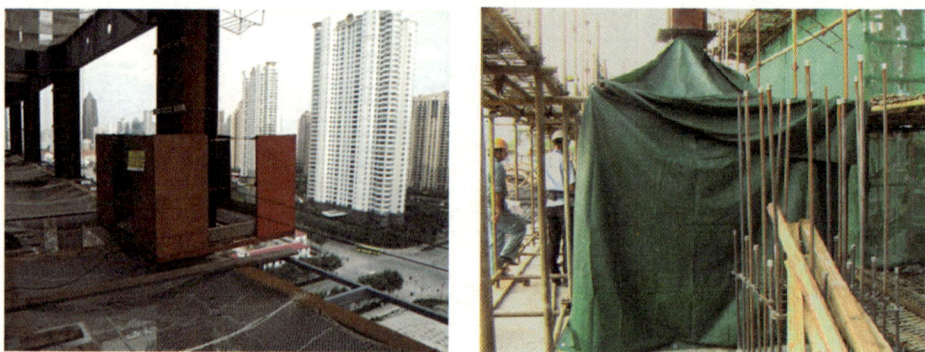

图 12-6　焊接操作平台和焊接防护棚

较大焊缝的焊接极易造成较大焊接变形和焊接应力，将直接导致施工精度和结构性能的降低。为此，焊接时必须严格按焊接工艺评定的焊接顺序和方法进行焊接作业。其中，焊前预热、焊接过程层间温度控制和焊缝后热与保温是保证焊接质量的关键。为提高温度控制的精度，一般采用电脑控制的电加热系统，控制整个焊接过程的预热温度、层间温度和后热温度，以避免冷裂纹、层状撕裂、延迟裂纹等缺陷的发生。

（1）焊前预热

焊缝焊接前在施焊焊缝坡口两侧进行，宽度为壁厚的 1.5 倍且不小于 100mm。

（2）层间温度控制

施焊过程不得无故停焊，如遇特殊情况立即采取措施，达到施焊条件后，重新对焊缝进行加热，加热温度比焊前预热温度相应提高 20 ～ 30℃。

（3）焊后加热

焊后加热是为了消氢，防止冷裂纹的产生。焊后的加热方法和焊前预热方法相同，在焊缝两侧各 100mm 宽幅均匀加热，加热时自边缘向中部，又自中部向边缘由低向高均匀加热，严禁持热源集中指向局部。后热消氢处理加热温度为

$200 \sim 250℃$，保温时间应依据工件板厚按每 25mm 板厚 1h 确定。保温时包裹 4 层石棉布，满足保温时间后，工件缓冷至环境温度后拆除石棉布。

12.3.2　焊接方法

焊缝采取薄层、多道进行焊接，每层、每道焊缝的焊道接头错开 50mm，避免焊缝缺陷集中。焊缝分层参数见表 12-14。

厚板焊缝分层参数表　　　　　　　　　　　表 12-14

板厚 (mm)	焊层	焊缝层厚 (mm)	焊缝层数	焊接电流 (A)	焊接电压（V）	气流量 (L/min)	送丝速度 (mm/s)
25	首层	$6 \sim 7$	1	$180 \sim 200$	$22 \sim 24$	$50 \sim 55$	$5 \sim 5.5$
		$6 \sim 7$	1	$180 \sim 200$	$22 \sim 24$	$45 \sim 50$	$5 \sim 5.5$
		$6 \sim 7$	1	$180 \sim 200$	$22 \sim 24$	$50 \sim 55$	$5 \sim 5.5$
	中间层	$5 \sim 6$	4	$230 \sim 250$	$25 \sim 27$	$45 \sim 50$	$5 \sim 5.5$
		$5 \sim 6$	4	$230 \sim 250$	$25 \sim 27$	$40 \sim 45$	$5 \sim 5.5$
		$5 \sim 6$	4	$230 \sim 250$	$25 \sim 27$	$45 \sim 50$	$5 \sim 5.5$
	面层	$5 \sim 6$	1	$180 \sim 200$	$22 \sim 25$	$40 \sim 45$	$5 \sim 5.5$
		$5 \sim 6$	1	$200 \sim 230$	$22 \sim 24$	$35 \sim 40$	$5 \sim 5.5$
		$5 \sim 6$	1	$180 \sim 200$	$22 \sim 25$	$40 \sim 45$	$5 \sim 5.5$
30	首层	$6 \sim 7$	1	$180 \sim 200$	$22 \sim 24$	$50 \sim 55$	$5 \sim 5.5$
		$6 \sim 7$	1	$180 \sim 200$	$22 \sim 24$	$45 \sim 50$	$5 \sim 5.5$
		$6 \sim 7$	1	$180 \sim 200$	$22 \sim 24$	$50 \sim 55$	$5 \sim 5.5$
	中间层	$5 \sim 6$	5	$230 \sim 250$	$25 \sim 27$	$45 \sim 50$	$5 \sim 5.5$
		$5 \sim 6$	5	$230 \sim 250$	$25 \sim 27$	$40 \sim 45$	$5 \sim 5.5$
		$5 \sim 6$	5	$230 \sim 250$	$25 \sim 27$	$45 \sim 50$	$5 \sim 5.5$
	面层	$5 \sim 6$	1	$180 \sim 200$	$22 \sim 25$	$40 \sim 45$	$5 \sim 5.5$
		$5 \sim 6$	1	$200 \sim 230$	$22 \sim 24$	$35 \sim 40$	$5 \sim 5.5$
		$5 \sim 6$	1	$180 \sim 200$	$22 \sim 25$	$40 \sim 45$	$5 \sim 5.5$

续表

板厚 (mm)	焊层	焊缝层厚 (mm)	焊缝层数	焊接电流 (A)	焊接电压（V）	气流量 (L/min)	送丝速度 (mm/s)
40	首层	6 ~ 7	1	180 ~ 200	22 ~ 24	50 ~ 55	5 ~ 5.5
		6 ~ 7	1	180 ~ 200	22 ~ 24	45 ~ 50	5 ~ 5.5
		6 ~ 7	1	180 ~ 200	22 ~ 24	50 ~ 55	5 ~ 5.5
	中间层	5 ~ 6	7	230 ~ 250	25 ~ 27	45 ~ 50	5 ~ 5.5
		5 ~ 6	7	230 ~ 250	25 ~ 27	40 ~ 45	5 ~ 5.5
		5 ~ 6	7	230 ~ 250	25 ~ 27	45 ~ 50	5 ~ 5.5
	面层	5 ~ 6	1	180 ~ 200	22 ~ 25	40 ~ 45	5 ~ 5.5
		5 ~ 6	1	200 ~ 230	22 ~ 24	35 ~ 40	5 ~ 5.5
		5 ~ 6	1	180 ~ 200	22 ~ 25	40 ~ 45	5 ~ 5.5
45	首层	6 ~ 7	1	180 ~ 200	22 ~ 24	50 ~ 55	5 ~ 5.5
		6 ~ 7	1	180 ~ 200	22 ~ 24	45 ~ 50	5 ~ 5.5
	中间层	5 ~ 6	8	230 ~ 250	25 ~ 27	45 ~ 50	5 ~ 5.5
		5 ~ 6	8	230 ~ 250	25 ~ 27	40 ~ 45	5 ~ 5.5
	面层	5 ~ 6	1	180 ~ 200	22 ~ 25	40 ~ 45	5 ~ 5.5
		5 ~ 6	1	200 ~ 230	22 ~ 24	35 ~ 40	5 ~ 5.5
50	首层	6 ~ 7	1	180 ~ 200	22 ~ 24	50 ~ 55	5 ~ 5.5
		6 ~ 7	1	180 ~ 200	22 ~ 24	45 ~ 50	5 ~ 5.5
		6 ~ 7	1	180 ~ 200	22 ~ 24	50 ~ 55	5 ~ 5.5
	中间层	5 ~ 6	9	230 ~ 250	25 ~ 27	45 ~ 50	5 ~ 5.5
		5 ~ 6	9	230 ~ 250	25 ~ 27	40 ~ 45	5 ~ 5.5
		5 ~ 6	9	230 ~ 250	25 ~ 27	45 ~ 50	5 ~ 5.5
	面层	5 ~ 6	1	180 ~ 200	22 ~ 25	40 ~ 45	5 ~ 5.5
		5 ~ 6	1	200 ~ 230	22 ~ 24	35 ~ 40	5 ~ 5.5
		5 ~ 6	1	180 ~ 200	22 ~ 25	40 ~ 45	5 ~ 5.5
60	首层	6 ~ 7	1	180 ~ 200	22 ~ 24	50 ~ 55	5 ~ 5.5
		6 ~ 7	1	180 ~ 200	22 ~ 24	50 ~ 55	5 ~ 5.5
	中间层	5 ~ 6	17	230 ~ 250	25 ~ 27	45 ~ 50	5 ~ 5.5
		5 ~ 6	17	180 ~ 200	22 ~ 24	50 ~ 55	5 ~ 5.5
	面层	5 ~ 6	1	180 ~ 200	22 ~ 25	40 ~ 45	5 ~ 5.5
		6 ~ 7	1	180 ~ 200	22 ~ 24	50 ~ 55	5 ~ 5.5

板厚 (mm)	焊层	焊缝层厚 (mm)	焊缝层数	焊接电流 (A)	焊接电压（V）	气流量 (L/min)	送丝速度 (mm/s)
80	首层	6 ~ 7	1	180 ~ 200	22 ~ 24	50 ~ 55	5 ~ 5.5
		6 ~ 7	1	180 ~ 200	22 ~ 24	50 ~ 55	5 ~ 5.5
	中间层	5 ~ 6	13	230 ~ 250	25 ~ 27	45 ~ 50	5 ~ 5.5
		5 ~ 6	13	180 ~ 200	22 ~ 24	50 ~ 55	5 ~ 5.5
	面层	5 ~ 6	1	180 ~ 200	22 ~ 25	40 ~ 45	5 ~ 5.5
		5 ~ 6	1	180 ~ 200	22 ~ 24	50 ~ 55	5 ~ 5.5
90	首层	6 ~ 7	1	180 ~ 200	22 ~ 24	50 ~ 55	5 ~ 5.5
		6 ~ 7	1	180 ~ 200	22 ~ 24	50 ~ 55	5 ~ 5.5
	中间层	5 ~ 6	15	230 ~ 250	25 ~ 27	45 ~ 50	5 ~ 5.5
		5 ~ 6	15	180 ~ 200	22 ~ 24	50 ~ 55	5 ~ 5.5
	面层	5 ~ 6	1	180 ~ 200	22 ~ 25	40 ~ 45	5 ~ 5.5
		5 ~ 6	1	180 ~ 200	22 ~ 24	50 ~ 55	5 ~ 5.5
100	首层	6 ~ 7	1	180 ~ 200	22 ~ 24	50 ~ 55	5 ~ 5.5
	中间层	5 ~ 6	21	230 ~ 250	25 ~ 27	45 ~ 50	5 ~ 5.5
	面层	5 ~ 6	1	180 ~ 200	22 ~ 25	40 ~ 45	5 ~ 5.5

12.3.3　厚板焊接要点

（1）厚板焊接方法选用

采用根部手工焊封底、半自动焊中间填充、手工焊盖面的焊接方式。带衬板的焊件全部采用 CO_2 气体保护半自动焊焊接。

（2）全部焊段尽可能保持连续施焊，避免多次熄弧、起弧。穿越安装连接板处工艺孔时必须尽可能将接头送过连接板中心，接头部位均应错开。

（3）同一层焊缝出现 1 次或数次停顿需再续焊时，始焊接头需在原熄弧处退后至少 15mm 处起弧，禁止在原熄弧处直接起弧。CO_2 气体保护焊熄弧时，应待保护气体完全停止供给、焊缝完全冷凝后方能移走焊枪。禁止电弧刚停止燃烧即移走焊枪，以避免红热熔池暴露在大气中失去 CO_2 气体保护。

（4）打底层

在焊缝起点前方 50 mm 处的引弧板上引燃电弧，然后运弧进行焊接施工。熄弧时，电弧不允许在接头处熄灭，而是应将电弧引带至超出接头处 50mm 的熄弧板熄弧，并填满弧坑。运弧采用往复式运弧手法，在两侧稍加停留，避免焊肉与坡口产生夹角，达到平缓过度的要求。

（5）填充层

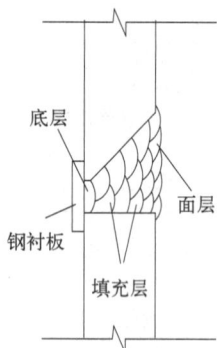

图 12-7 焊缝填充

在填充焊接前应清除首层焊道上的凸起部分及引弧造成的多余部分，清除粘连在坡壁上的飞溅物及粉尘，检查坡口边缘有无未熔合及凹陷夹角，如有必须用角向磨光机除去。CO_2 气体保护焊时，CO_2 气体流量宜控制在 $40 \sim 55L/min$，焊丝外伸长 $20 \sim 25mm$，焊接速度控制在 $5 \sim 7mm/s$，熔池保持水准状态，运焊手法采用画斜圆方法，填充层焊接面层时，应注意均匀留出 $1.5 \sim 2mm$ 的深度，便于盖面时能够看清坡口边，如图 12-7 所示。

（6）面层焊接

面层焊接直接关系到该焊缝外观质量是否符合质量检验标准，开始焊接前应对全焊缝进行修补，消除凹凸处，尚未达到合格处应先予以修复，保持该焊缝的连续均匀成型。面层焊缝应在最后一道焊缝焊接时，注意防止边部出现咬边缺陷。

（7）焊接过程温控

焊缝的层间温度宜始终控制在 $120 \sim 180℃$ 之间，要求焊接过程具有最大的连续性，在施焊过程中出现修补缺陷、清理焊渣所需停焊的情况造成温度下降时，必须进行加热处理，直至达到规定值后方能继续焊接。焊缝出现裂纹时，焊工不得擅自处理，应报告焊接技术负责人，查清原因，订出修补措施后，方可进行处理。

（8）焊后热处理及防护措施

母材厚度 $25mm \leqslant T \leqslant 80mm$ 的焊缝，必须立即进行后热保温处理，后热应在焊缝两侧各 100mm 宽幅均匀加热，加热时自边缘向中部，又自中部向边缘由低向高均匀加热，严禁持热源集中指向局部，后热消氢处理加热温度 $200 \sim 250℃$，保温时间应依据工件板厚按每 25mm 板厚 1h 确定。达到保温时间后应缓冷至常温。

（9）焊后清理与检查

焊后应清除飞溅物与焊渣，清除干净后，用焊缝量规、放大镜对焊缝外观进行检查，不得有凹陷、咬边、气孔、未熔合、裂纹等缺陷，并做好焊后自检记录，自检合格后鉴上操作焊工的编号钢印，钢印应鉴在接头中部距焊缝纵向 50mm 处，严禁在边沿处鉴印，防止出现裂源。

（10）焊缝的无损检测

焊件冷至常温不少于 24h 后，进行无损检验，检验方式为 UT 检测，检验标准应符合《焊缝无损检测　超声检测　技术、检测等级和评定》GB/T 11345 规定的检验等级并出具探伤报告。

第13章 悬挂结构施工技术

13.1 悬挂结构简介

悬挂结构指荷载通过吊索或吊杆传递到固定在筒体或柱上的水平悬挂梁或桁架上，并通过筒体或柱传递到基础的结构体系。悬挂结构的造型新颖，能充分利用钢材和预应力混凝土的受拉工作性能，但井筒受力较大，对地基基础的要求较高。该结构使建筑的视觉效果极具冲击感，是建筑现代化、科幻化的艺术体现。

1985 年建成的中国香港汇丰银行（图 13-1）是当时世界上最高的大型悬挂结构建筑，地上 43 层，高 167.70m，采用 5 组桁架式悬挂结构，垂直构件为 8 组钢柱，每组 4 根钢柱。

图 13-1　香港汇丰银行

1972 年建造的美国明尼阿波利斯联邦储备银行（图 13-2），12 层楼的荷载通过吊杆悬挂在两个高度为 8.5m，跨度长为 84m 的巨型桁架上。同时，采用两条工字钢制作成的悬链起辅助作用，并将其产生的水平力通过桁架传递至主体承重结构。

图 13-2　美国明尼阿波利斯联邦储备银行

贵阳国际会展中心 201 大厦（图 13-3）为贵州最高的全钢结构大厦，在工程设计上采用了悬挂结构体系，结构上实现了底部超高架空（36 ~ 49m），建筑设计上凸显贵州特有的山地与民族文化元素，该项目在 2011 年竣工交付后成为当地地标性大型城市综合体。

图 13-3　贵阳国际会展中心 201 大厦

2017 年开始建设的大疆天空之城项目（图 13-4），为大疆创新科技有限公司总部大厦，位于深圳市南山区，因项目复杂的结构和奇特的造型，建成后将成为深圳市南山区新的地标性建筑。该工程包含两座塔楼，两座塔楼均为悬挂结构体系，每座塔楼包含 6 个悬挑方体，与核心筒相连接，建筑整体外观具有强烈的漂浮感，极具艺术性。

图 13-4　大疆天空之城项目

悬挂结构在当今的建筑设计中广泛应用，使赋予建筑设计中的现代审美艺术得以体现。通过上述工程实例，简要地介绍了悬挂结构的特点。在工程建设过程中，由于悬挂结构形式不对称、悬挑长度大、结构体量大、构件加工难度大等特点，存在较大的施工难度。

13.2　悬挂结构施工要点

（1）胎架支承、高空原位拼装

本方法在地下室顶板上设置临时支承胎架（必要时还要对地下室加固），在胎架上安装悬挂层构件，安装顺序是由下而上，安装完成后进行逐级同步卸载，见图 13-5。

图 13-5　悬挂结构施工用支承胎架

（2）无胎架支承、高空原位拼装

本方法采用临时钢拉杆固定，原位拼装形成自承重体系，所有构件高空散拼，施工全过程不需要设置支承胎架。主要施工步骤如表 13-1 所示。

无支承高空原位拼装施工步骤　　　　　　　　　表 13-1

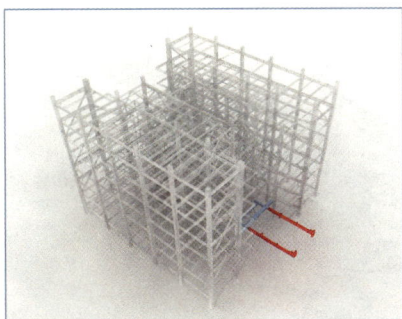

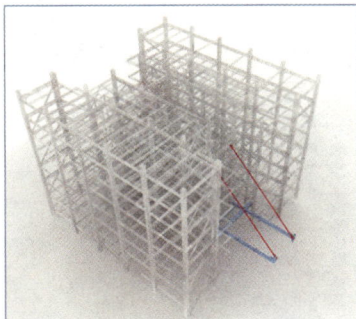

（1）将悬挂结构分解成若干个拼装单元，构件在工厂制作，发运至现场拼装成单元；先安装悬挑主梁，然后安装临时刚性拉杆

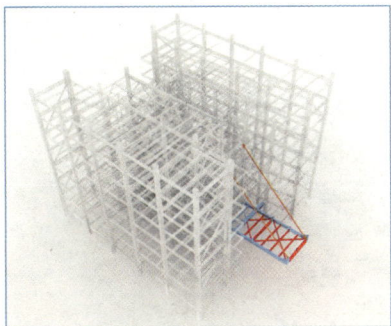

（2）临时刚性拉杆安装完成后，各拼装单元自下而上高空原位安装

续表

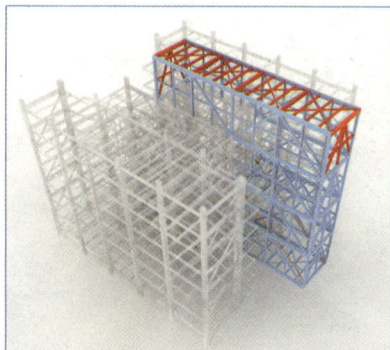

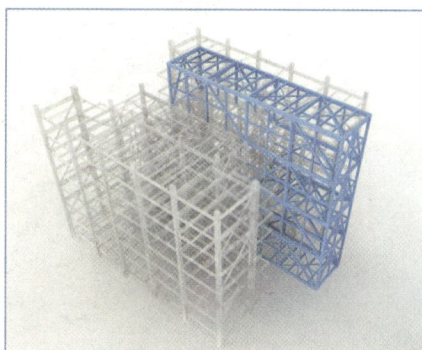

（3）各拼装单元安装完成后，拆除临时刚性拉杆，同步卸载，完成悬挂层安装

（3）无胎架支撑、整体提升

本方法涉及悬挂楼层和非悬挂楼层两个结构部分的施工，其中悬挂部分采用地面拼装完成并整体提升至设计高度后，与非悬挂部分焊接连接。主要施工步骤如表 13-2 所示。

无支承高空原位拼装施工步骤　　　　　　　　表 13-2

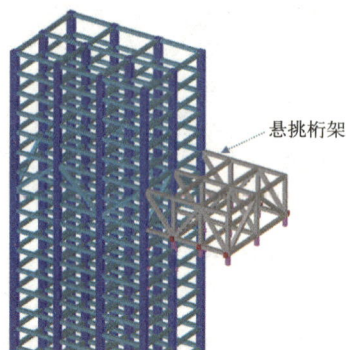

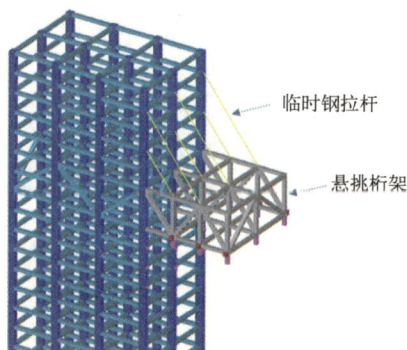

（1）核心筒（框架）安装到一定高度时，先安装悬挑桁架，然后设置临时钢拉杆

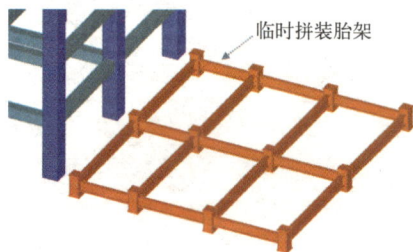

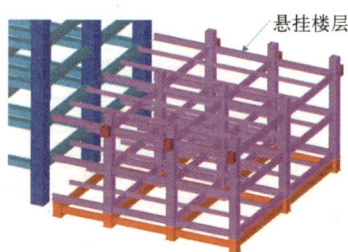

（2）在地面搭设临时拼装胎架，将悬挂楼层进行整体拼装

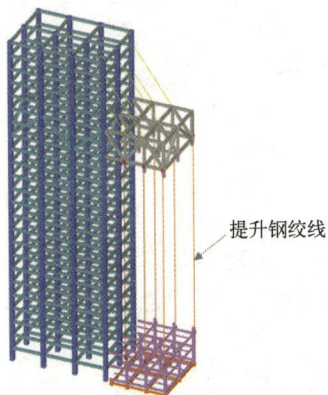

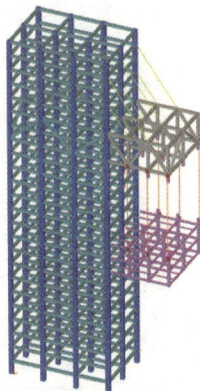

（3）在悬挑桁架上固定提升装置，设置提升吊点，将悬挂楼层进行整体提升

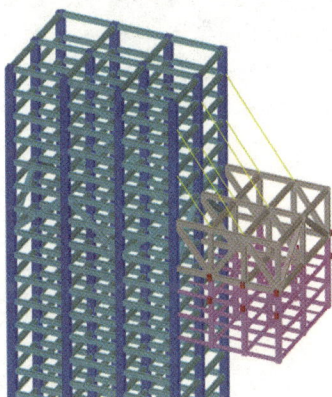

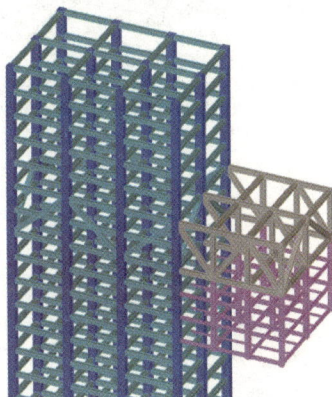

（4）提升到位后，完成构件对接接头的焊接工作，然后进行提升装置卸载拆除，最后对钢拉杆进行拆除，完成悬挂层安装

13.3　工程案例

13.3.1　工程概况

深圳大疆天空之城项目包含东、西两座塔楼，两座塔楼均为悬挂结构体系，每座塔楼包含 6 个悬挑方体，与核心筒相连接。东塔地上 47 层，结构高度为 211.6m，西塔地上 43 层，结构高度为 193.1m，总建筑面积为 241708m^2，如图 13-6 所示。

悬挂结构体系主要由主体承重结构（核心筒）和悬挂结构两部分组成，如图 13-7 所示。

图 13-6　深圳大疆天空之城项目

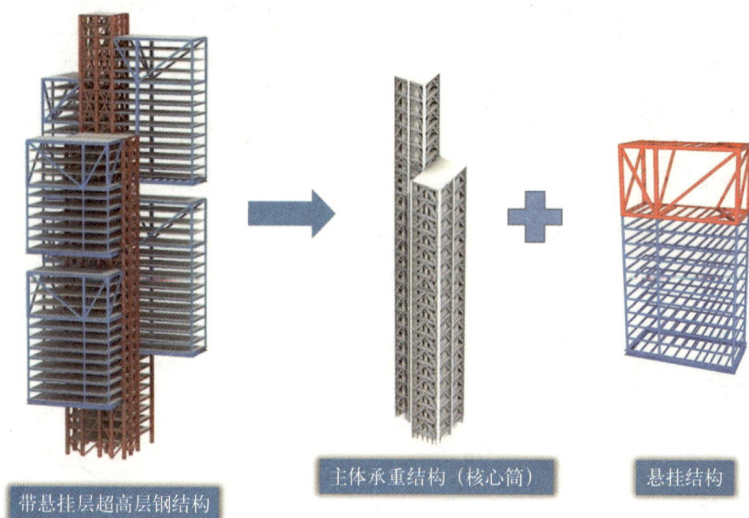

带悬挂层超高层钢结构　　　主体承重结构（核心筒）　　　悬挂结构

图 13-7　悬挂结构组成方式

　　核心筒钢结构包括钢管混凝土柱、钢梁、斜撑。悬挂楼层钢结构包括圆管吊柱、H 型钢梁。核心筒内外结构形式如图 13-8 所示。每座塔楼包含 6 个悬挂结构，分为上下两层，每层由 3 个悬挂结构组成。每个悬挂结构上部桁架层高度为 4 个标准层。悬挂结构形式如图 13-9 所示。

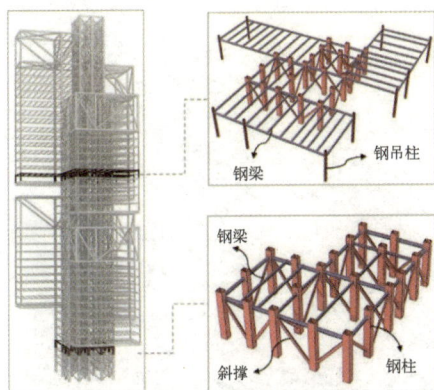

图 13-8　核心筒内外结构形式　　　　图 13-9　悬挂结构形式

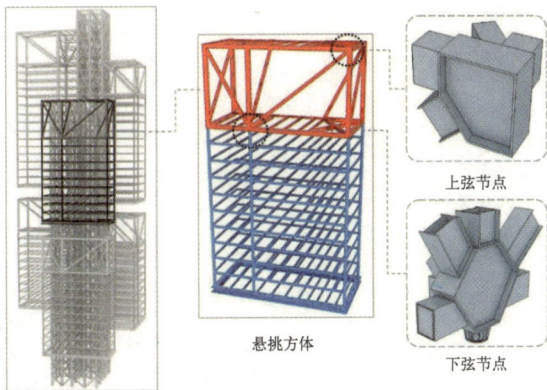

　　悬挂结构最大悬挑长度为 21.25m，分别在塔楼核心筒三个方向不对称布置，悬挂结构悬挑形式如图 13-10 所示。

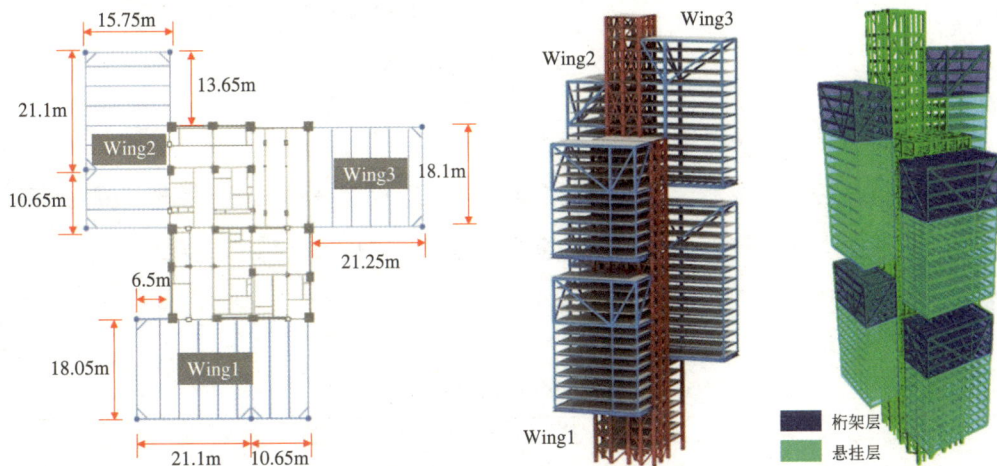

图 13-10　悬挂结构悬挑形式

13.3.2　悬挂结构施工流程

（1）临时措施布置

　　两座塔楼地上钢结构整体施工顺序为自下而上进行。由于悬挂结构自重大，且悬挑形式为非对称形式，在施工过程中需要加设临时措施，以确保悬挂结构施工安全，如图 13-11 所示。

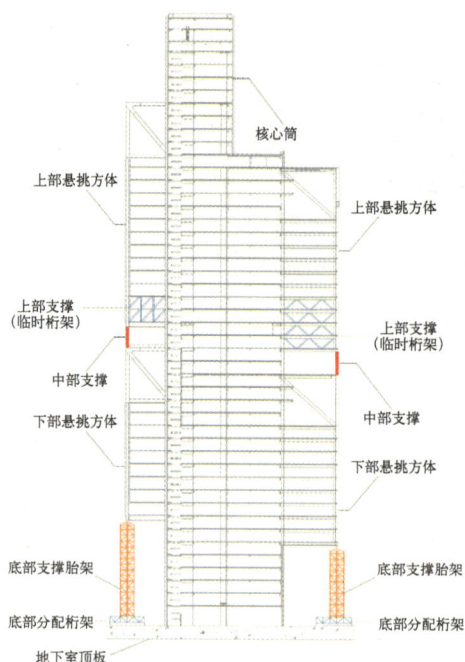

图13-11 临时措施布置

（2）悬挂结构安装总体流程

首层楼板施工完成后，需在外框悬挑方体下部设置格构式支撑胎架，同时胎架与胎架、胎架与核心筒结构之间通过设置拉杆相互连接形成稳定框架。具体安装流程如表13-3所示。

悬挂结构安装总体施工步骤 表13-3

第一步：安装核心筒1~8层钢结构	第二步：安装底部支撑，此阶段核心筒安装至12层

续表

第三步：安装下部三个悬挑方体

第四步：安装中部支撑柱及上部方体临时桁架层

第五步：安装完成上部方体临时桁架层后，先拆除中部支撑，再拆除下部支撑

第六步：安装临时桁架层上层临时支撑柱，并开始向上安装上部方体

原结构柱

原结构柱

上部支撑
（临时桁架）

上部支撑
（临时桁架）

地下室顶板

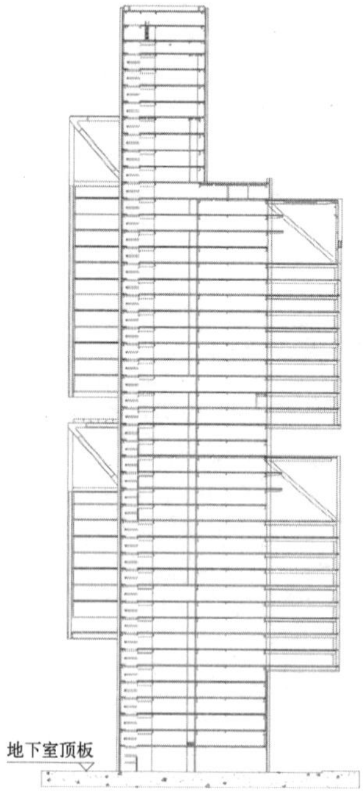

地下室顶板

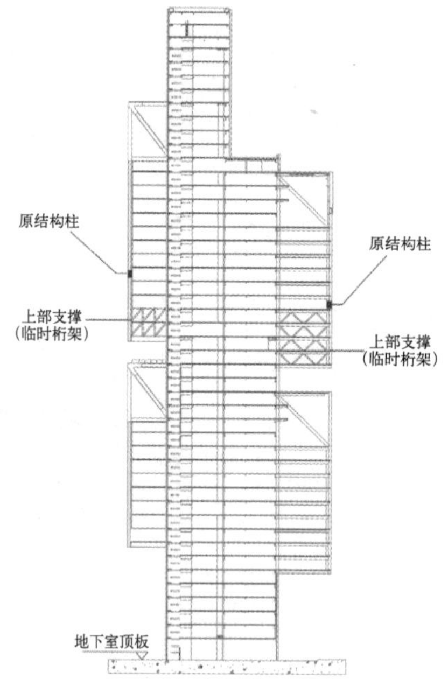

第七步：安装完成上部方体后，将临时支撑柱替换为原结构柱	第八步：卸载上部方体临时桁架层，完成整体钢结构安装

第14章 高空提升施工技术

空中连廊系统是一种多形态的、多种实现方式的立体慢行系统，在两栋或若干栋建筑的高处相连，在加强建筑彼此之间联系的同时，还增添了建筑外在的美感。空中连廊也是城市在慢行功能上的重要组成部分，当人们置身于超高层的连廊中，可以体会到漫步云端的感觉。常见的连廊有桁架、拱支承、拉索组合等结构形式。目前，国内外高空超大跨度连廊钢结构的安装，优先采用"地面拼装，同步提升"技术。本章将重点介绍该施工技术。

14.1 施工技术要点

（1）施工计算

1）重型结构高空提升必须进行提升过程各控制工况的承载力、刚度验算，并应保证整体稳定性。当被提升结构和支承结构在安装过程中会发生结构体系转换时，应建立整体计算模型，对被提升结构和支承结构进行施工工况验算。

2）荷载和作用选择：重型结构高空提升施工荷载与作用应按支承结构的安装、提升、加固、拆除四个阶段分别确定。

3）根据工程所处自然环境不同，可变荷载与作用还应包括雪荷载、温度（日照作用）、地基变形、不同步提升差、吊装过程中附加水平力作用等。

（2）重型结构整体提升的结构系统

1）被提升结构的验算分析及调整

重型结构的整体提升应对被提升结构进行施工阶段的结构验算和分析。被提升结构在施工阶段的受力宜与最终使用状态接近，宜选择与原有结构支承点相应的位置作为提升点。

被提升结构的验算分析应包括各提升点的不同步效应及支承系统分步卸载拆除阶段的效应。应按被提升结构的提升状态和最终设计状态的体系转换顺序进行结构分析，并应进行被提升结构与支承结构的连接转换构造设计。

被提升结构提升点的确定、结构的调整、支承连接构造和施工阶段的结构验算，应进行确认和审核。

2）提升支承系统的验算与设计

重型结构整体提升时，应验算提升过程对原有结构的影响，宜利用原有结构的竖向支承系统作为提升支承系统或作为提升支承系统的一部分，结构体系边界条件的假定应与提升状态相符。当利用原有结构作为提升支承系统进行重型结构整体提升时，应对结构进行设计或复核。

当提升支承结构重复使用材料时，应检查其完好程度，包括材料锈蚀、焊缝和节点连接状况、杆件和结构件的变形情况等，并应按实际计算复核。

（3）计算机控制液压提升系统

液压提升系统应采用计算机控制，其提升能力和设计功能应符合设计和施工要求。多个提升油缸组合的吊点，宜采用同一型规格的提升油缸。液压泵站配置应满足提升速度和提升能力的要求。

液压提升系统在进场安装之前，元部件必须经检测合格，运输过程中加强对设备的保护。液压提升系统在现场安装后应进行系统调试和空载试车，并进行验收。

（4）高空提升准备

提升作业之前应对提升支承结构和被提升结构及其加固结构进行验收。宜在提升支承结构之间设置过道和操作点，设置应急停留和检修的施工平台。应在现场空旷、平坦地面条件下，设置测风仪器，并应根据气象预报选择在温度、风力等各项气象指标符合本规范和设计要求的时段进行提升。

（5）高空提升施工

提升施工开始时应进行试提升，并应符合下列规定：1）提升作业应在被提升结构与胎架之间的连接解除之后进行。提升加载应采用分级加载。在加载过程中应对

被提升结构和提升支承结构进行观测，无异常情况方可继续加载。2）被提升结构脱离胎架后应在被提升结构最低点离开胎架 10cm 作悬停。悬停期间应对整体提升支承结构和基础进行检查和检测，检验合格后方可继续提升。3）液压提升系统在提升的初始阶段应检验系统的安装质量和系统的性能，确保完好。

连续提升开始，应对环境、结构、设备及提升组织和人员操作等作全方位控制，并应符合下列规定：1）提升过程中，应对提升通道进行连续观测。当提升通道出现障碍物时应停止提升，采取措施清除障碍物后方可继续提升。2）提升过程中，应使用测量仪器对被提升结构进行高度和高差的监测，并应根据验算设定值进行控制。当各提升点的荷载或高差出现超差时，应实时进行调整或停止提升，查清并排除故障后方可恢复提升。3）当风速超过限定值时，应停止提升，并应采取防风措施。

被提升结构到达设计位置后，应进行结构转换，按设计要求固定到主体结构上，并应符合下列规定：1）被提升结构到达设计高度后，应进行平面位置的核对和校正；2）被提升结构就位后，应进行固定。当有多个部位需进行转换时，可按顺序对关键部位先行转换；3）对结构转换涉及支承结构改动的，应按方案实施；4）结构转换过程中，应对液压提升系统和钢绞线作相应防护。

重型结构高空提升的正式提升过程宜控制在 10 天内。施工前应根据中、短期气象预报使整体提升作业时间避开大风、冰雪灾害等不利气象和环境条件。

（6）高空提升检测

被提升结构在离地悬停时，宜进行提升点位移、结构关键部位应力应变、结构变形、荷载、基础沉降、现场风速等检测。被提升结构就位之后，应对该结构和基础进行检查和检测。

（7）提升支承结构的卸载和拆除

对被提升结构提升到位，形成稳定结构固定牢固并完成相关检测后，方可进行整体提升支承结构的拆除工作。提升支承系统的卸载，宜分批分级进行。卸载不同步时应事先进行结构验算分析，确定合理的卸载顺序。

当遇到 6 级及以上的大风和雨雪天时，不得进行整体提升支承结构的拆除工作。当采用整体提升支承结构顶部的起重设备对门型支架进行拆除时，应对支承结构顶部的水平位移进行监测。

14.2 工程案例

14.2.1 工程概况

重庆来福士广场项目位于朝天门与解放碑之间，项目直面长江与嘉陵江交汇口，是重庆市的心脏部位，所在地渝中区是重庆市最为繁华的区域。项目总占地面积为91782m²，总建筑面积约1134264m²（包含市政配套设施）。由3层地下车库、6层商业裙楼和8栋超高层塔楼（1栋319.6m高级住宅、1栋319.6m超高层办公和酒店综合楼、1栋202.1m办公楼、1栋202.1m高公寓式酒店和办公综合楼及4栋住宅楼）以及连接其中4个塔楼的3层高空中连廊组成，是集大型购物中心、高端住宅、办公楼、服务公寓和酒店为一体的城市综合体项目，见图14-1。

本项目钢结构工程主要分布于四幢塔楼和裙楼结构。钢构件的主要形式为：塔楼型钢柱、型钢梁、腰桁架、伸臂桁架；裙楼大跨度钢桁架、型钢柱、型钢梁；观景天桥钢桁架、连桥钢桁架。

图14-1 重庆来福士项目

观景天桥长度约300m，宽约30m。建于T2、T3S、T4S、T5塔楼屋顶上，离地面约250m，总面积约为9000m²，如图14-2所示。连桥上设有泳池、观景台、宴

会厅、餐厅。观景天桥钢结构施工内容主要包括：隔震支座、阻尼器、主体结构、围护结构、钢连桥以及钢楼梯等。

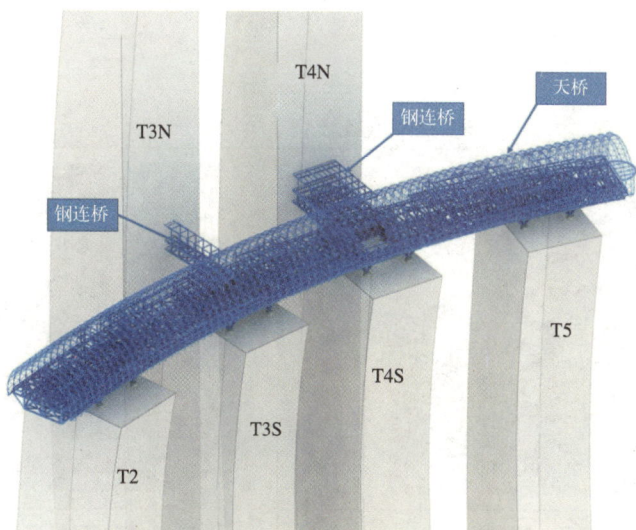

图 14-2　观景天桥钢结构

14.2.2　施工流程

（1）整体施工流程

根据观景天桥的平面布置，将结构分为三个部分：塔楼上方天桥，塔楼之间天桥和悬臂段天桥。各部分天桥平面分布如图 14-3 所示。

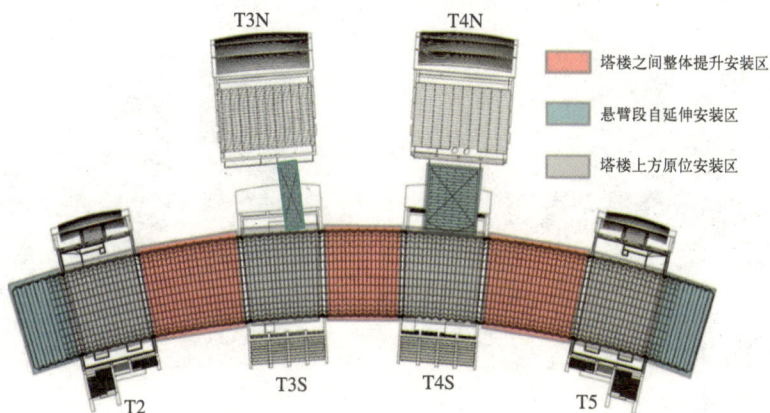

图 14-3　观景天桥平面分区

塔楼上方天桥结构采用高空原位散件拼装的方法进行安装，并设置胎架作为临时支承。塔楼之间天桥结构采用在裙楼顶部搭设拼装平台进行拼装，整体提升的方法进行安装。悬臂段天桥结构采用自延伸散件高空原位拼装的方法进行安装。整体施工流程如表 14-1 所示。

天桥整体施工流程 表 14-1

流程 1：T3S 塔楼上方连桥施工

流程 2：T4S 塔楼上方连桥施工

流程 3：T3S 和 T4S 塔楼之间连桥整体提升

流程 4：T2 塔楼上方连桥施工

流程 5：T5 塔楼上方连桥施工及 T3S 和 T2 塔楼之间连桥整体提升

流程 6：T5 和 T4S 塔楼之间连桥整体提升

续表

 流程 7：天桥悬臂段及小连桥悬臂段施工	 流程 8：塔吊拆除后的后补构件施工

（2）塔楼顶部钢结构安装流程

塔楼上方天桥钢结构主桁架使用塔吊原位散件安装，下面以其中塔楼之一为例进行介绍，安装流程如表 14-2 所示。天桥主桁架根据塔吊起重性能分段吊装，根据吊装工况分析，需在主桁架下弦杆分段位置采用胎架进行临时支撑。

塔楼顶部天桥钢结构安装流程 表 14-2

 流程 1：安装支撑胎架	 流程 2：安装天桥主桁架下弦杆，校正后焊接固定
 流程 3：安装次桁架下弦以及对应的水平支撑，并焊接固定	 流程 4：安装主桁架竖腹杆，并临时固定

流程5：安装主桁架上弦杆和斜腹杆，校正后焊接固定	流程6：安装次桁架斜腹杆、上弦杆以及对应的水平支撑，校正后焊接固定

流程7：安装主桁架外侧的次桁架及附属构件	流程8：安装主层的钢柱、钢梁

流程9：安装屋顶围护结构第一榀支撑胎架	流程10：安装屋顶围护结构第一榀两侧的分段构件

流程11：安装屋顶围护结构第一榀中间的分段构件（中间两段在地面组拼成一段）	流程12：按照围护结构第一榀的顺序安装第二榀

续表

| 流程13：屋顶围护结构第一榀与第二榀之间补档 | 流程14：按照上面的顺序依次完成剩余围护结构 |

（3）塔楼间钢结构安装流程

塔楼间观景天桥跨度较大，最大跨度约40m，高度约200m，采用自延伸安装技术不仅安全风险高，施工精度也不易保证。针对现场工况以及观景天桥和塔楼的结构形式，拟采用整体提升的方案进行安装。提升段采用塔吊在裙房屋顶进行拼装。

1）提升段地面拼装流程

观景天桥地面拼装主要分三段，每段处于塔楼之间，每段拼装总长度需要考虑距离塔楼外边缘约1000mm的空隙。拼装总体顺序按照先下后上，先拼主桁架后拼次桁架，主次桁架拼装完成之后进行屋顶围护结构拼装，拼装过程中需全程进行测量控制，确保拼装精度。

拼装设备主要采用提升段两边塔楼的塔吊。下面以其中两座塔楼之间的天桥钢结构为例，地面拼装流程如表14-3所示。

塔楼间天桥钢结构地面拼装流程　　　　　　　　　　　　　　　表14-3

| 流程1：安装地面拼装钢平台 | 流程2：安装主桁架下弦主杆件、次桁架下弦、水平支撑及底部围护结构就位 |

| 流程3：安装主桁架腹杆 | 流程4：安装主桁架上弦构件 |

| 流程5：安装主桁架之间的次桁架及水平支撑 | 流程6：安装主桁架外侧的次桁架及附属构件 |

| 流程7：安装主层框架结构 | 流程8：安装屋顶围护结构，地面拼装完成 |

2）提升段整体提升流程

根据以往类似工程的成功经验，将连体钢结构在安装位置的正下方楼面上拼装成整体后，利用"超大型构件液压同步提升技术"将其整体提升到位，将大大降低安装施工难度，于质量、安全和工期等均有利。

根据观景天桥的整体结构特点，将整个观景天桥结构分区域进行吊点设置。每个分区整体提升过程中主要施工步骤如表 14-4 所示。

整体提升施工流程　　　　　　　　　　　　　表 14-4

第 1 步：在裙房楼顶散件拼装天桥桁架及附属结构，安装提升平台，平台顶部放置提升器。提升器钢绞线与桁架上弦处的下吊点连接，调试提升设备系统

第 2 步：确定一切准备工作完成后，提升器分级加载，将结构整体脱离拼装胎架约 100mm，空中静止至少 12h，检查提升平台、下吊点、桁架及焊缝等结构的变形和受力情况，确认是否有异常情况

第 3 步：确认无异常情况后，继续整体同步提升桁架。提升器同步提至天桥至安装标高位置后，微调各吊点标高至符合安装要求，提升器锁紧静止。安装嵌补杆件

第 4 步：提升器分级同步卸载，将结构荷载至支座上，拆除提升设备和临时结构，提升施工结束，移交下一工序。完成全部提升段

第15章 钢与混凝土组合结构应用技术

15.1 技术要点

15.1.1 概述

钢与混凝土组合结构主要包括钢管混凝土柱，十字型、H型、箱型、组合型钢混凝土柱，钢管混凝土叠合柱，小管径薄壁（<16mm）钢管混凝土柱，组合钢板剪力墙，型钢混凝土剪力墙，箱型、H型钢骨梁，型钢组合梁等。钢管混凝土可显著减小柱的截面尺寸，提高承载力；型钢混凝土柱承载能力高，刚度大且抗震性能好；钢管混凝土叠合柱具有承载力高，抗震性能好同时也有较好的耐火性能和防腐蚀性能；小管径薄壁（<16mm）钢管混凝土柱具有钢管混凝土柱的特点，同时还具有断面尺寸小、重量轻等特点；组合梁承载能力高且高跨比小。

15.1.2 技术要点

（1）钢管混凝土组合结构施工简便，梁柱节点采用内环板或外环板式，施工与普通钢结构一致，钢管内的混凝土可采用高抛免振捣混凝土，或顶升法施工钢管混凝土。关键技术是设计合理的梁柱节点，以及确保钢管内浇捣混凝土的密实性。

（2）型钢混凝土组合结构除了钢结构优点外还具备混凝土结构的优点，同时结构具有良好的防火性能。关键技术是如何合理解决梁柱节点区钢筋的穿筋问题，以确保节点良好的受力性能与加快施工速度。

（3）钢管混凝土叠合柱是钢管混凝土和型钢混凝土的组合形式，具备了钢管混凝土结构的优点，又具备了型钢混凝土结构的优点。关键技术是如何合理选择叠合柱与钢筋混凝土梁连接节点，保证传力简单、施工方便。

（4）小管径薄壁（<16mm）钢管混凝土柱具有钢管混凝土柱的优点，又具有断面小、自重轻等特点，适合于钢结构住宅的使用。关键技术是在处理梁柱节点时采用横隔板贯通构造，保证传力同时又方便施工。

（5）组合钢板剪力墙、型钢混凝土剪力墙具有更好的抗震承载力和抗剪能力，提高了剪力墙的抗拉能力，可以较好地解决剪力墙墙肢在风与地震作用组合下出现受拉的问题。

（6）钢混组合梁是在钢梁上部浇筑混凝土，形成混凝土受压、钢结构受拉的截面合理受力形式，充分发挥钢与混凝土各自的受力性能。组合梁施工时，钢梁可作为模板的支撑。组合梁设计时要确保钢梁与混凝土结合面的抗剪性能，又要充分考虑钢梁各工况下从施工到正常使用各阶段的受力性能。

15.1.3　适用范围

钢管混凝土特别适用于高层、超高层建筑的柱及其他有重载承载力设计要求的柱；型钢混凝土适合于高层建筑外框柱及公共建筑的大柱网框架与大跨度梁设计；钢混组合梁适用于结构跨度较大而高跨比又有较高要求的楼盖结构；钢管混凝土叠合柱主要适用于高层、超高层建筑的柱及其他有承载力要求较高的柱；小管径薄壁钢管混凝土柱适用于多高层住宅。

15.2　工程案例

15.2.1　工程概况

项目总用地面积11478m²，地上高度528m，是全球第一座在地震8度设防区超过500m的摩天大楼。塔楼外形以中国传统中在宗教礼仪中用来盛酒的器具"樽"为意象，平面为方形，外形自下而上自然缩小，底部尺寸约为78m×78m，中上部平面尺寸约为54m×54m；同时顶部逐渐放大，但小于底部尺寸，约为69m×69m，最终形成中部略有收分的双曲线建筑造型(图15-1)。整体设计贯彻低碳环保的理念，

旨在成为北京绿色和可持续性发展的典范。

图 15-1　中国尊项目

主塔楼为筒中筒结构，地下结构为巨柱 + 钢板混凝土剪力墙 + 纯钢筋混凝土框架结构；平面尺寸为 136×84m。地上结构为巨型框架（巨柱、转换桁架、巨型斜撑组成）+ 混凝土核心筒（内置型钢柱、钢板剪力墙）结构体系。内外筒共同构成多道设防的抗侧力结构体系，见图 15-2。

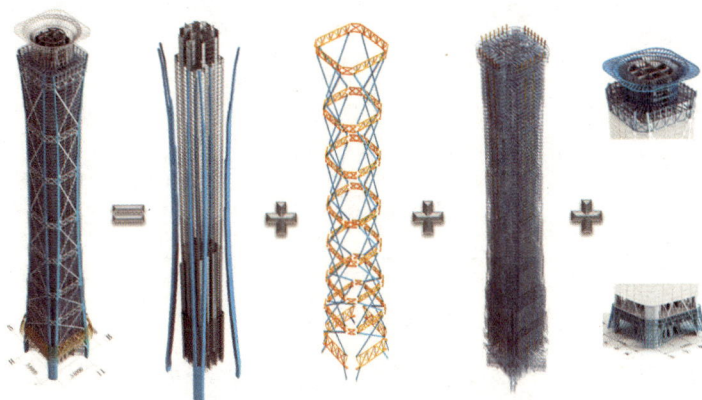

图 15-2　主塔楼地上结构体系分解图

外筒结构部分包括了巨柱、转换桁架、巨型斜撑；巨柱最多达 13 个腔体，内部包含温度筋、构造钢筋笼和拉结筋。使用最高材质为 Q390GJC，主要应用于巨柱（面板、竖向分腔板）、转换桁架、巨型斜撑位置，使用钢板最厚达 60mm，见图 15-3。

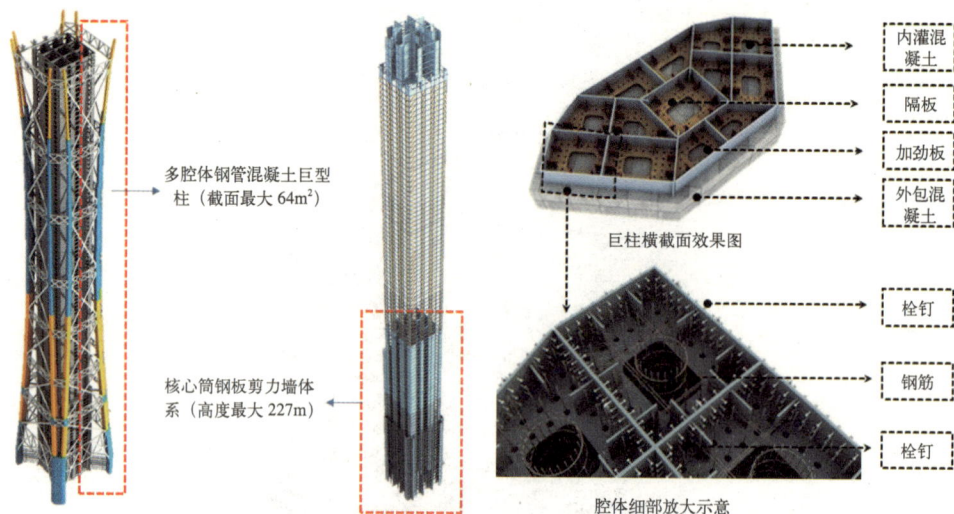

图 15-3　主塔楼钢与混凝土组合构件示意图

15.2.2　施工工艺

（1）钢结构分段分节

分段分节主要考虑以下因素：1）考虑焊接工艺，进行三维实体建模，对复杂构件及节点进行有限元分析，使分段点尽量避开应力较大且集中的位置；2）考虑吊装性能，满足塔吊吊装性能要求；3）考虑交通运输，满足运输尺寸要求且防止构件运输变形；4）考虑各专业配合，考虑土建、机电等各专业交叉作业影响。

（2）焊接工艺

打破传统清根焊接工艺，开发出一套 U 型坡口铣削加工→组拼打底焊→单点双丝坡口填充盖面焊接新型焊接工艺，首创坡口间隙 4~5mm、大直径 4.8mm 焊丝单面焊双面成型高效焊接技术，较好提高了工作效率，降低了加工成本，见图 15-4。

（3）异形钢板制作

传统厚壁板折弯多采用钢板组拼焊接形式，大大增加了巨柱制作中的焊接工程量及构件翻身次数，且焊接变形难以控制，影响构件制作精度。本工程采用多维空

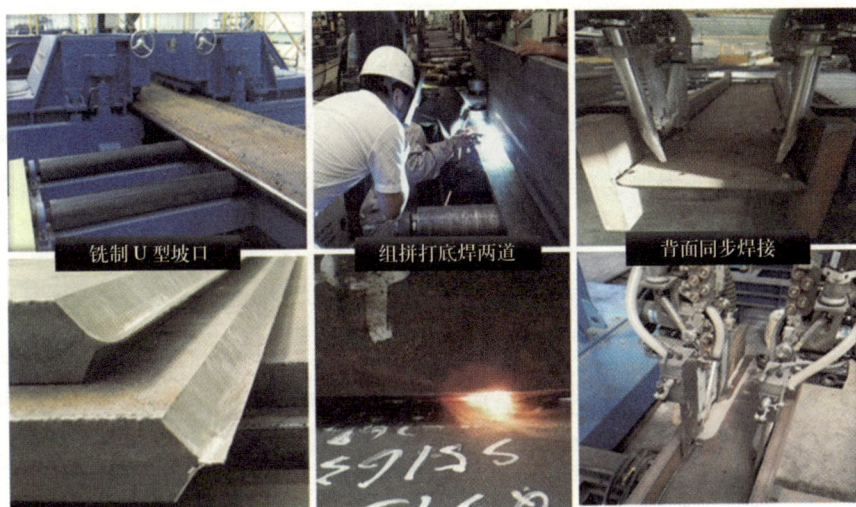

图 15-4 免清根焊接工艺

间厚壁板冷弯成型技术，通过多道多次压制及微过压修正法，抵消钢板压弯弹性恢复量，确保巨柱折弯组对精度，见图 15-5、图 15-6。

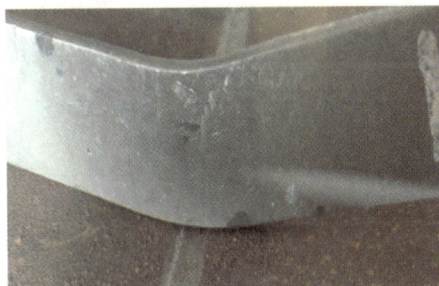

图 15-5 第 1 道过压弹性恢复修正及弯折内圆形状复查

图 15-6 冷弯成型及组焊完成

（4）现场焊接顺序

1）巨型柱焊接

结合"局部 - 整体"的思想，依据巨柱实际坡口形式建立三维实体局部模型，导入软件求解并提取焊接变形结果，通过变更焊接顺序以及装卡条件研究对焊接变形的影响。

依据最优化焊接模拟顺序指导现场施焊，将形变量与现场焊后实测数据进行比较，巨型柱安装错边量小于规范容许值。焊接顺序：先焊接外围田字柱横焊缝，再焊接内腔立焊缝，面板立焊缝，最后分腔横焊缝的"内外组合，横立结合"焊接顺序。见图 15-7、图 15-8。

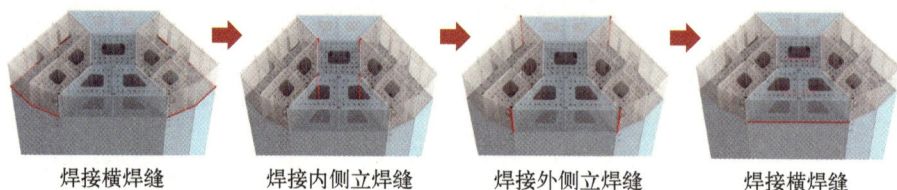

焊接横焊缝　　　　焊接内侧立焊缝　　　　焊接外侧立焊缝　　　　焊接横焊缝

图 15-7　巨型柱焊接顺序

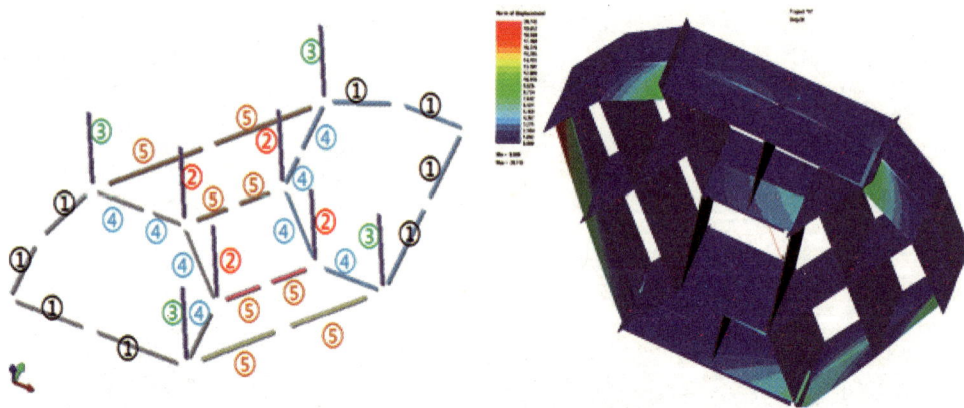

图 15-8　优化后焊接顺序及模拟结果

2）钢板墙焊接

超厚板超长焊缝，单条焊缝最长 13m，现场采取在钢板墙端部设置约束支撑的措施，制定先立后横、先长后短、先中心后四周的焊接顺序，选用先进的同步对称焊接、分段跳焊焊接工艺，减弱焊接变形。见图 15-9、图 15-10。

图 15-9　焊接约束支撑

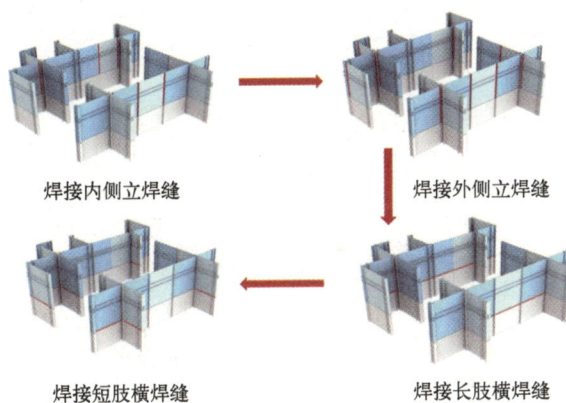

焊接内侧立焊缝　　　　　　　　焊接外侧立焊缝

焊接短肢横焊缝　　　　　　　　焊接长肢横焊缝

图 15-10　钢板墙焊接顺序

（5）混凝土施工

1）配合比选择

从混凝土工作性能、力学性能等指标出发，通过调整胶凝材料总量、粉煤灰、矿渣粉用量，选用不同砂率、不同粒型级配碎石，进行一系列的原材料和混凝土配合比筛选试验，并根据各试验指标分析的结果，最终确定以下 C70 自密实混凝土基准配合比，见表 15-1。

C70 自密实混凝土基准配合比　　　　　　　　　表 15-1

水	水泥	粉煤灰	硅粉	砂	碎石	外加剂	SAP
160	360	180	35	760	850	1.70%	0.58

复杂多腔体巨型柱内 C70 高强自密实大体积无收缩混凝土的制备，明确了主要掺合料、外加剂的掺量与变化趋势，同时按照不同浇筑高度提出了综合评价复杂多腔体巨柱混凝土评价指标。在进行盘管试验的过程中，不仅印证了混凝土性能优良，同时发现并提出混凝土泵送过程中主要指标的变化趋势。

2）大截面多腔体巨型柱内混凝土施工方法

多腔体巨型钢管柱腔体内混凝土浇筑采用泵送导管导入、分腔对称下料、分层浇筑，辅助人工观察，辅助振捣，保证混凝土浇筑密实。柱内混凝土利用两台液压布料机采用导管导入对称交叉下料的方法。见图 15-11、图 15-12。

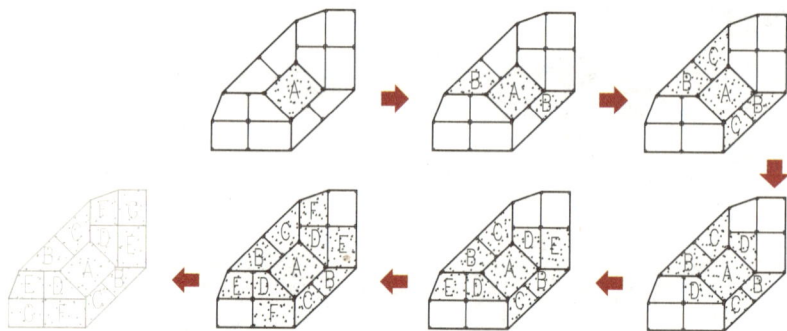

图 15-11 混凝土分腔浇筑示意图

图 15-12 导管导入法施工及完成面效果

（6）腔内混凝土检测试验

1）钢管内壁侧压力测试试验

通过压力盒采集仪对浇筑过程中钢管壁所受的侧压力数据进行实时采集。压力盒采用埋入式振弦式压力传感器，量程为 5MPa，工作温度范围在为 -50 ～ 125℃。

在浇筑过程中，钢管壁上距灌浆口距离不同的点，所承受的混凝土抛落压力不

同；且在浇筑结束后，未凝固的混凝土对钢管壁产生静水压力也沿着柱体的高度变化，因此，在对混凝土浇筑过程中钢管壁承受的侧压力测试中，压力盒沿柱体的不同高度布置，见图 15-13。

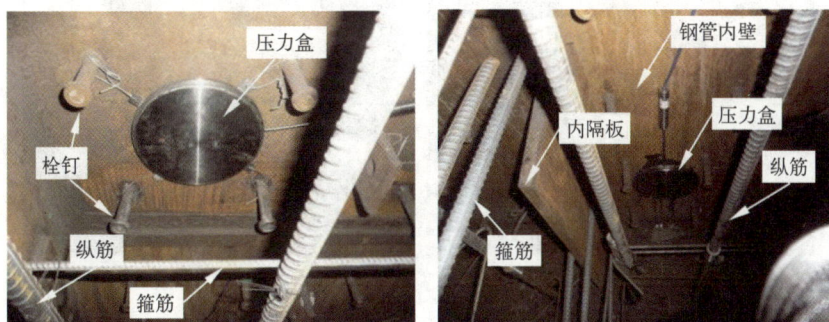

图 15-13　压力盒布置示例图

2）钢管壁应变测试试验

基于设计单位提出的钢管壁应变建议量测方案，考虑对称原则，在关键位置处布置应变片，量测巨型柱钢管壁在浇筑过程中以及混凝土养护过程中的应变发展，见图 15-14。

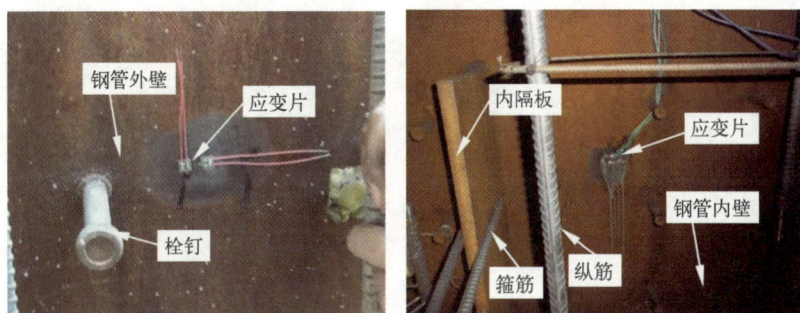

图 15-14　钢管外壁和内壁应变片

3）核心混凝土收缩测试试验

在核心混凝土收缩测试中，对模型柱中长方体腔内核心混凝土的纵向和横向收缩变形进行量测。在测试截面的纵、横向分别对称布置 2 对埋入式大体积应变计，布置高度为浇筑高度的中截面处。

同时，在巨柱的外包混凝土和翼墙混凝土内沿墙身方向布置一个埋入式大体积应变计，量测相应位置处的混凝土收缩变形，见图 15-15。竖向、横向应变计须保证竖直、水平埋置，并定时、连续采集收缩变形数据。

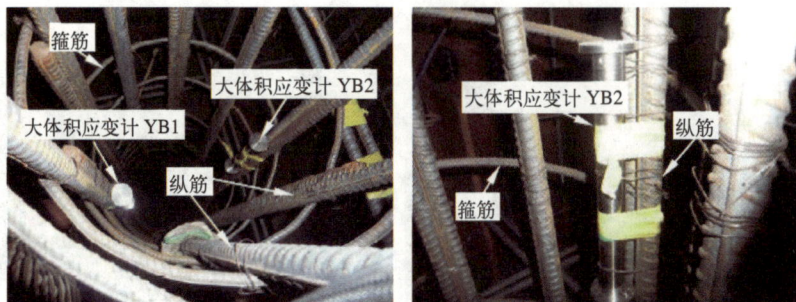

图 15-15　大体积应变计布置

第16章 结构临时加固技术

超高层钢结构施工中，当因塔吊起重量不足、构件位于塔吊吊装范围之外而使用其他设备（如汽车吊、履带吊）在楼面等吊装平台上进行构件吊装时，或者因为现场场地限制，使用楼面等作为构件堆放地时，需对楼面（吊装平台）承载能力进行验算，若原结构承载能力不满足施工需要，应对楼面采取相应的临时加固措施。

16.1 加固设计内容

临时加固设计应首先对原结构附加施工荷载后的安全性、刚度和抗裂性进行验算，当验算不满足要求时应采取临时加固措施，并重新对加固后的结构进行设计验算。

1. 对原结构复核验算

（1）荷载计算

荷载计算包括恒荷载和活荷载的计算。恒荷载主要为结构、设备、构件的自重等；活荷载为吊车在行走和起重时产生的荷载，或构件堆放产生的荷载。不同的设备荷载形式也不同，如汽车吊的车轮与支腿压力均为集中荷载，履带吊的履带压力则为条状荷载。计算分析时活荷载作用工况（包括位置和大小）应计入实际操作时的所有情况。临时加固可不考虑地震设防，但宜根据结构与施工时的实际情况，考虑温度效应。

（2）结构分析与效应组合

结构分析所用的计算简图包括几何尺寸、边界条件、荷载与作用、材料性能等，应根据结构的实际情况取值。计算简图中采用的各种简化和近似假定均应与工程实际相符。结构分析一般在弹性阶段进行计算，并根据《建筑结构荷载规范》GB50009—2012 及其他相关国家规范、规程等进行承载力、变形及抗裂性能的效应组合。

（3）结构与构件验算

用作施工吊装平台的楼层可能为钢筋混凝土结构、钢结构或二者的组合结构。故其结构和构件的验算会有所不同。对于钢筋混凝土结构，一般应包括结构变形、构件抗裂性能与构件承载力的验算；对于钢结构，一般应包括结构变形、构件承载力与长细比、节点承载力等的验算；对于组合结构体系，应根据情况组合上述二者的验算内容进行验算。在验算时，要特别注意附加集中点荷载和线荷载下的冲切验算。

2. 临时加固设计

如以上对原结构的验算不满足要求，须根据情况对原结构进行临时加固，加固前必须进行临时加固设计，并通过结构设计单位审查后方可实施。通常加固设计与实施应注意以下事项：

（1）必须采取足够的稳固措施保证在加固、使用和拆除过程中原结构与加固结构的安全。

（2）对于加固后的结构体系，必须按上述设计过程重新进行分析验算。

（3）加固结构采用钢结构时，其与原结构的连接，或与下部地基的连接必须按相应国家规范进行设计。

（4）对原结构进行加固有时会改变原结构体系中部分构件的受力方式，如钢筋混凝土梁反向受弯，应采取措施防止其发生开裂并尽量避免较大反向弯矩的产生。

16.2　常用加固方法

楼层作为施工吊装或构件储存平台时，常采用加强模板钢管脚手架法、型钢架加固法、增加转换结构加固法以及原混凝土结构加固法等 4 种方法。

16.2.1　加强模板脚手架法

加强模板脚手架法如图 16-1 所示。该方法是将混凝土楼板施工用的模板支承脚手架，按照吊装平台设计要求进行加密、加强，并与达到设计强度后的混凝土楼板协同受力工作，达到在楼板上吊装或存储构件要求的加固方法。由于可利用土建施

工时所搭设的脚手架作为加固支架，该方法可节约施工成本和缩短施工工期。但脚手架在搭设时误差较大，尤其其上端与楼板的连接容易松动，导致受力不均，并与计算模型产生较大的偏差，留下较大安全隐患，必须采取措施加以避免。

图 16-1　加强脚手架法

16.2.2　支承型钢架加固法

该方法是在原结构的基础上附加型钢支架（包括单肢实腹型钢支架、格构式型钢支架等）以缩短楼板梁跨度的加固方法，如图 16-2 所示。该方法传力明确，支架与楼板、柱的连接容易实现，安全隐患小，但由于支架往往需要另外制作，故其施工成本较高。该加固方法会改变原结构的受力方式，设计时应重点验算。

图 16-2　型钢支架加固法

16.2.3 增设转换结构加固法

对于自行式起重设备，其在混凝土楼板上工作时间较长，作用范围较大。当荷载作用较大时，可采用增设移动式转换结构的方法，将荷载通过转换结构直接传至混凝土结构的柱顶或承载能力较大的主梁上（详见计算案例）。转换结构一般采用型钢梁与钢板焊接成整体的扁平式路基箱体。

16.2.4 混凝土原结构加固法

混凝土原结构加固法是在原结构设计时就附加吊装施工或构件存储荷载的加固方法。当原结构设计未考虑施工荷载且已完成施工时，也可采用外加预应力外粘钢板、外包型钢和粘贴纤维复合材等加固方法。

16.3 计算案例

某工程因吊装需要，采用1台QUY450履带起重机在混凝土楼板上进行施工，需增加转换钢结构以保证结构安全。根据施工文件和施工组织设计的要求需进行转换结构的设计，并验算下部钢筋混凝土结构的承载力能否满足要求。

1. 工程概况

根据施工组织设计，QUY450履带起重机重型主臂长60m，非工作状态时主吊钩距回转中心8m。工作状态最大工作半径20m，侧方吊装最大起重构件重量20t，主吊钩重量为3.5t。混凝土结构为柱网间距12m×12m，框架柱截面1000mm×1000mm；主梁截面900mm×1500mm，配筋20 Φ 32，钢筋级别HRB400，箍筋为6 Φ 10@150。柱高8m，混凝土强度等级C40。结构平、立面示意图如图16-3～图16-5所示。

2. 设计依据

（1）规范和图纸

1）《建筑结构荷载规范》GB 50009—2012；

2）《钢结构设计标准》GB 50017—2017；

3）《混凝土结构设计规范》GB 50010—2010；

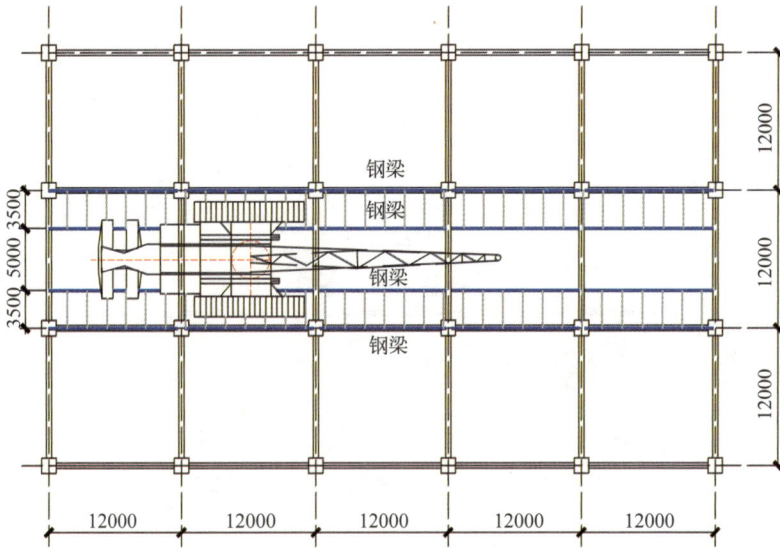

图 16-3 履带吊施工平面图

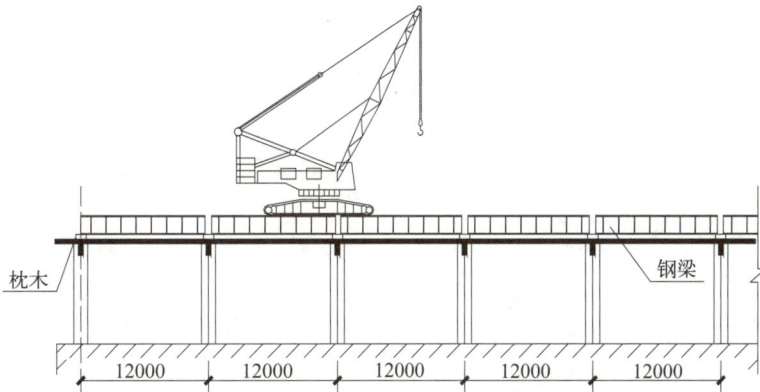

图 16-4 履带吊施工侧立面图

4）《建筑地基基础设计规范》GB 50007—2011；

5）该项目结构施工图等。

（2）起重设备参数

本工程采用 QUY450 履带起重机进行辅助吊装，主要技术参数如表 16-1
所示。

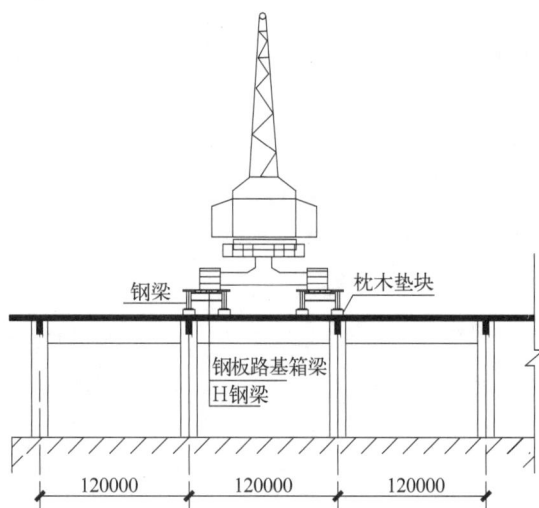

图 16-5　履带吊施工立面图

QUY450 履带式起重机行走主要技术参数　　　　　　表 16-1

类　别	项　目	单　位	参　数
尺寸参数	履带长度 L	mm	8600
	履带宽度 B	mm	1200
	履带中心距 L_{jh}	mm	8200
	平衡配重重心距回转中心 e	mm	5200
重量参数	行驶状态下整机质量 G（不含配重）	kg	209000
	特殊计算时：吊车臂质量 G_b	kg	50000
	工作平衡配重质量 G_p	kg	103000
	行驶状态下履带平均压强 q	kPa	150

3. 设计验算内容

根据 QUY450 履带起重机非工作状态与最不利工作状态进行加固设计验算。其主要涉及验算内容如下：

（1）对主钢梁进行设计，次梁与垫木设计计算从略。

（2）对下部混凝土结构主梁、柱进行验算，其中柱的验算从略。

（3）对柱的地基基础进行验算（从略）。

4. 主钢梁的设计验算

该钢梁可简化为等截面简支梁，截面为：H1200mm × 480 mm × 14 mm × 25mm，以下仅对其承载力进行验算。

(1) 吊车非起吊状态履带压力计算

1) 根据说明非起吊状态臂杆头到回转中心为 8m，配重一侧履带压力最大。其工作时正向行走和侧向行走的两种不利姿态如图 16-6 (a)、图 16-6 (b) 所示，其对应履带的地面压力计算简图如图 16-7 (a)、图 16-7 (b) 所示。

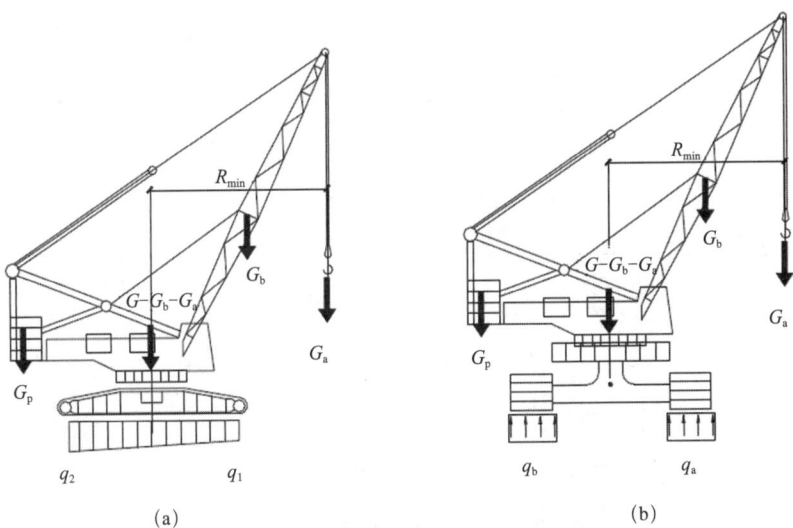

图 16-6　履带吊非吊装姿态图

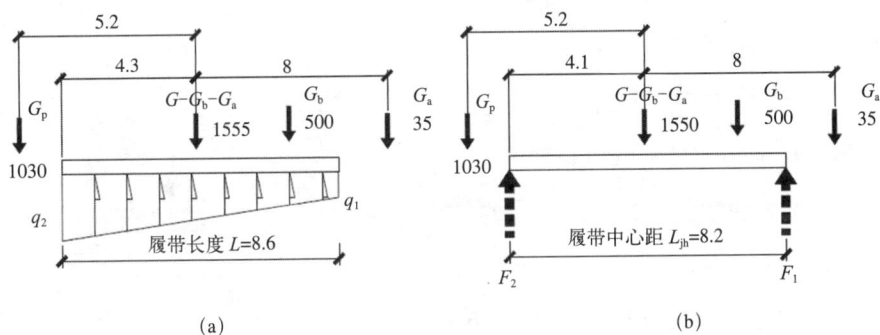

图 16-7　履带压力计算简图（图中单位：kN、m）

图中：G 为履带吊自重；G_a 为吊钩重；G_b 为吊装臂重；G_p 为配重重；R_{min} 为最短

臂长时回转半径；q_1，q_2 为吊臂沿履带方向放置时履带压力的最大最小值；q_a，q_b 为吊臂垂直履带方向放置时两条履带压力的最大最小值。

2）正向行走态履带压力标准值

正向行走时履带吊履带压力计算简图如图 16-7（a）所示。

由竖向平衡可得出：

$$(q_1+q_2) LB/2 = (G-G_a-G_b) +G_a+G_b+G_p$$

对履带竖向中心轴取矩可得出：

$$(q_2-q_1) LB/2 \times L/3 = G_a \times 8 + G_b \times 4 - G_p \times 5.2 \, G_a$$

式中：L 为履带长度（为4.8m）；B 为履带宽度（为1.2m），其余同上。

将本例履带吊的具体参数带入上述表达式可得出：

$$q_1 = 47 \text{kN/m}^2；q_2 = 255 \text{kN/m}^2$$

3）侧向行走态履带压力标准值

侧向行走时履带吊履带压力计算简图如图 16-7（b）所示。

侧向行走时 F_2 压力最大，以 F_2 为支点建立静力平衡方程：

$$F_1 \times 8.2 + G_p \times (5.2-4.1) = (G-G_b-G_a) \times 4.1 + G_b \times (8/2+4.1) + G_a \times (8+4.1)$$

解得：$F_1 = 1184 \text{kN}$

由竖向平衡得：$F_2 = 1030 + 2090 - 1184 = 1936 \text{kN}$

则 F_2 侧履带压力标准值为：$q_b = F_2/BL = 1936/1.2 \times 8.6 = 187.60 \text{kN/m}^2$

则 F_1 侧履带压力标准值为：$q_a = F_1/BL = 1148/1.2 \times 8.6 = 111.24 \text{kN/m}^2$

（2）吊装时履带压力计算

履带吊吊装时的最不利位置如图 16-8 所示。

图中：W 为起重量；R 为 W 对应的最大起重半径；其他字母同上。

此时，其履带压力计算简图如图 16-9 所示。

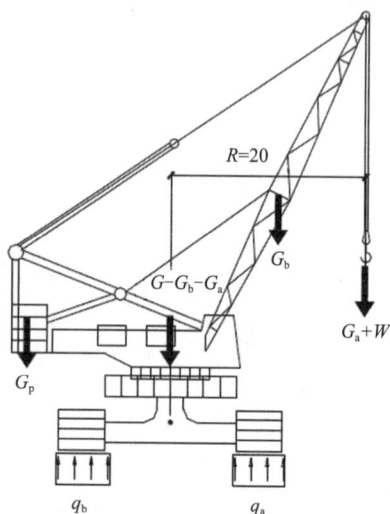

图16-8　吊车吊装态简化力学模型

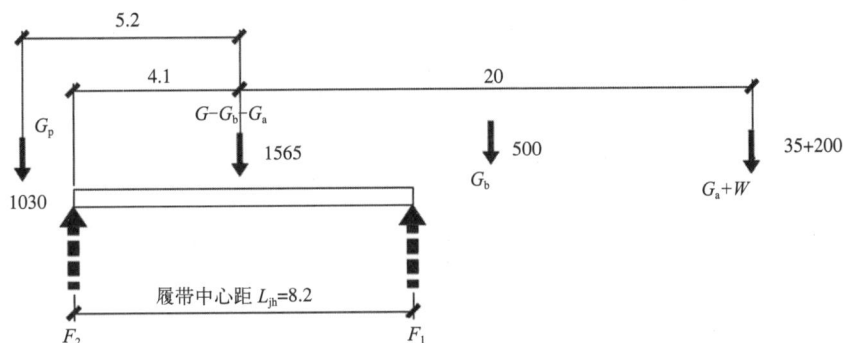

图 16-9 起吊时履带压力计算简图

当 W 为 200kN 时，R 为 20m。

以 F_2 为支点建立静力平衡方程，则

$$F_1 \times 8.2 + G_p (5.2 - 4.1) = (G - G_b - G_a) \times 4.1 + G_b \times (20/2 + 4.1) + (G_a + W) \times (20 + 4.1)$$

解上述方程得：

$F_1 = 2210\text{kN}$

$F_2 = 1030 + 2090 + 200 - 2210 = 1110 \text{ kN}$

则 F_1 侧履带压力值为：

$q_a = 2210 / 1.2 \times 8.6 = 214.15 \text{ kN/m}^2$，大于非起吊时侧向行走状态下受力较大一侧履带压力值 $q_b = 187.60 \text{kN/m}^2$。

对应 F_2 侧履带压力值为：

$q_b = 1110 / 1.2 \times 8.6 = 107.56 \text{ kN/m}^2$

（3）确定最不利履带压力

由于非起吊态下正向行走时履带压力为梯形分布（$q_2 = 255 \text{ kN/m}^2$，$q_1 = 47 \text{ kN/m}^2$），起吊态下吊装时履带压力为均匀分布（最不利值 $q_a = 214 \text{ kN/m}^2$），很难界定哪种状态时最不利，故通过简支梁跨中最大弯矩和支座最大剪力的比较来确定最不利履带压力荷载值，任意取简支梁计算简图如图 16-10 所示。

纵向等效简支梁弯矩图　　纵向等效简支梁弯矩图

纵向等效简支梁剪力图　　纵向等效简支梁剪力图

图 16-10 简支梁计算简图

由图可得出两种荷载分布下跨中最大弯矩 M_1 和 M_2 分别为：

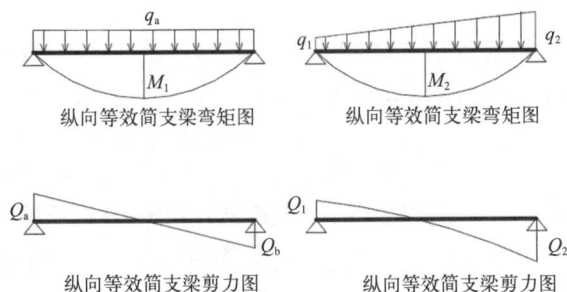

$$M_1 = \frac{1}{8}q_aL^2 = \frac{1}{8} \times 214 \times L^2 = 26.75\,L^2$$

$$M_2 = \frac{1}{8}q_1L^2 + \frac{1}{9 \times \sqrt{3}}(q_2 - q_1)L^2 = \frac{1}{8} \times 47 \times L^2$$

$$+ \frac{1}{9 \times \sqrt{3}}(255 - 47)L^2 = 19.21\,L^2$$

可见 $M_1 = 26.75\,L^2 > M_2 = 19.21\,L^2$

同理，两种荷载分布的支座剪力 Q_b 和 Q_2 分别为：

$$Q_b = \frac{1}{2}q_aL = \frac{1}{2} \times 214 \times L = 107\,L$$

$$Q_2 = \frac{1}{6}(q_1 + 2q_2)L = \frac{1}{6}(47 + 2 \times 255) \times L = 93L$$

显然 $Q_b = 107L > Q_2 = 93L$

由此可见，吊装时 F_1 侧履带的压力（$q = 214\mathrm{kN/m^2}$）为所有状态中最不利的情况，为此取其为设计转换结构压力的代表值。

（4）转换结构钢主梁的计算

1）计算简图与参数取值

转换钢结构初步考虑为每个履带下设两个焊接工字形截面钢梁，钢梁截面初选为：H1200mm × 480mm × 14mm × 25mm。主钢梁间设钢次梁截面为 H600mm × 300mm，间距 2m，上铺 200mm 厚扁钢箱路基。钢材采用 Q345B 级钢，弹性模量为 $2.06 \times 10^5 \mathrm{N/mm^2}$，泊松比为 0.3。主钢梁下铺枕木与垫块均位于原混凝土柱顶和主梁顶所在位置。

自重由程序自动考虑，其荷载分项系数为 1.2。

2）履带压力荷载标准值

由以上计算可知，履带压力荷载最大标准值为 214 $\mathrm{kN/m^2}$；根据《建筑结构荷载规范》GB 50009—2012，吊车动力系数取为 1.1，荷载分项系数为 1.4。

3）履带布置位置

为偏于安全考虑，计算 H 钢次梁时吊车履带按次梁跨中布置，如图 16-11（a）所示；计算主梁时吊车履带按靠近该主梁中心线布置，如图 16-11（b）所示；

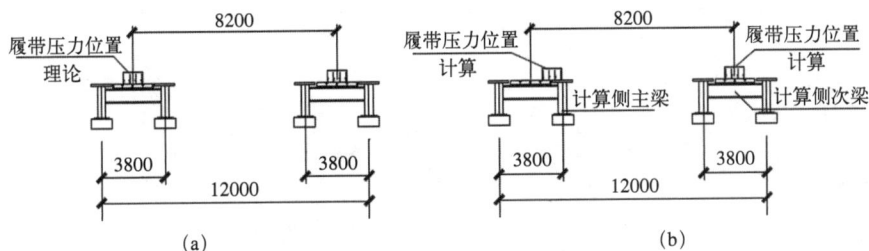

图 16-11　履带压力作用位置

4）主梁强度与挠度验算

采用有限元程序 Midas–GEN 7.8 进行计算，结果满足要求。

5）梁的整体与局部稳定验算

对于主梁，上翼缘侧向有间距 2m 的次梁支撑，$l_1/b_1 = 2000 / 480 = 4.17 < 10.5$，满足规范不需验算整体稳定的条件。

其翼缘板外伸宽度与厚度之比：

$(240-14/2) /25 = 9.32 < 13 \sqrt{\dfrac{235}{295}} = 11.6$，满足其局部稳定要求。

其腹板高厚比为 $(1200-25 \times 2) /14 = 82.14 > 80 \sqrt{\dfrac{235}{310}} = 69.65$，不满足规范要求，应设置横向加劲肋。

5. 楼板混凝土梁强度验算（从略）

第17章 钢柱逆作法施工技术

超高层结构施工中，当施工工期紧张，场地条件受限制时，会采用逆作法施工。该施工技术是在基坑开挖前首先沿建筑物地下室外墙施工地下连续墙支护结构，并进行桩基施工、浇筑钢筋混凝土柱、安装与混凝土柱或桩基对接的钢柱，然后施工首层楼板，通过首层楼板将地下连续墙、桩基与柱连在一起，作为施工期间承受上部结构自重和施工荷载的支承结构。随后逐层向下开挖土方和浇筑各层地下楼板，直至完成基础底板为止；同时，由于首层的楼面结构已经完成，可同时向上逐层进行地上结构的施工。如此地上、地下同时施工，将大大缩短施工工期。在逆作法施工过程中，如何在没有基坑开挖的条件下将上部钢柱插入下部混凝土桩基或柱之中，成为钢结构与土建施工配合的关键环节。本章将重点介绍该施工技术。

17.1 施工技术要点

超高层结构逆作法施工中，根据桩基的不同形式，分为以下两种情况。当桩基采用人工挖孔桩时，由于桩内存在一定的施工空间，人员可进入进行相关的操作作业，钢柱可分段吊装，重点控制好柱脚的安装精度即可（图17-1）。当桩基采用钻孔灌注桩时，由于桩基本身需要泥浆护壁，钢柱无法分段安装，需整根插入，且桩内

图17-1 厦门怡山中心逆作法施工

情况无法知晓，施工时存在精度控制及防碰撞的技术难题。

1.精度控制

地下室逆作法施工时，钢柱需要插进地下室混凝土桩基或柱中一定长度，其安装精度必然受到钢筋混凝土施工的不利影响。而钢柱又为地上主要结构的框架柱，对安装精度要求一般较高。为此应重点采取措施保证钢柱插入后其垂直度和标高的精度。当钢柱插入地下室指定位置后，由于只有顶端部分外露，故整体垂直度的调整只有通过控制钢柱顶端的精度来实现，具体方法参见 17.2 节。

钢柱整体垂直度的测量可通过测斜装置进行。测斜装置一般由测斜仪、测斜探头与测斜管组成（图 17-2）。其中测斜管直径约 5cm，长度根据被测钢柱的长度结合试验确定，测斜管太短，数据不太准确，太长测斜管本身的直线度不好控制，不利于反映真实数据且增加成本，故长度通常取 10m。

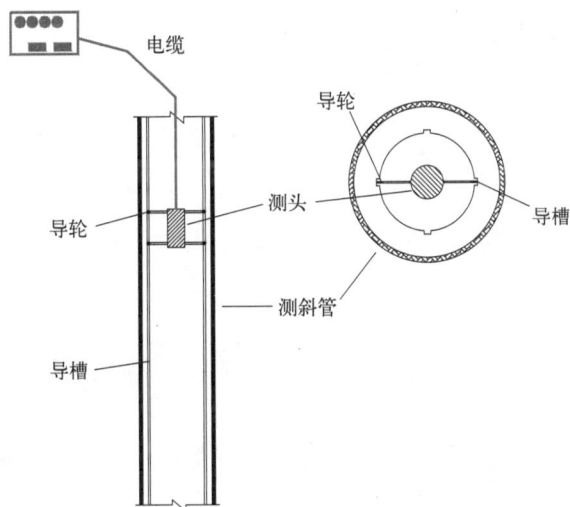

图 17-2 测斜管构造示意图

测斜仪的工作原理是通过摆锤受重力作用来测量探头轴线与铅垂线之间的倾角 θ，从而计算各测点的水平偏移位移，如图 17-3 所示。

采用测斜仪测量钢柱垂直度的具体过程如下：

（1）首先在钢柱吊装前将测斜管固定在钢柱表面，保证测斜管和钢柱轴心平行，然后随钢柱一起插到混凝土桩或柱内，每隔 0.5m 设一个测点，测斜管内有互成 90°的 4 个导槽，使其中互成 180°的一对导槽与钢柱定位轴线方向保持一致；

（2）放入带有导轮的测斜仪沿导槽滑动到指定测点。由于测斜仪能测出测斜管与重力线之间的倾角，因而能测出测斜仪所在位置测管的倾角 θ，则可求出该位置测斜仪上下导轮间分段长度内的水平位置偏差 Δd：

$$\Delta d = L \sin\theta$$

式中，L 为量测点的分段长度；自下而上累加可得出测斜管底部水平偏差，该偏差即为钢柱在该点的水平偏差：

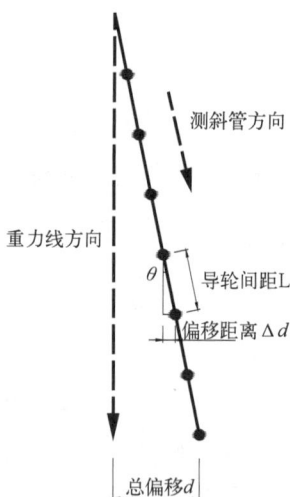

图 17-3　测斜管测量原理

$$d = \sum L \sin\theta$$

然后将测斜仪换另一个方向导槽，利用相同的方法测出另一个方向的钢柱水平偏差。通过两个方向的矢量和来求出钢柱的空间偏离位置，从而得出钢柱的倾斜方向和垂直度。根据测得的偏差数据就可对钢柱的垂直度进行校正。

2. 防碰撞控制

当钢柱插入桩基或混凝土柱内时，为防止钢柱与钢筋笼碰撞，需要做好以下几项工作：

（1）桩基或混凝土柱成孔后，检查其孔的垂直度，尤其是钢柱要插入范围内的孔的垂直度；

（2）为确保钢柱插入空间，提前检查钢筋笼在钢柱要插入范围内的长度和内径，如发现误差较大，必须进行整改；

（3）检查主笼与辅笼对接处，主笼是否有钢筋向钢筋笼内侧偏移，如有，可在对接处加设一道环箍或将主笼钢筋适当向外掰弯；

（4）为防止钢筋笼吊装过程中变形，可加强辅笼的刚度，增加辅笼的主筋和加强箍；

（5）钢筋笼安装就位后，可在顶端将钢筋笼吊起并临时固定，以保证钢筋笼上部的垂直度，同时也便于检查钢筋笼的中心偏差。

17.2 工程案例

17.2.1 工程概况

南京青奥会议中心项目建筑面积 34 万 m²，其中地下 10 万 m²，地上 24 万 m²。该楼地下为 3 层连体建筑，地上为 2 栋超高层建筑。其中 A 塔楼高 249m，共 58 层；B 塔楼高 314m，共 68 层，如图 17-4 所示。两塔楼均为钢框架劲性核心筒结构，总用钢量约 4 万 t。

图 17-4　南京青奥项目

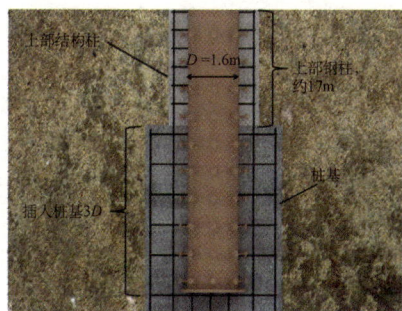

图 17-5　地下室钢柱插入桩基示意图

本工程桩基采用钻孔灌注桩，A 区地下室核心筒共设有 32 根钢柱、外框共设有 26 根钢柱，B 区地下室核心筒共设有 40 根钢柱、外框共设有 28 根钢柱，裙房设有 84 根钢柱，共计 210 根；钢柱直接插入桩基与其相连，如图 17-5 所示。桩基精度要求为 1/200，而钢柱垂直度要求为 1/500。

17.2.2　施工流程

1. 安装测斜管

插入钢柱段拼装完成后，开始安装测斜管。测斜管设置在钢柱表面，在距钢柱柱顶 1m 处开始设置，长度为 10m，如图 17-6 所示。测斜管采用专用环箍（图 17-7）固定在钢柱表面，每隔 1m 布置一道。测斜管安装必须保证其与钢管柱轴线平行。

图 17-6　测斜管的安装　　　　图 17-7　环箍与钢柱点焊固定

2. 安装钢支架

钢筋笼安放完成后，在孔口处安装定位钢支架。钢支架底座用于支承钢柱，通过其调整钢柱标高，钢支架顶座用于固定临时柱段，通过其调节钢柱垂直度。钢支架平面尺寸为 2.55m×2.55m，高约 2.1m。

由于钢支架是整个钢柱校正的基础，因此钢支架的定位与固定至关重要。首先在桩孔周围安装钢支架的位置设置临时地基基础并将地面硬化，然后在地面放出钢支架的定位轴线，并利用膨胀螺栓将钢支架固定在临时基础上。每个固定点至少设置 4 个 M16 膨胀螺栓，钢支架安装精度控制在 ±5mm 内。钢支架的安装流程如图 17-8 所示。

3. 吊装钢柱

为避免钢柱外侧栓钉挂住钢筋笼，确保钢柱顺利就位，将钢柱外侧栓钉采用通长钢筋焊连在一起（图 17-9a）。为避免混凝土浇筑导管与管内栓钉相挂，将内部栓钉采用通长钢筋焊连在一起（图 17-9b）。

（a）钢支架吊装

（b）钢支架定位

（c）钢支架就位

（d）钢支架固定

图 17-8　钢支架安装流程

　　钢柱吊装过程中，应确保钢柱垂直，钢柱入孔后，缓慢下放，同时观察桩基四周的声波管，确保钢柱正常下放（若钢柱与钢筋笼相碰，上部声波管将会晃动）。钢柱吊装过程如图 17-9（c）～图 17-9（f）所示。

（a）内部栓钉

（b）外部栓钉

图 17-9　钢柱安装流程

（c）钢柱起吊

（d）钢柱吊装

（e）钢柱就位

（f）就位过程中轴线偏差检测

图 17-9　钢柱安装流程（续图）

4. 调整钢柱标高

引测定位钢支架底部标高，然后利用钢架底座托板，与钢柱上焊接的托板调整钢柱标高，如图 17-10 所示。

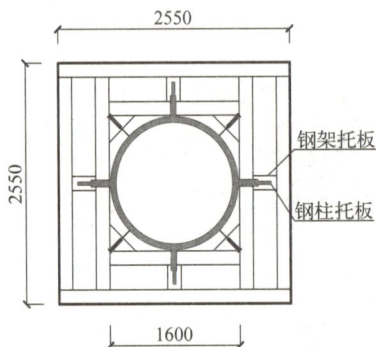

图 17-10　钢柱标高调整示意图

5. 定位钢柱轴线

钢柱定位采用全站仪测量、千斤顶移位的方法进行，如图 17-11 所示。确保钢柱

轴线对中偏差在 ±5mm 以内后，利用钢支架底座上的螺杆和千斤顶将钢柱顶紧固定。

<table>
<tr><td>（a）轴线测量</td><td>（b）钢柱固定</td></tr>
</table>

图 17-11　钢柱定位

6. 校正钢柱垂直度

钢柱就位后，通过耳板上接等截面临时钢柱，临时钢柱一般超出定位钢支架顶座一定高度，如图 17-12 所示。通过设置在支架顶座上的千斤顶沿侧向支顶临时钢柱，形成杠杆作用带动钢柱绕支架底座转动达到校正钢柱垂直度的目的。为校正钢柱垂直度，一般在钢支架底座设有 4 个定位千斤顶和 4 个定位螺杆，在钢支架顶座设有 4 个调节螺杆（微调）和 4 个调节千斤顶，如图 17-13 所示。在钢柱垂直度调整过程中，采用测斜仪监测钢柱的垂直度，如图 17-14 所示。根据监测的数据，对钢柱进行纠偏，直到满足要求为止。

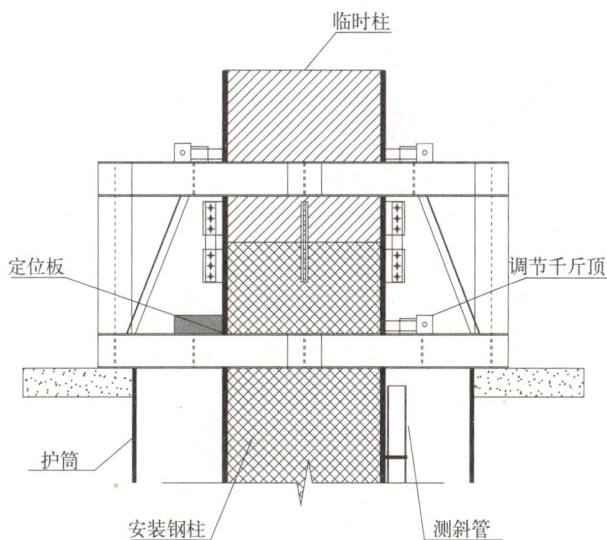

图 17-12　钢柱校正示意图

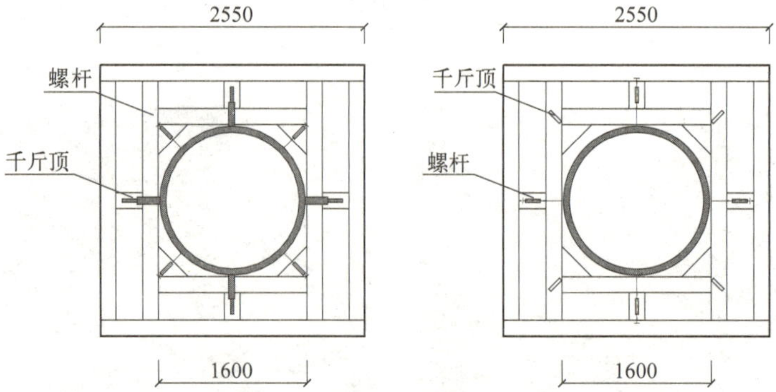

图 17-13　钢柱垂直度调整示意图

(a) 测斜仪　　　　　　　　(b) 测斜管及探头　　　　　　(c) 测量及数据记录

深度 (m)	东西方向 (mm)	南北方向 (mm)	矢量和 (mm)	形状曲线图
0.0	0.00	0.00	0.00	
-0.5	-4.80	0.19	4.80	
-1.0	-9.24	0.85	9.27	
-1.5	-8.71	1.03	8.77	
-2.0	-4.05	0.72	4.11	
-2.5	-0.21	-0.05	0.13	
-3.0	-1.27	-0.88	1.55	
-3.5	-1.70	-0.79	1.87	
-4.0	0.26	-0.67	0.71	
-4.5	1.46	2.28	2.70	
-5.0	-0.03	2.31	2.31	
-5.5	-0.27	2.11	2.12	
-6.0	2.90	2.12	3.59	
-6.5	6.50	2.37	6.91	
-7.0	7.13	2.71	7.62	
-7.5	9.63	3.72	10.32	
-8.0	13.20	4.81	14.05	
-8.5	16.86	5.02	17.59	
-9.0	14.43	5.89	15.58	
-9.5	12.72	8.61	15.36	
-10.0	12.17	13.53	18.19	
灌注混凝土前数据				

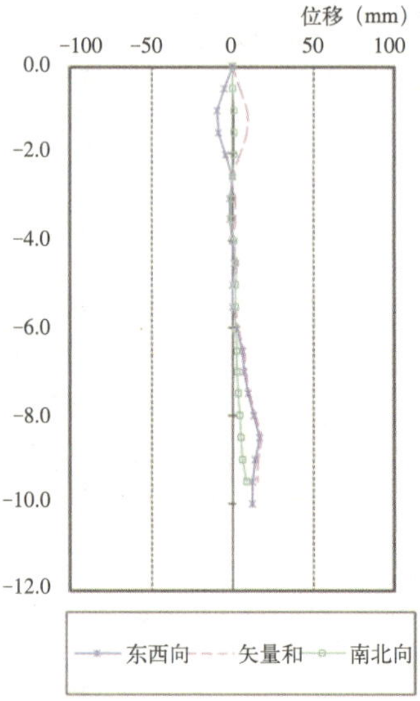

工况备注 1) 东西向数据为正表示桩底向东倾斜，南北向数据为正表示桩底向南位移；

2) 矢量值表示桩底相对于桩顶向东南方向位移，倾移率为 1/550

(d) 数据整理

图 17-14　钢柱垂直度监测

7. 混凝土浇筑

混凝土浇筑时，需在定位钢支架外另设混凝土浇筑平台架，如图 17-15 所示。浇筑混凝土操作在该平台架上完成。

图 17-15　混凝土浇筑钢支架安装

第18章　钢柱无缆风施工技术

18.1　施工原理

图18-1　无缆风施工技术双夹板连接节点

钢柱吊装就位后，按照传统施工技术，需在钢柱周围拉设缆风绳，以保证就位后钢柱的稳定性，并进行钢柱校正工作。但这样会导致现场缆风绳过多，影响现场道路畅通，而且钢柱调校时间也较长。为消除上述不利影响，无缆风施工技术应运而生。

无缆风施工技术是指钢柱吊装就位后不必拉设缆风绳，而是专门设计足够强度的对接连接，作为钢柱的临时固定措施。连接处由螺栓、双夹板和连接耳板组成，共同承受构件自重、风荷载、施工荷载的作用。无缆风施工技术是对传统吊装技术的改进，可以达到缩短工期、节省成本、避免立体交叉作业、提高施工安全性的目的。无缆风施工技术的连接构造如图18-1所示。

18.2　工程案例

18.2.1　工程概况

广州西塔工程为办公、酒店、休闲娱乐为一体的综合性商务中心（图18-2），

位于珠江大道西侧、花城大道南侧，西边毗邻富力中心，南边为第二少年宫。建筑工程等级为一级，建筑面积 45 万 m^2，建筑层数 103 层；其抗震设防烈度 8 度，结构形式为钢管混凝土斜交网格柱外筒与钢筋混凝土核心筒体系。

该工程主塔楼外筒钢柱由下而上共分为 17 个区域，每个区域由节点 X 型钢柱段（15 根）和直管钢柱段（30 根）构成。X 节点钢柱段最重为 64t，最长 15m，最大管径 1800mm，壁厚 55mm；直管钢柱段最长 21m，最大管径 1800mm，壁厚 35mm，最大重量 39.5t，钢柱轴线与地垂线最大夹角为 17°。各区域钢柱的长度、重量、壁厚、截面直径随主塔楼高度上升逐渐减小。其斜交钢柱吊装时的情况如图 18-3 所示。

图 18-2　广州西塔结构示意图　　　　图 18-3　斜交钢柱

本工程应用无揽风施工技术的主要原因如下：

（1）单根超长、超重斜钢柱安装过程中受有较大弯矩作用，如使用缆风绳进行构件稳固存在一定困难和安全隐患；

（2）楼层高空施工空间相对狭小，吊装受空间限制较严重；

（3）若拉设缆风绳，将影响工期履约。

综合上述因素，该工程应用了无缆风施工技术。

18.2.2　无缆风绳施工连接设计

1. 直段柱与下段柱连接设计验算

X 形节点钢柱段最长 13m，安装后平面内为稳定体系。直段钢管柱段最长 21m，成 17°倾斜，安装后为悬臂构件，其稳定性全靠与下段柱的临时连接，故直段柱与下段构件的临时固定连接受力最为不利，选其进行设计验算。直段柱段下端对接连接板共设有 6 组，假设其中 4 组受力，另 2 组作安全储备。

（1）安装就位后直段柱与下段柱连接处的受力分析

直段钢管柱安装就位后承受自重、风荷载和施工荷载的作用，如图 18-4 所示。

选标高 200m 处直柱段为例进行验算，其余标高处的验算类同。该标高处最不利柱段的管径 D 为 1.55m、长度 L 为 21m、自重 W 为 418kN、柱与铅垂直面夹角 θ 为 17°。

经试算选其连接尺寸为：b=117mm（耳板螺栓群形心到焊缝边），h=202mm（耳板螺栓群形心到钢管柱对接的垂直面的距离），耳板有效焊缝长度 L=459mm，耳板厚度 t=30mm，连接夹板 t_0=18mm，计算简图如图 18-5 所示。选用 10.9S 级 M24 的高强度螺栓连接，其抗剪强度设计值为 f_v^b=310 N/mm²，抗拉强度设计值为 f_v^b=500 N/mm²；所有钢材材质选用 Q345B；全熔透焊缝质量标准为一级焊缝，其设计强度为 f_t^w=295N/mm²。

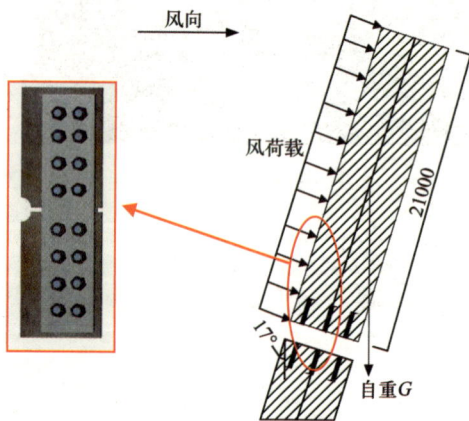

图 18-4　直段钢管柱受力　　　　图 18-5　螺栓连接计算简图

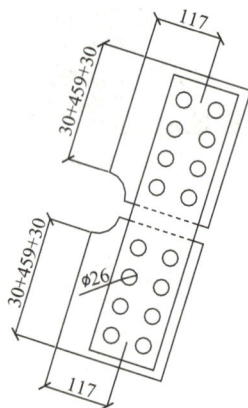

该柱段在标高 200m 处所受风荷载计算如下：

基本风压 ω_0=0.3kN/m²（广州市 10 年一遇）；

高度修正系数 μ_z=2.30（200m 处，地面粗糙度为 C 类地区）；

高度 z 处风振系数 β_z=2.7（432m）；

风荷载体型系数 $\mu_s=1$；

风荷载标准值：$\omega_k=\omega_0\beta_z\mu_z\mu_s=0.3\times2.7\times2.30\times1=1.863\text{kN/m}^2$

钢管柱迎风面积 $S=DL=1.55\times21=32.55\text{m}^2$

折算在柱形心处的集中风荷载 $F_\omega=\omega_k S=1.863\times32.55=60.64\text{kN}$

吊装时的施工荷载主要为施工人员重量，相对于构件自重，可忽略不计。

对吊装就位后的柱段应进行如下荷载效应组合：

荷载效应组合 = 自重荷载效应 + 风荷载效应 + 施工荷载效应。

柱段吊装就位后在与下段柱连接的截面处所受的内力计算如图 18-6 所示（按倾斜悬臂柱计算）。

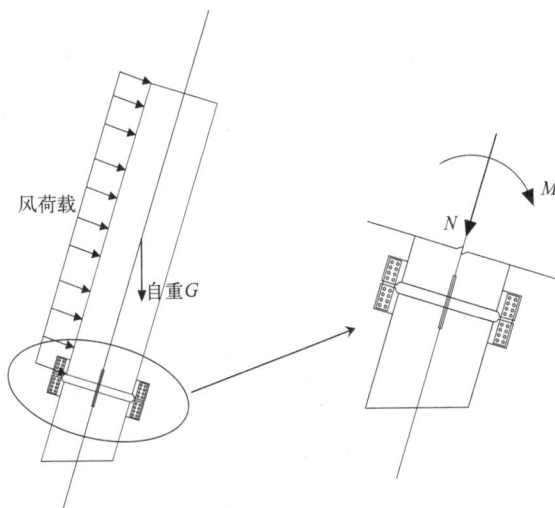

图 18-6　内力计算简图

风荷载产生的弯矩为：

$$M_1=F_\omega\times L/2=60.64\times10.5=636.72\text{kN}\cdot\text{m}$$

柱子自重产生的弯矩为：

$$M_2=W\times L/2\times(\sin17°)=418\times10.5\times0.293=1285.98\text{kN}\cdot\text{m}$$

连接截面处承受的总弯矩为：

$$M=M_1+M_2=636.72+1285.98=1922.70\text{ kN}\cdot\text{m}$$

连接截面承受的剪力 $V=F_\omega+W\times\sin17°=182.85\text{kN}$

连接截面处承受的轴向压力，由柱段的自重产生，为 $N=W\times\cos17°=418\times$

0.956=399.73kN

（2）直段柱与下段柱的连接设计

1）耳板设计

假定水平剪力 V 由同方向的 2 个耳板承受（图 18-7），单个耳板受到水平剪力 V 产生的轴向力 $N_板$=$V/2$=182.85/2=91.425kN。

轴向压力 N 由所有耳板（共 12 块）共同承受，弯矩由 2 个方向的耳板（每个方向 3 块耳板）形成力偶抵抗（另 2 个耳板在中和轴上不参与抵抗弯矩作用），故单个耳板承受的由 N 和 M 产生的竖向剪力为 $V_板$=$N/12$+$M/(D+2b) \times 1/3$=24.98+269.44 =392.56kN。

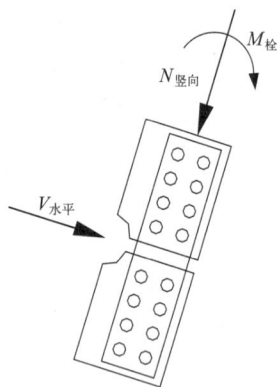

图 18-7　连接耳板计算简图

按悬臂梁进行验算如下：

压应力 $\sigma_板$=$N_板/[2t_0 \times (B-26 \times 2)]$

$=91.425 \times 10^3/[30 \times (459-104)]$

$=8.58N/mm^2$

剪应力 $\tau_板$=$V_板/[t \times (L-26 \times 4)]$

$=392.56 \times 10^3/[30 \times (459-104)]$

$=36.86N/mm^2$

可见，耳板强度满足要求。

耳板与柱连接焊缝采用全熔透焊缝，质量等级为一级，可不用计算。

2）临时连接板设计

按悬臂梁进行验算，此时耳板轴向力变为临时连接板剪力，耳板剪力变为临时连接板轴向力。

压应力 σ=$V_板/[2t_0 \times (B-26 \times 2)]$

$=392.56 \times 10^3/[2 \times 18 \times (184-52)]$

$=82.60N/mm^2$

剪应力 $\tau_板$=$N_板/[2t_0 \times (B-26 \times 2)]$

$=91.425 \times 10^3/[2 \times 18 \times (184-52)]$

$=19.24N/mm^2$

可见，临时连接板强度满足要求。

3）螺栓连接设计

直段柱与下段柱耳板间的连接采用螺栓连接，该连接受到的作用力为：

$V_{水平}=V/2=91.425$kN

$M_{栓}=V_{栓}\times h=43.036\times0.202=8.69$kN·m

$N_{竖向}=N/4+M/(D+2b)=24.98+808.82=833.80$kN

按普通螺栓连接验算：

单个螺栓抗剪设计承载力：$N_v^b=nv3.14d^2f_v^b/4=2\times3.14\times24\times24\times310/4=280$kN

单个螺栓局部承压设计承载力：$N_c^b=d\sum tf_c^b=24\times30\times510=367.2$kN

螺栓抗剪计算：

单个螺栓的竖向剪力 $V_{竖向}=[N/4+M/(D+2b)]/8=833.3/8=104.16$kN

最大水平剪力 $V_{水平}=91.425/8=11.43$kN

合力 $=\sqrt{V_{竖向}^2+V_{水平}^2}=\sqrt{104.16^2+11.43^2}=104.78kN<N_v^b$，符合验算要求。

2. 全楼直段柱与下段柱临时连接设计汇总

由于工程不同区域的钢管柱直径、壁厚、长度、单件重量随主楼高度上升而逐渐减小，即不同高度的安装工况各不一致。对 17 个区域的钢管柱分别进行最不利工况分析，并按相应内力设计了连接板、焊缝、螺栓连接，其连接设计结果如下：

标高 +100m 以下直段柱与下段对接连接设计结果如图 18-8 所示；标高 +100 ～ +200m 直段柱与下段对接连接设计结果如图 18-9 所示；+300m 直段柱与下段对接连接设计结果如图 18-10 所示。

3. 现场施工运行情况

施工过程中，钢管柱分段吊装就位的情况如图 18-11（a）、图 18-11（b）所示。为安全起见，吊装完一根钢管柱段后，应马上吊装相邻一根柱段，紧接着采用临时连接构件将相邻两柱段的上端连在一起（图 18-12），然后再安装钢管柱段间设置的连梁，最后安装钢管柱与核心筒之间的钢梁，如图 18-13 所示。

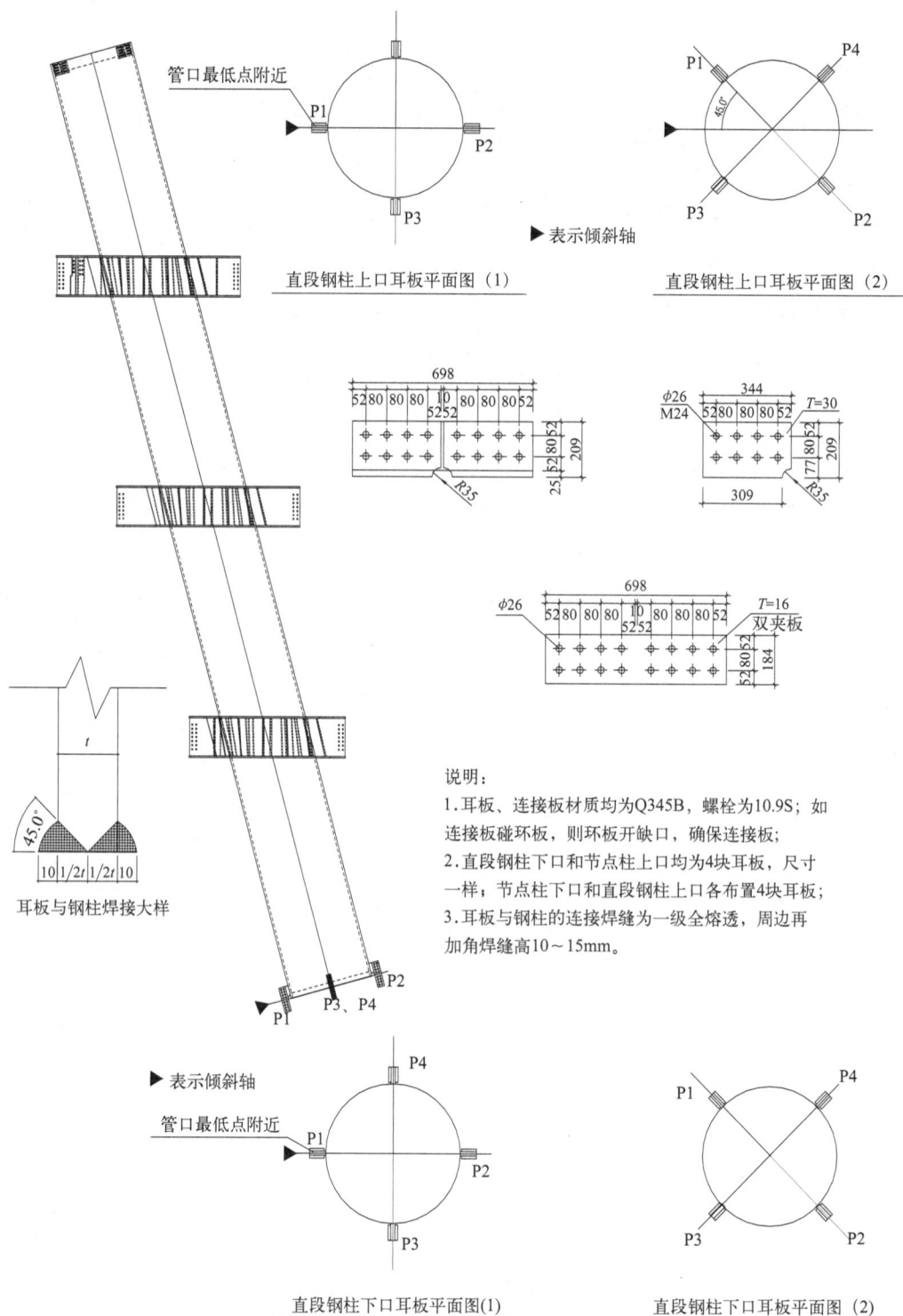

直段钢柱上口耳板平面图（1）

直段钢柱上口耳板平面图（2）

▶ 表示倾斜轴

耳板与钢柱焊接大样

▶ 表示倾斜轴

管口最低点附近

直段钢柱下口耳板平面图(1)

直段钢柱下口耳板平面图（2）

说明：

1. 耳板、连接板材质均为Q345B，螺栓为10.9S；如连接板碰环板，则环板开缺口，确保连接板；

2. 直段钢柱下口和节点柱上口均为4块耳板，尺寸一样；节点柱下口和直段钢柱上口各布置4块耳板；

3. 耳板与钢柱的连接焊缝为一级全熔透，周边再加角焊缝高10~15mm。

图 18-8 标高 +100m 以下直段柱与下段对接连接图

管口最低点附近

P1

P2

P3

▶ 表示倾斜轴

直段钢柱上口耳板平面图（1）

P1　　P4

45.0°

P3

P2

直段钢柱上口耳板平面图（2）

100　394

77 80 80 80 77　$T=30$

52 80 209

77 80 R35

$\phi 26$
M24

459

100　798

77 80 80 80 10 77　77 80 80 80 77

52 80 52 209

25 R35

798

$\phi 26$　77 80 80 80 164 80 80 80 77　$T=18$
双夹板

52 80 52 184

t

45.0°

10 1/2t 1/2t 10

耳板与钢柱焊接大样

说明：

1. 耳板、连接板材质均为Q345B，螺栓为10.9S；如连接板碰环板，则环板开缺口，确保连接板；

2. 直段钢柱下口和节点柱上口均为6块耳板，尺寸一样；节点柱下口和直段钢柱上口各布置4块耳板；

3. 耳板与钢柱的连接焊缝为一级全熔透，周边再加角焊缝高10～15mm。

P6　P2

P1　P5　P3、P4

▶ 表示倾斜轴

管口最低点附近

P4

P6

P1

P2

P5

P3

直段钢柱下口耳板平面图（1）

P1　　P4

P5　　P6

P3

P2

直段钢柱下口耳板平面图（2）

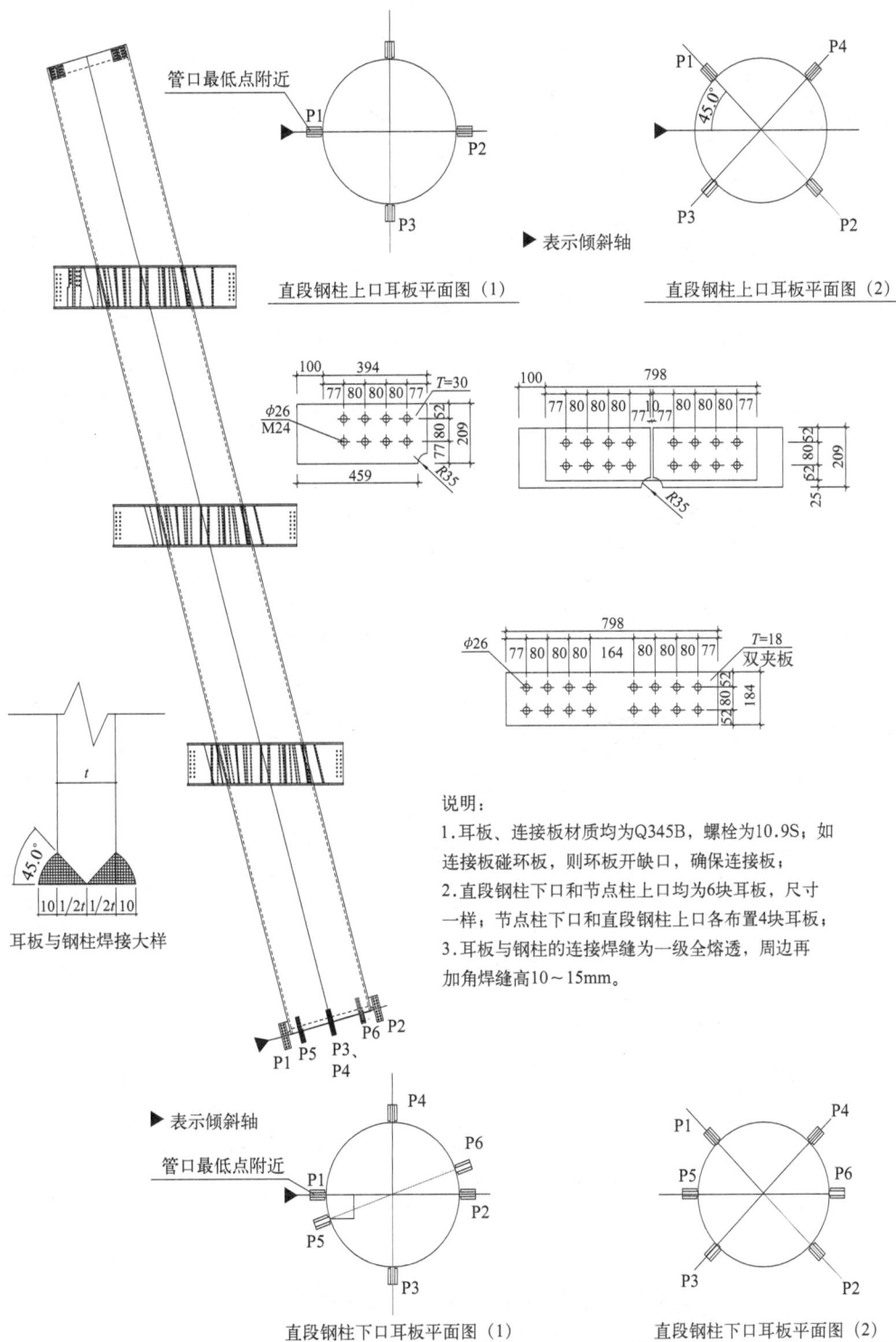

图 18-9　标高 +200 ～ +300m 间直段柱与下段对接连接图

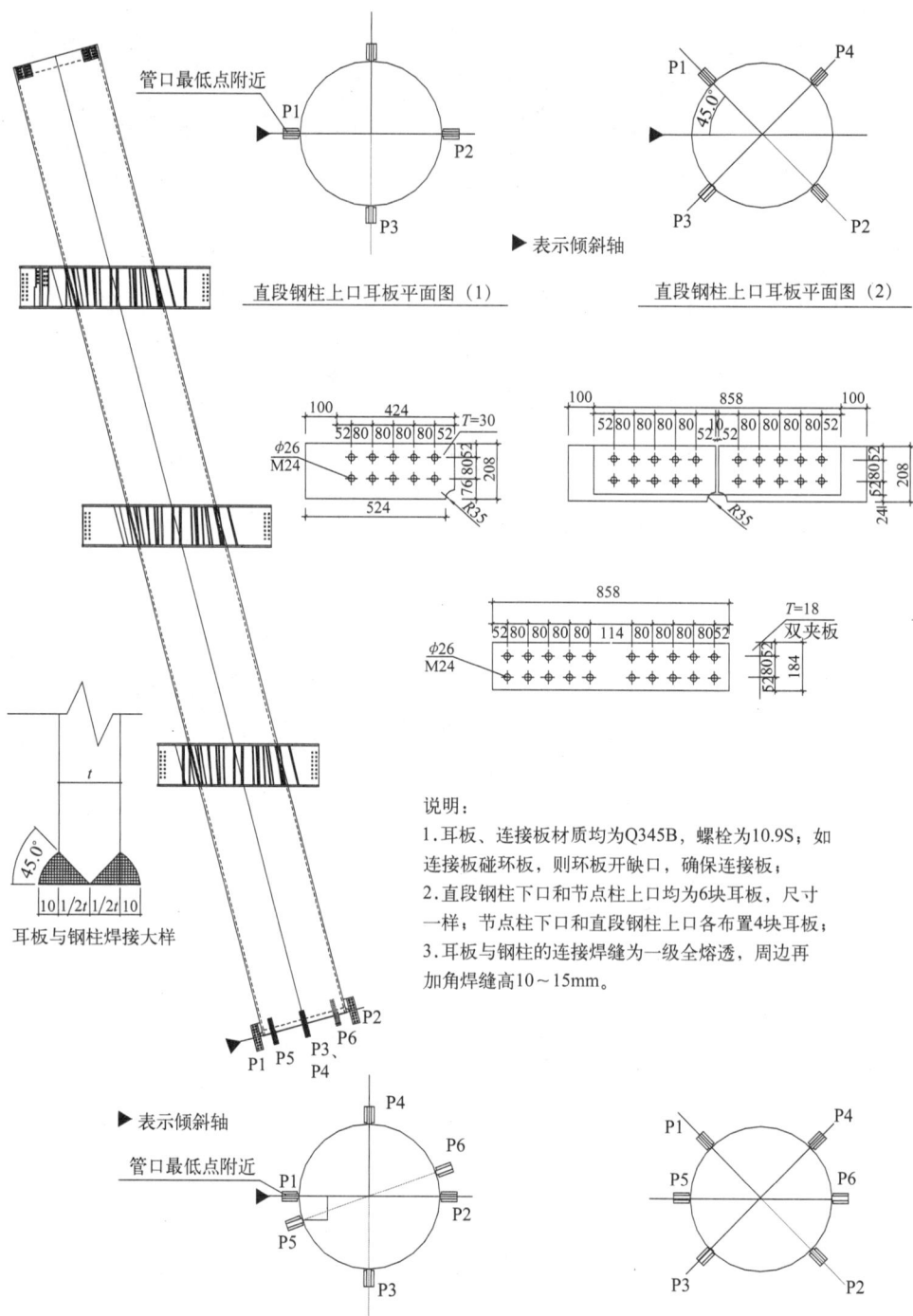

直段钢柱上口耳板平面图（1）　　　直段钢柱上口耳板平面图（2）

▶ 表示倾斜轴

耳板与钢柱焊接大样

说明：

1. 耳板、连接板材质均为Q345B，螺栓为10.9S；如连接板碰环板，则环板开缺口，确保连接板；

2. 直段钢柱下口和节点柱上口均为6块耳板，尺寸一样；节点柱下口和直段钢柱上口各布置4块耳板；

3. 耳板与钢柱的连接焊缝为一级全熔透，周边再加角焊缝高10～15mm。

▶ 表示倾斜轴

图 18-10　标高 +300m 以上直段柱与下段对接连接图

(a)　　　　　　　　　　　　　　　　　　　(b)

图 18-11　钢管柱吊装就位过程

图 18-12　钢管柱段两两连接固定

图 18-13　固定后吊装楼层钢梁

第19章 安全防护要点

建筑施工中，施工安全是各项工作开展的重中之重。超高层钢结构施工时，由于高空作业多、用电作业量大、大型机械使用频繁，致使其施工安全风险大，施工时需要高度重视现场的安全防护工作。

超高层钢结构施工时，安全风险主要有以下几点。

1. 人员与物件坠落风险

主要表现为：高处作业时，未按要求配备安全防护措施，人员不慎坠落；拆下的小件材料随意往下抛掷；工具未拴防脱索、未装入工具袋中，不慎脱落等。如图 19-1 所示。

图 19-1　人员坠落与坠物伤人

2. 起重作业安全风险

主要表现为：工人违章操作，非岗责人员指挥；吊装危险区域，非施工人员进入危险区；吊装危险区域不设警示区域，不用警示绳围护；起吊物下方站人（图 19-2）；起吊重物不规范，斜拉斜吊，横向起吊等。

3. 电器作业风险

主要表现为：工人违章用电（图 19-3），违章使用电焊机；电焊机使用时，焊把线与地线未双线到位，焊把线过长（超过 30m）；电箱与电焊机之间的一次侧接线长度过长（超过 5m）；焊把线有破皮；焊、割作业在油漆、稀释剂等易燃易爆物附近作业等。

图 19-2　吊装作业风险

4. 动火作业安全风险

主要表现为：高处焊接作业，下方无专人监护，中间无防护隔板（图 19-4）；在施工现场作业区特别是在易燃易爆物周围吸烟等。

图 19-3　违章用电

图 19-4　违规动火作业

针对这些超高层钢结构施工主要安全风险源，需要从施工管理和技术措施两个方面着手，减少、避免安全事故的发生。

19.1　管理措施

1. 建立组织机构

工程施工时，应建立相应的安全管理体系，为各项安全施工提供有效的保障。项目管理人员的管理职责如表 19-1 所示。

项目安全生产岗位职责 表 19-1

管理人员	岗位职责
项目经理	项目经理是安全生产第一责任人，对项目的安全生产全面负责
总工程师	负责主持整个项目的安全技术措施方案，大型机械设备的安装及拆卸，脚手架的搭设及拆除，季节性安全施工方案及措施的编制、审核
生产经理	主管施工现场安全措施的实施，主要负责各施工班组的生产安全，协调各工段生产安全有序进行
安全总监	监督施工现场安全，负责检查各工段、班组的生产安全措施落实情况，督促并限期整改安全隐患，落实安全措施
专职安全员	负责检查各工段生产安全，记录现场安全生产上存在的不足，及时上报安全总监，并督促整改，负责安全资料的整理和管理

2. 制定规章制度

项目应建立如下管理制度，确保项目的安全生产。

（1）安全技术交底制度

根据安全措施要求和现场实际情况，项目经理部必须分阶段对管理人员进行安全书面交底，各工程师及专职安全员必须定期对各作业班组进行安全书面交底。

（2）安全检查制度

项目经理部每周由项目经理组织一次安全大检查；各专业工程师和专职安全员每天对所管辖区域的安全防护进行检查，督促各作业班组对安全防护进行完善，消除安全隐患。对检查出的安全隐患落实责任人，定期进行整改，并组织复查。

（3）持证上岗制度

特殊工种持有效证件上岗操作，严禁无证上岗。

（4）安全隐患停工制度

专职安全员发现违章作业、违章指挥，有权进行制止；发现安全隐患，有权下令立即停工整改，同时上报，并及时采取措施消除安全隐患。

（5）安全生产奖罚制度

项目经理部设立安全奖励基金，根据半月一次的安全检查结果进行评比，对遵章守纪、安全工作好的班组进行表扬和奖励，对违章作业、安全工作差的班组进行批评教育和处罚。

（6）安全例会和安全把关制度

在整个工程施工期间，安全总监和专职安全员长驻现场，定期组织所有现场工作人员参加安全生产例会，每天对现场安全生产现状进行全面检查并做好记录，负责安全技术交底和技术方案安全措施的把关，负责制定或审核安全隐患的整改措施并监督落实，负责安全资料的整理和管理，确保所有安全设施处于良好的运转状态。

3. 举行定期安全培训

所有进场施工人员须经过安全培训，考核合格后方可上岗。项目应针对现场安全管理特点，分阶段组织管理人员进行安全学习培训。各作业班组在专职安全员的组织下每周进行一次安全培训，施工班组针对当天工作内容进行班前教育，通过安全学习提高全员的安全意识，树立"安全第一，预防为主"的意识。

19.2 技术措施

19.2.1 安全着装要求

任何人员进入施工现场均应按照要求佩戴安全帽、安全带、劳保鞋等安全防护措施（图 19-5），工人施工作业时需佩戴护目镜、防护手套等。所有安全帽、安全带和安全网必须符合国家标准要求，具有产品质量合格证、检验合格证与生产许可证等。

安全帽

帽箍　护目镜

系带

反光背心

安全带

防护手套

束紧裤腿

劳保鞋

(a) 正视图　　　　　　　　　　(b) 侧视图

图 19-5　现场施工人员标准着装

19.2.2　"四口"防护要点

超高层钢结构工程施工所涉及的"四口"包括：电梯井口、楼梯口、通道口、预留洞口。

工程电梯井口处应搭设钢管栏杆，栏杆高度不宜小于 1.2m，栏杆外侧用密目式立网进行维护，如图 19-6 所示。

建筑物进出口设安全通道，应搭设防护棚，高度不小于 4m，超出建筑物不小于 5m，可使用钢管搭设，棚顶用厚木板铺满铺严，两侧用密目网封严，如图 19-7 所示。

图 19-6　电梯井口防护

图 19-7　通道口防护

图19-8 垂直通道防护

在钢结构施工中楼梯口是只对已安装好的钢梯临边进行防护，待钢梯安装完毕后，在钢梯侧面和钢梯转换平台的侧面采用钢管栏杆进行防护，如图19-8所示。

在钢结构施工过程中，预留洞口为吊装过程中因吊装原因拆开部分水平防护网形成的预留洞口和压型钢板铺设后形成的预留洞口。

（1）吊装预留洞口防护：在洞口四周拉设双道安全钢丝绳，不吊装时要将洞口的水平网及时恢复封闭状态。

（2）压型钢板层预留洞口防护：边长大于1.5m×1.5m的洞口四周搭设钢管栏杆，具体做法和上述电梯井口防护方式相同；边长小于1.5m×1.5m的洞口，用盖板或钢管组合件进行封闭，如图19-9所示。

图19-9 预留洞口防护

19.2.3 高空作业防护

1. 钢柱安装的安全措施

在外框柱的安装过程中，因其位置靠边，吊装时需登高摘钩，居高测控与焊接，且经常遇到复杂的气象条件，故必须采取有效措施确保其安全作业。

针对上述安全风险，可在钢柱起吊时，预先在柱头安装操作平台和钢爬梯，用于保障工人登高作业的安全，如图 19-10 所示。

图 19-10　钢柱吊装操作平台

柱头操作平台传统上可采用钢管脚手架搭设。为提高操作平台的安全性和重复使用率，可采用组合式操作平台。该组合式操作平台是将预制好的标准组件，通过螺栓现场进行连接组合而成，具有安拆便捷、可循环使用的特点，如图 19-11 所示。

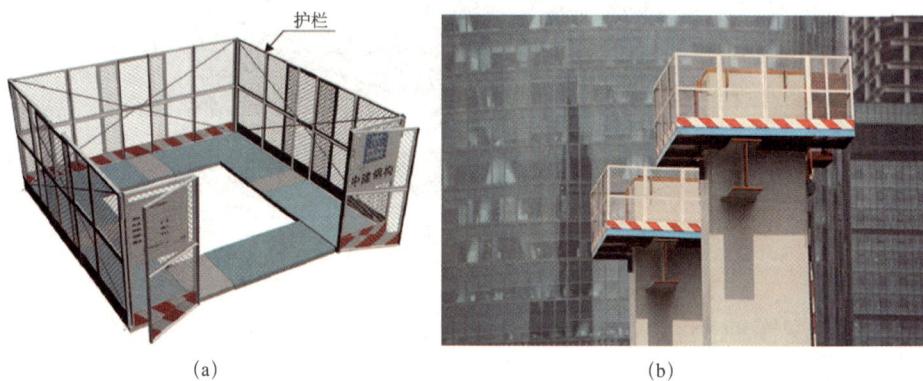

(a)　　　　　　　　　　　　　　　　　　(b)

图 19-11　组合式操作平台示意图

为解决巨型钢柱头焊接操作平台拆装移位占用塔吊吊次太多的问题，天津高银 117 大厦项目钢结构施工时，采用了自爬升操作平台，提高了工效，如图 19-12 所示。

图 19-12 天津高银 117 大厦自爬升操作平台

钢爬梯可采用的扁钢及圆钢塞焊而成，所选圆钢直径不小于 15mm。单副爬梯长度以 3m、宽度以 350mm、踏棍间距以 300mm 为宜。爬梯与钢柱间应设置支承点，间距以 120mm 为宜，爬梯顶部挂件应挂靠在牢固的位置并保持稳固。爬梯的两种形式如图 19-13 所示。

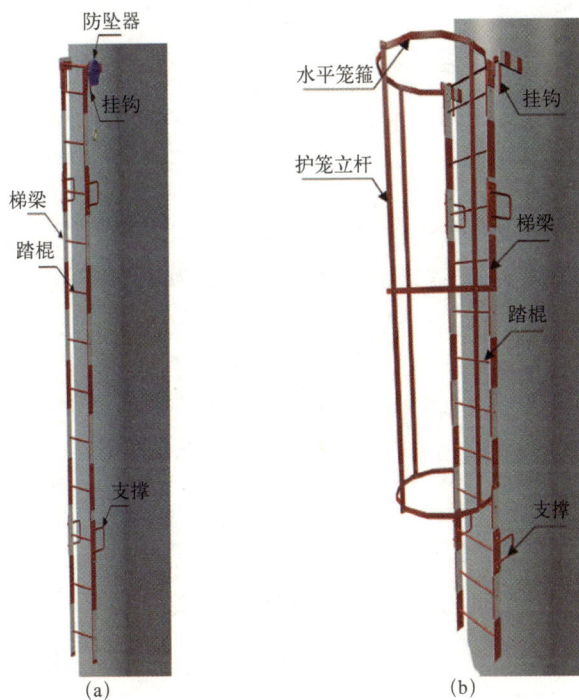

图 19-13 钢爬梯示意图

2. 钢梁安装的安全措施

钢梁未安装前预先在钢梁上侧拉设双道安全钢丝绳（图 19-14），供作业人员在高空钢梁上通行时挂安全带，主要设置部位为楼层外围一周的钢梁和纵向主钢梁。

(a)   (b)

图 19-14　双道安全钢丝绳设置

安全钢丝绳直径不小于 9mm，上道安全绳设置高度宜为 1.2m，下安全绳设置高度宜为 0.9 ~ 1.0m，安全绳的松弛度为安全绳的最低点与最高点垂直距离不大于 $L/20$ m（L 为安全绳长度），安全立杆间距不宜大于 8m。立杆底部采用专制夹具与钢梁连接固定，为防止立杆在使用过程中受外力冲击发生拉裂现象，可在钢管与夹具的焊接部位用小铁板进行焊接加强。使用过程中专人对钢丝绳外观、钢丝绳接头部位的夹头、安全立杆底部的焊缝进行检查，对钢丝绳磨损断丝、夹头松动、焊缝裂纹等，限时修复或报废处理。

人员在钢梁上进行作业时，应设置吊篮，吊篮由挂件和操作平台两部分组成，如图 19-15 所示。采用角钢或直径不小于 14mm 的圆钢制作而成，操作平台栏杆高度不应小于 1.2m。

19.2.4　楼层防护

1. 安全网布置

（1）楼层边缘外挑安全网

楼层边缘外挑安全网为施工过程中防止人员、物件坠落的安全措施，如图 19-16 所示。当外框施工垂直高度达到 10m 时，应在楼层周边设置边缘外挑安全网。外挑安全网应设置上下两道，间距不应超过两层或超过 10m，作业面最高点与外挑

网垂直距离也不应超过 10m。

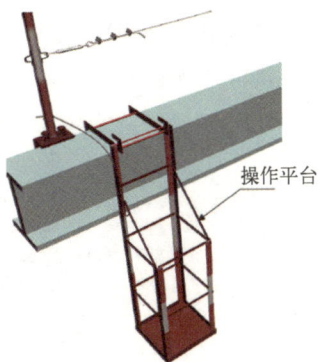

图 19-15　吊篮示意图

图 19-16　外挑安全网示意图

（2）楼层满铺安全网

超高层钢结构施工过程较规律的是以柱节为各工序循环施工的流水作业段，而柱节通常为一节两层，同时钢结构主框架吊装区段与土建楼层混凝土施工区段的间距又以 4 个楼层较为合理。按照上述要求划分竖向流水作业段，将形成在竖向施工作业区的最高处进行主框架梁柱吊装、往下进行楼层钢次梁的安装、再往下进行混凝土楼板施工的局面，其中上方的施工均会给下方的施工造成安全隐患。为此，必须按楼层形成水平屏蔽隔离，在竖向流水作业段内的楼层钢构梁上满铺水平安全网。

安全网的挂设方式一直是一个焦点问题。通常情况下，安全网是铺设在钢梁上翼缘表面，以防止高空坠落，如图 19-17 所示。但在铺设楼层压型钢板、钢梁焊接、高强度螺栓终拧时，安全网必须移除。此时，下方施工人员的安全问题就无法得到有效保障。

图 19-17　安全网铺设在钢梁上翼

图 19-18　安全网下翼缘挂设示意图

针对以上情况，通过安全网挂设工具，将安全网挂在钢梁的下翼缘处，如图 19-18 所示。在钢梁吊装前，把安全网挂设器提前套装在钢梁下翼缘板上，钢梁吊装就位后，操作人员利用钢梁上设置的安全绳，挂设好安全带后，逐步展开安全网挂设即可。

2. 安全垂直通道

安全垂直通道除了施工电梯、结构自身楼梯，还包括临时搭设的钢斜梯，主要为楼层间人员及小型机具转移提供通道。钢斜梯通常由梯梁、踏板、立杆、横杆及转换平台组成。采用槽钢、花纹钢板、钢管组合而成，如图 19-19 所示。通常搭设于上下楼层钢梁之间。

图 19-19　安全钢斜梯

3. 安全水平通道

超高层钢结构施工时，钢结构吊装位置与土建施工位置高差在 4 层或者更多。为了解决人员在同一楼层的水平通行，通常在外框和核心筒之间搭设安全水平通道。安全通道宽度不宜小于 600mm，且两侧应设置安全护栏或防护钢丝绳，其设置高度不应低于 1.2m。通道板可采用足够刚度的钢跳板或木跳板。

图 19-20　安全水平通道

19.2.5 焊接作业

钢结构焊接与切割作业时，应特别注意防止焊接电弧与短路、切割火焰等点燃周围空间内可燃物（包括氧气、乙炔、木模板、木架板、各种油料、油漆与其他装修材料等一切可燃物品）引起火灾的安全事故。由于高空风大，通常采用搭设焊接防风棚（图 19-21），在下方放置接火盆（图 19-22）或垫设石棉布来防止焊接火花四溅。另焊接或切割时，焊机或切割机离开氧气瓶和乙炔瓶的间距、氧气瓶和乙炔瓶堆放的间距也宜不小于 10m。

图 19-21　搭设防风棚

图 19-22　搭设接火盆

19.3　季节性施工安全措施

19.3.1　雨期施工防护措施

雨期施工时，应及时掌握气象资料，定时预报天气状况，提前采取预防措施。

雨期施工前应认真组织有关人员分析雨期施工生产计划，针对雨期施工的主要工序编制雨期施工方案，组织有关人员学习，做好对工人的技术交底。

1. 管理措施

暴雨前后，对施工现场构件、材料、临时设施、临电、机械设备防护等进行全面检查，并采取必要的防护措施。定期检查大型设备、脚手架的基础是否牢固，并保证排水良好，所有马道、斜梯采用防滑措施。

2. 雨期吊装施工的防护措施

（1）雨期施工时，吊装班成员配备雨衣、雨裤和防滑鞋，起重指挥的对讲机须用防护套保护；

（2）施工人员上高空前，擦干净鞋底泥浆，以减小鞋滑带来的危险；

（3）雨天应减少或暂停高空危险位置的吊装作业；

（4）雷电、暴雨或六级以上大风天气，必须停止一切吊装作业。

3. 雨期焊接施工的防护措施

（1）为焊接材料的防潮，焊接位置应搭设严密、牢固的防护棚，直到焊缝完全冷却至常温；

（2）焊接前采用乙炔焰对焊接位置进行除湿处理，同时做好棚内与外界的封闭防护，以减小防护棚内的湿度；

（3）做好配电箱和焊机的防雨工作，应放置在工具房或防护棚内；

（4）雨期焊接施工的焊把线和电源线必须经过检查并保证完好无损，下雨过程中应停止露天焊接作业。

4. 防台风重点措施

台风来临时，应采取以下措施：

（1）汽车吊、塔吊停止作业；

（2）楼面或屋面可动的物品、器材，捆绑好或放置在安全部位；

（3）现场的施工材料（如焊条、螺栓、螺钉、皮管等）应回收到工具房内，清理施工废料并回收到废料盒内；

（4）固定电源线，高处的配电箱、照明灯等回收到机电设备工具房内；

（5）防护棚帆布拆除，高空所有跳板均用铁丝绑扎牢固；

（6）吊篮转移到地面安全位置，其他小型设备（如焊机等）撤回机房；

（7）关闭电源开关；

（8）非绝对必要，不可动火，动火时必须有专人监护；

（9）重要文件或物品派专人看管。

5. 防雷措施

夏天雨季多有雷电发生，必须采取以下可靠措施进行防护。

（1）塔吊防雷接地

1）塔吊防雷接地体可采用镀锌扁铁与桩主筋焊接，接地电阻不得大于 1Ω；

2）塔吊避雷下引线可采用铜芯线，一端与镀锌扁铁用螺栓锚固，上端与塔帽

避雷针锚固，避雷针可由直径 20mm 的镀锌钢管，焊于下端的镀锌角钢，安于顶端的由直径 16mm 镀锌圆钢磨制的针尖等组成，安装长度应高于塔帽 1m；

3）在塔基底座上安装焊螺栓，保护接地线一端固定在螺栓上、一端固定在开关箱箱内接地端子板上。

（2）施工作业区防雷接地

1）形成足够的接地网点

在施工中，一般将钢柱底板与基础底板钢筋就近连接形成接地网点，接地网点的数量至少与作业区的引下线数量一致，并且应对齐引下线的位置。

2）引下线

引下线的作用是将避雷作业区与接地网点连接在一起，使电流构成通路。应根据工程情况，从施工作业区设置足够的引下线与接地网点连接。

19.3.2　高温天气施工防暑措施

1. 人员保健措施

对高温作业人员进行作业前和入暑前的健康检查，凡检查不合格者，均不得在高温条件下作业。遇炎热天气，安全员应加强现场巡视，防止施工人员中暑。尽量避免高温天气露天工作。提供充足的含盐饮料。

2. 组织措施

合理的劳动作息制度，较高气温时，早晚工作，中午休息。

调整作业班次，采取勤倒班的方法，缩短一次连续作业的时间。

3. 技术措施

加强机械设备的维护与检修，保证正常运行。为避免温差对测量的影响，安排在早晨或傍晚时间进行测量复核。

19.3.3　冬期施工防护措施

冬期施工前，应组织人员进行相关的技术业务培训，学习冬期施工相关规定。冬期施工方案及措施确定后，应及时向各施工班组进行交底。同时做好现场测温记录，及时收集天气预报，提前做好大风、大雪及寒流等预防工作。

根据工程需求提前组织冬期施工所用材料及机械备件的进场，为冬期施工的顺利展开提供物质上的保障。采取有效的冬期防滑系列措施，如跳板上钉防滑条、钢梁铲除浮冰后铺设麻袋或草包、拉设好安全网和安全绳等。

在构件吊装前应清除构件、索具表面的积雪（冰）。同时切忌捆绑吊装。构件运输、卸车和堆放时，清除堆场积雪，构件下应垫设木板，堆放场地需平整、无水坑。

在构件验收、安装及校正时，应考虑负温下构件的外形尺寸收缩，以免在吊装时产生误差。专用测量工具应进行温差修正。

高空作业必须清除构件表面积雪，穿防滑鞋，系安全带，绑扎牢固跳板等。0℃以下时，应清除构件摩擦面上的结冰，必要时进行烘干处理。雨、雪天气时禁止高强度螺栓施工。

钢结构测量校正使用全站仪测控，在负温度安装时，应考虑温度变化及塔楼朝阳面和背光面间的温差影响。当天气预报风力大于6级时停止吊装作业。大雪天气，各道工序暂停施工。

参考文献

[1]　胡玉银.超高层建筑施工.北京:中国建筑工业出版社,2011.

[2]　张琨.中央电视台新台址主楼结构施工.北京:中国建筑工业出版社,2009.

[3]　王绍君,曹正罡,刘宗仁等.高层与大跨建筑结构施工.北京:北京大学出版社,2011.

[4]　谢国昂等.钢结构设计深化及详图表达.北京:中国建筑工业出版社,2010.

[5]　尹显奇.钢结构工程施工问答实录.北京,机械工业出版社,2010.

[6]　筑龙网.钢结构工程施工方案编制指导与范例精选.北京:机械工业出版社,2011.

[7]　鲍广鉴,王宏等.深圳地王大厦主楼超高层钢结构安装施工技术.施工技术1996.

[8]　王宏,欧阳超等.中央电视台新台址CCTV主楼钢结构施工技术.施工技术,2006.

[9]　王宏,戴立先等.天津高银117大厦异型多腔体巨型钢柱施工分段研究.施工技术,2012.

[10]　戴立先等.上海环球金融中心钢结构施工技术.施工技术,2006.

[11]　郭彦林,周明.钢板剪力墙的分类及性能.建筑科学与工程报,2009.

[12]　陆建新等.深圳京基金融中心钢结构施工技术.施工技术,2010.

[13]　欧阳超等.超厚板加劲型钢板剪力墙制作技术.施工技术,2012.

[14]　钟红春,蒋礼等.广州东塔地下室巨型箱体钢结构施工技术.施工技术,2012.

[15]　陈振明等.国产高强钢及厚板在央视新台址主楼建设中的应用.钢结构,2009.

[16]　罗哲等.南京青奥中心钢结构管柱施工技术.施工技术,2013.

[17]　周明等.广州珠江新城西塔塔吊支撑架结构承载力研究.施工技术,2008.

[18]　中国钢结构协会.建筑钢结构施工手册.北京:中国计划出版社,2002.

[19]　建设部工程质量安全监督与行业发展司.建筑工程安全生产法律法规标准汇编.北京:中国建筑工业出版社,2006.